WISSENSCHAFTLICHE SYMBOLE

WISSENSCHAFTLICHE SYMBOLE

BEDEUTUNG, ANWENDUNG UND INTERPRETATION VON SYMBOLEN AUS DEN NATURWISSENSCHAFTEN

KATIE STECKLES
UND NATHAN ADAMS

Librero

Inhalt

Ein kurzer Überblick über andere Symbole

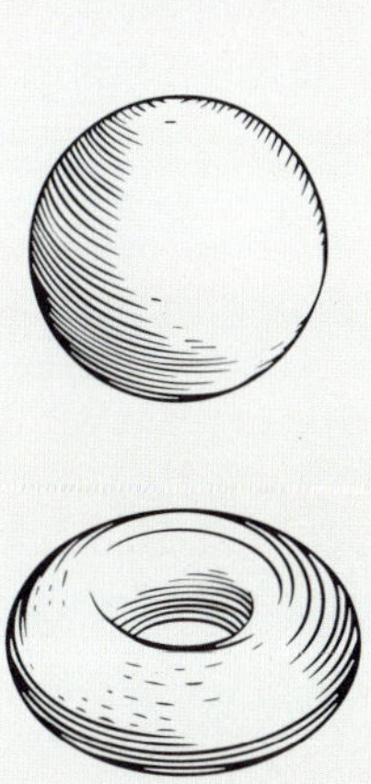

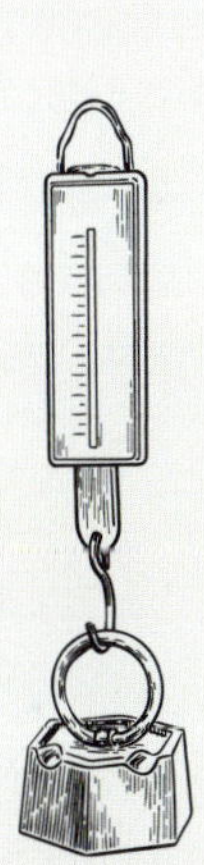

Einführung

Symbole sind ein wichtiger Anteil der Kommunikation, von den Buchstaben in den einzelnen Wörtern über die subtilen Satzzeichen zwischen den Wörtern und sogar bis zu den Zahlen in den Ecken der Seiten. Autoren fügen all diese Symbole zusammen, um die beabsichtigte Bedeutung ihrer Texte zu bewirken.

μ

Komplexe Konzepte darstellen

Naturwissenschaftliche und mathematische Erkenntnisse sind oft kompliziert und abstrakt. Um neue Entdeckungen zu kommunizieren und historische Perspektiven zu vermitteln, kombinieren Wissenschaftler oft bereits vordefinierte Konzepte, Strukturen und Ideen.

Im Laufe der Jahrhunderte haben sich die geschriebene Mathematik und die Naturwissenschaften immer weiter von der gewöhnlichen Prosa entfernt. Anstatt ausgeschriebener Namen und Beschreibungen wurden Symbole als Repräsentationen entwickelt. Chemische Formeln, DNA-Code, mathematische Gleichungen und verschiedene Methoden zur Beschreibung und Messung physikalischer Größen verwenden ihre eigenen Zeichen.

In diesem Buch erkunden wir die Welt der Naturwissenschaften und Mathematik anhand der Symbole, mit deren Hilfe

∩

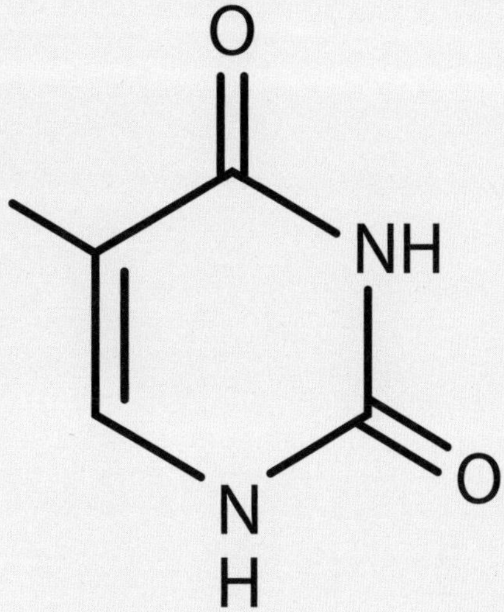

Wissenschaftler ihre Theorien darstellen. Jedes von ihnen hat seinen eigenen Zweck und seine eigene Bedeutung. In diesem Buch wird auch auf die Geschichte dieser Symbole, ihre Ursprünge und ihre historischen Veränderungen eingegangen. Einige der hier behandelten Konzepte kennen Sie vielleicht noch aus dem Mathematik- und Physikunterricht, andere eröffnen neue Perspektiven.

Entdeckungen definieren

Die Art und Weise, wie wissenschaftliche Ideen und Entdeckungen beschrieben und kommuniziert werden, ist von großem Einfluss auf ihre Wirkung. Ohne die Entdeckung der Quaternionen durch William Rowan Hamilton (s. S. 208) hätten Mathematiker die Möglichkeit nicht dem Standard entsprechender Modelle der Arithmetik wohl nicht in Betracht gezogen. Mit den Feynman-Diagrammen (s. S. 152) konnten Physiker die Energie der durch die Quantenphysik entdeckten Kollisionen einfach berechnen und so die Quantenwelt erschließen. Die Enträtselung des DNA-Codes (s. S. 164) ermöglicht es den Menschen, sich selbst und andere Lebewesen auf unserem Planeten auf einer grundlegenden Ebene zu verstehen.

Dieses Buch ist in fünf Hauptabschnitte unterteilt: Der erste behandelt die Buchstaben des Alphabets und ihre verschiedenen Verwendungen, der zweite die Zahlen und ihre Geschichte und der dritte und vierte andere mathematische und naturwissenschaftliche Symbole. Der fünfte Abschnitt stellt eine Sammlung weiterer Symbole und Diagramme und Visualisierungen dar. Am Ende befindet sich ein Index zum Nachschlagen der Symbole und ihrer Bedeutung in der Welt der Wissenschaft und Mathematik.

π

Buchstaben

In der Mathematik benutzt man lateinische Buchstaben, um unbekannte Zahlen zu bezeichnen. In der Algebra benutzt man sie, um Rückschlüsse auf Größen zu ziehen, deren genauer Wert unbekannt ist. Auch mathematische Strukturen, Objekte und Konzepte werden durch Buchstaben symbolisiert – vom einzelnen Punkt bis zum unendlichen Kontinuum. In den Naturwissenschaften werden Buchstaben sowohl zur Bezeichnung von Größen – Höhe, Masse oder Temperatur – als auch für Messeinheiten verwendet: Meter, Kilogramm oder Grad Celsius. Obwohl es viele Einheitensysteme gibt, benutzen Wissenschaftler weltweit als Standard das Internationale Einheitensystem (SI-Einheiten; s. S. 144).

A *a*

Die 26 Buchstaben des Alphabetes haben in der Naturwissenschaft und Mathematik vielerlei Anwendungen.

Fläche

Der Buchstabe A wird verwendet, um den Bereich einer zweidimensionalen Form oder Fläche zu bezeichnen. Die Fläche geometrischer Figuren ergibt sich aus den Figuren unten:

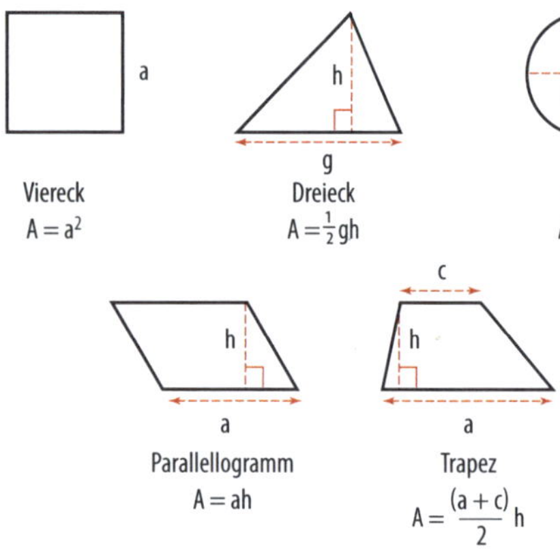

Atto-

a ist Standardabkürzung für das SI-Präfix „atto-" (ein Faktor von einem Trillionstel oder 10^{-18}). Ein Attogramm (ag) sind 0,000000000000000001 Gramm.

Algebraische Zahlen

In der Mathematik wird die Menge der algebraischen Zahlen mit $\mathbb{A}$ bezeichnet. Die algebraischen Zahlen sind eine Teilmenge der reellen Zahlen, die die Lösung eines Polynoms mit ganzzahligen Koeffizienten sind. Zum Beispiel ist die Quadratwurzel von 2 ($\sqrt{2}$) eine Lösung der Summe $x^2 - 2 = 0$. Alle ganzen Zahlen und rationalen Zahlen (s. S. 112) sind algebraisch.

Reelle Zahlen, die nicht algebraisch sind, werden transzendente Zahlen genannt und schließen π (s. S. 61) und *e* (s. S. 18) ein.

Ampere

Das Ampere (A oder Amp.) ist die SI-Einheit des elektrischen Stroms (s. *I*, S. 31). Ein Ampere entspricht einem Coulomb pro Sekunde. Ampere werden mit einem Amperemeter gemessen.

▼ In diesem Vintage-Amperemeter fließt der Strom durch eine Spule, die den Zeiger bewegt.

Beschleunigung

In der Mechanik und Physik ist die Beschleunigung eines Objekts die zeitliche Änderung einer Geschwindigkeit. Sie wird *a* genannt. Die Beschleunigung wird in Metern pro Sekunde im Quadrat (ms^2) gemessen. Sie wird berechnet als die auf einen Körper wirkende Nettokraft dividiert durch seine Masse.

Ångström

Ein Ångström ist eine Länge von 10^{-10} Metern oder einem Zehnmilliardstel Meter. Es wird mit dem Symbol Å bezeichnet, einem A mit einem Ring darüber, ein separater Buchstabe des Alphabets in den skandinavischen Ländern. Obwohl das Ångström keine SI-Einheit ist, wird es häufig für die Angabe von Längen, wie Atomradien, Bindungslängen in der Chemie, Abmessungen biologischer Strukturen und Wellenlängen von Strahlung verwendet. Der Atomradius von Chlor beträgt etwa 1 Ångström.

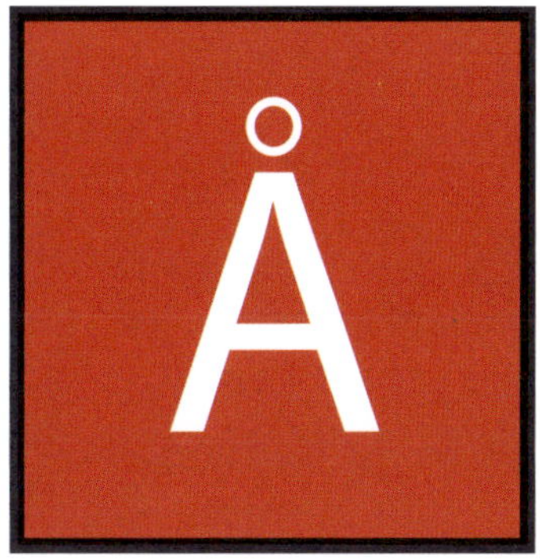

ANDERE VERWENDUNGEN

A bezeichnet auch eine der vier Hauptblutgruppen in der Humanbiologie und einen Spektraltyp bei der Klassifizierung von Sternen.

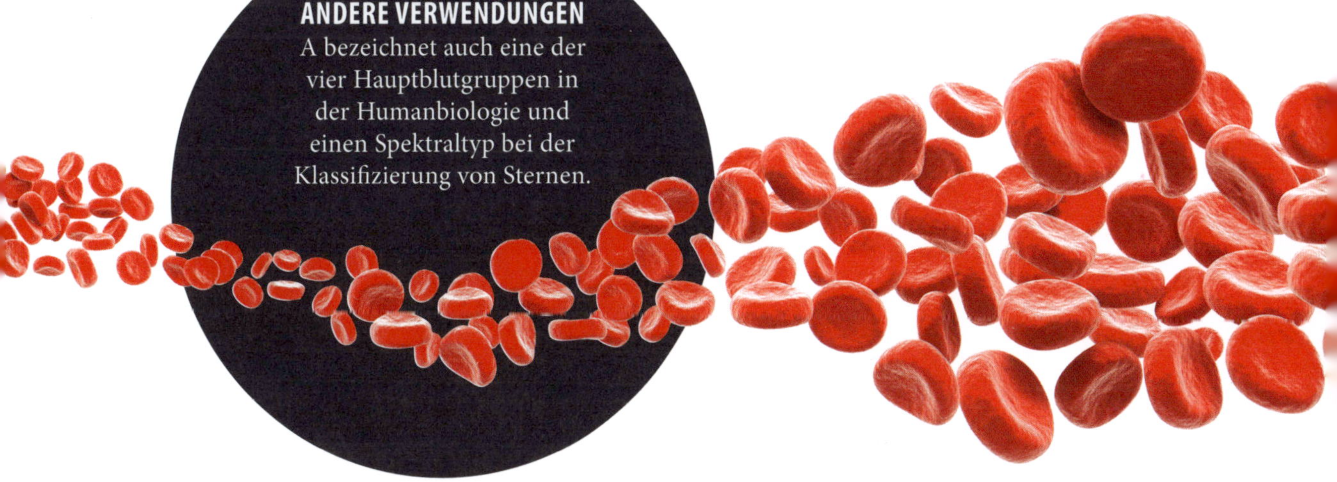

B *b*

Kugel

In der Geometrie bezeichnet B^n (von englisch ball) eine n-dimensionale Kugel: die Menge aller Punkte im n-dimensionalen Raum innerhalb eines festen Abstands von einem Mittelpunkt. Die Oberfläche einer Kugel wird als Sphäre bezeichnet, eine „Einheitskugel" ist eine Kugel mit Radius eins.

Magnetische Flussdichte

In der Physik wird mit B die Flussdichte eines Magnetfelds bezeichnet: Ein Vektorfeld im Raum, wo die magnetische Kraft auf ein geladenes Teilchen an jedem Punkt dieses Raums wirkt. Die Flussdichte B wird in Tesla (T) (s. T, S. 48) oder Kilogramm pro Quadratsekunde pro Ampere gemessen ($kgs^{-2}a^{-1}$).

Auftrieb

Auftrieb (B, von englisch buoyancy) ist eine in Newton (N) gemessene Kraft, die nach oben auf ein in eine Flüssigkeit eingetauchtes Objekt wirkt. Er kann als Produkt aus Flüssigkeitsdichte, dem vom Objekt verdrängten Flüssigkeitsvolumen und der Fallbeschleunigung *g* berechnet werden (s. S. 24). Man kann ihn auch ermitteln, indem man das Gewicht eines in Flüssigkeit getauchten Objekts vom Gewicht desselben Objekts im luftleeren Raum abzieht.

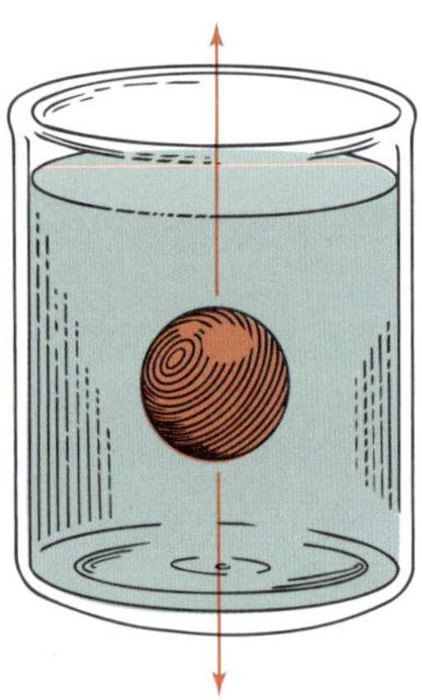

ANDERE VERWENDUNGEN
B bezeichnet auch eine der vier Hauptblutgruppen in der Humanbiologie, außerdem ist es ein Spektraltyp bei der Klassifizierung von Sternen. *b* stellt das Bottom-Quark dar, einen Typ subatomarer Teilchen.

Basis

Mit *B* bezeichnet man die Basis eines Vektorraums: eine Menge von Vektoren, die linear unabhängig sind (keiner von ihnen kann als Vielfaches einer beliebigen Kombination der anderen dargestellt werden) und den gesamten Raum aufspannen (jeder Vektor im Raum kann dargestellt werden, indem Vielfache der Basisvektoren addiert werden).

Die Vektoren (1,0,0), (0,1,0) und (0,0,1) bilden beispielsweise eine Basis für den dreidimensionalen euklidischen Raum.

◀ Zwei Kräfte wirken auf einen Festkörper in Wasser: sein Gewicht zieht ihn nach unten und eine Auftriebskraft drückt ihn nach oben.

Bernoulli-Zahlen (B_n)

Die Bernoulli-Zahlen wurden unabhängig voneinander im 18. Jahrhundert von zwei Mathematikern (Jacob Bernoulli und Seki Takakazu) entdeckt. Sie sind eine Reihe rationaler Zahlen, auf die sich viele Bereiche der Zahlentheorie beziehen.

Sie lassen sich zum Erstellen von allgemeinen Formeln für die Summen von Potenzen aufeinanderfolgender Zahlen verwenden, und wurden für den von Ada Lovelace entwickelten Code für Charles Babbages Analytical Engine benutzt. Dieser Code gilt als erstes Computerprogramm.

n	B_n
0	1
1	½
2	⅙
3	0
4	-1⁄30
5	0
6	1⁄42

◀ Die englische Mathematikerin Ada Lovelace (1815–1852), nach der die Programmiersprache Ada benannt wurde.

C c

Umfang

c (von englisch circumference) bezeichnet den Umfang eines Kreises, der die Entfernung um seine Außenseite ist. Der Umfang eines Kreises mit Radius r ist $2\pi r$.

Lichtgeschwindigkeit

Die Lichtgeschwindigkeit im Vakuum – 299.792.458 Meter pro Sekunde (ms^{-1}) – wird mit c bezeichnet. Die Schallgeschwindigkeit ebenfalls. Sie hängt von den Eigenschaften des Stoffes ab, in dem sich der Schall ausbreitet.

Konzentration

In der Physik ist die Konzentration C (von englisch concentration) ein Maß für die Anteile eines Gemisches. Sie wird definiert als die Menge der vorhandenen Substanz geteilt durch das Gesamtvolumen des Gemischs – zum Beispiel die Lösung einer Substanz in Wasser. Sie kann verschieden definiert werden, je

▼ Salzlösungen unterschiedlicher Konzentration, mit unterschiedlichen Mengen NaCl im Verhältnis zur Zahl der Wassermoleküle.

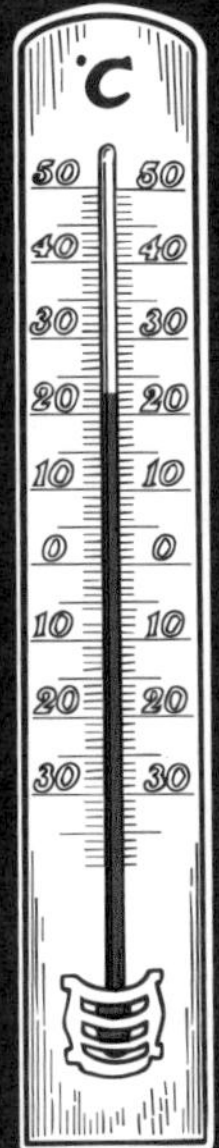

In der Physik steht C für:

- **Coulombs** – die SI-Einheit der elektrischen Ladung; 1 Coulomb entspricht 1 Ampere pro Sekunde
- **Kapazität** – das Verhältnis der Menge an elektrischer Ladung, die auf einem Leiter gespeichert ist, zur erzeugten Spannung, gemessen in Farad (F)
- **Grad Celsius** – eine Temperatureinheit, bei der 0 °C der Gefrierpunkt und 100 °C der Siedepunkt von reinem Wasser auf Meereshöhe ist.

nachdem, was man misst:

- Die molare Konzentration, d.h. die Anzahl der Mole, bzw. die Molekulargeschichte in Gramm, die in einem bestimmten Volumen einer Flüssigkeit gelöst sind, wird mit c_i bezeichnet und in Mol pro Liter angegeben ($moll^{-1}$).
- Die Massenkonzentration, die die Masse einer gelösten Substanz in einem bestimmten Volumen Flüssigkeit angibt, wird mit p_i (mit dem griechischen Buchstaben rho) angegeben und wird in Kilogramm pro Kubikmeter (kgm^{-3}) oder Gramm pro Liter (gl^{-1}) gemessen.
- Die Objektkonzentration, d.h. die Anzahl von Objekten in einem bestimmten Flüssigkeitsvolumen, wird mit C_i angegeben und in Anzahl der Einheiten pro Kubikmeter gemessen (m^{-3}).
- Die Volumenkonzentration, die das Volumen der Substanz in einem bestimmten Flüssigkeitsvolumen angibt, wird mit σ_i (der griechische Buchstabe sigma) angegeben und in Litern pro Liter gemessen (meistens als Prozentsatz oder Dezimalzahl ausgedrückt).

Centi-

Kleines *c* ist die Standardabkürzung für das SI-Präfix „centi-“ (Hundertstel oder 10^{-2}). Ein Zentiliter (cl) ist 0,01 Liter.

Komplexe Zahlen

In der Mathematik wird die Menge der komplexen Zahlen mit ℂ bezeichnet. Weitere Informationen zu Zahlenarten finden Sie auf S. 112.

WEITERE VERWENDUNGEN

C ist die römische Zahl für 100 (s. S. 76). Es bezeichnet auch die Länge der dritten Seite eines Dreiecks (die ersten beiden Seiten sind A und B). Das klein geschriebene *c* steht für den Charm-Quark, eine Art subatomarer Teilchen.

Integrationskonstante

In der Infinitesimalrechnung wird nach der Integration einer Formel meistens eine Integrationskonstante hinzugefügt, da alle Konstanten nach dem Ableiten wegfallen und das Integral (oder Antiderivativum) einen Bereich möglicher Werte hat, die sich um eine Konstante unterscheiden, die + C genannt wird. Weitere Informationen zur Infinitesimalrechnung finden Sie auf S. 120.

D *d*

Distanz

Der Buchstabe d bezeichnet die Distanz zwischen zwei Punkten p und q, manchmal als $|pq|$ oder $d(p, q)$ bezeichnet. In physikalischen Berechnungen stellt sie eine von einem Objekt zurückgelegte Strecke oder den Abstand zwischen zwei Körpern dar.

Die Standarddistanzmetrik heißt euklidische Distanz und entspricht der Länge der geraden Linie zwischen zwei Punkten im n-dimensionalen Raum. Sie wird folgendermaßen berechnet:

$$d(p, q) = \sqrt{(p_1 - q_1)^2 + (p_2 - q_2)^2 + \ldots + (p_n - q_n)^2}$$

Mit dieser Formel wird die Wertedifferenz zwischen den beiden Punkten in jeder der Koordinatenrichtungen ermittelt; anschließend wird die Quadratwurzel aus der Summe der Quadrate berechnet. Im zweidimensionalen Raum ist dies einfach die Bestimmung der Hypotenuse des rechtwinkligen Dreiecks mithilfe des Satzes des Pythagoras.

Eine andere Distanzmetrik ist die Manhattan-Metrik. Sie berechnet den Abstand zwischen zwei Schnittpunkten auf einem Gitter, wenn man sich nur entlang der Linien des Gitters bewegen darf. Die Hamming-Distanz ist ein Maß für Wörter gleicher Länge, berechnet als die Anzahl der Zeichen, in denen sie sich unterscheiden.

Durchmesser

Der Buchstabe D bezeichnet den Durchmesser eines Kreises entlang einer Linie, die durch den Mittelpunkt verläuft. Der Durchmesser eines Kreises mit dem Radius r ist $2r$.

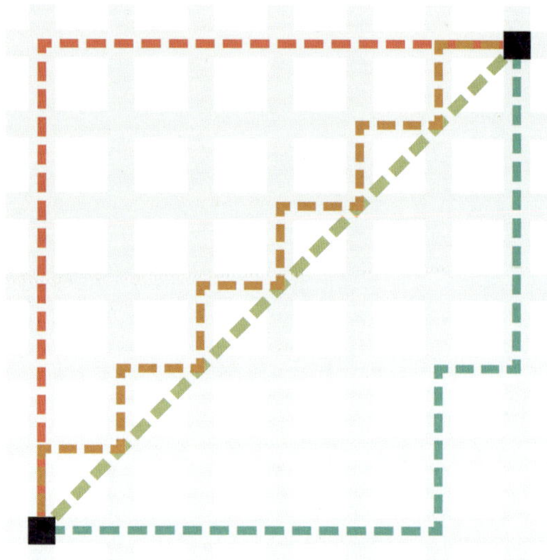

▲ Vergleich von Metriken – die diagonale Linie in Olivgrün ist die euklidische Distanz, die anderen Linien sind alle gleich lang: der Abstand gemäß der Manhattan-Metrik.

Dezi-

Kleines *d* ist Standardabkürzung für das SI-Präfix „dezi-" (ein Faktor von einem Zehntel, oder 10^{-1}). Ein Dezimeter (dm) ist 0,1 Meter oder 10 cm.

Diffusionskoeffizient

In der Chemie gibt D den Diffusionskoeffizienten oder das Diffusionsvermögen von zwei Substanzen an. Es ist ein Maß dafür, wie schnell zwei Stoffe ineinander diffundieren, wenn sie kombiniert werden. Er wird gemessen in Einheiten von Quadratmetern pro Sekunde (m^2s^{-1}), oder manchmal in mm^2s^{-1}, wenn die Mengen sehr klein sind. Dies hängt auch von den Stoffen und deren Temperaturen ab. Stoffe haben im Allgemeinen in Luft einen viel höheren Diffusionskoeffizienten als in Wasser. Der Diffusionskoeffizient von Sauerstoff in Luft beträgt 17,6 mm^2s^{-1}, in Wasser beträgt er 0,0021 mm^2s^{-1}.

Differentialoperator

In der Infinitesimalrechnung beschreibt *d* den Differentialoperator, der, wenn er auf eine Funktion angewendet wird, ihre Ableitung ergibt: ein Maß für den Gradienten der Funktion. Weitere Informationen zur Infinitesimalrechnung finden Sie auf S. 118.

ANDERE VERWENDUNGEN

Der Großbuchstabe D ist die römische Zahl für 500 (s. S. 76), kleines *d* bezeichnet das Down-Quark, ein subatomares Teilchen. Anstelle des griechischen Buchstabens ρ wird Dichte manchmal auch mit D bezeichnet (s. S. 62).

▼ Beim Mischen diffundieren zwei Stoffe ineinander. Der Diffusionskoeffizient bestimmt, wie schnell dies geschieht.

E *e*

Die Basis des natürlichen Logarithmus

Eine sehr wichtige Zahl in der Mathematik ist das e. Es entspricht ungefähr 2,71828. Die Definition der natürlichen Exponentialfunktion ist $f(x)= e^x$, das ist die Funktion, die ihrer eigenen Ableitung gleich ist (s. Infinitesimalrechnung, S. 118). Die Umkehrung dieser Funktion ist der natürliche Logarithmus, bezeichnet als ln oder $\log_e$ (s. S. 99).

e ist eine transzendente Zahl, das heißt, dass sie nicht als Lösung einer Polynomgleichung mit rationalen Koeffizienten ausgedrückt werden kann. Sie ist ein Teil der Eulerschen Identität, die *e* und i verbindet (s. S. 30), π (s. S. 61) und 1 und 0:

$$e^{i\pi} + 1 = 0$$

Elektron

Elektronen sind subatomare Teilchen, die sich in Atomen befinden. Sie werden mit *e* oder e^- bezeichnet. Ein Elektron hat eine negative Ladung und eine Masse von etwa 1/1836 atomaren Masseneinheiten. Siehe S. 146 für mehr Information über die Struktur der Atome.

Elementarladung

Die Elementarladung ist eine grundlegende physikalische Konstante. Sie bezeichnet die Menge der elektrischen Ladung, die ein Proton trägt. Sie wird mit *e* oder q_e bezeichnet und hat einen Wert von genau $1{,}602176634 \times 10^{-19}$ Coulombs. Ein Elektron hat eine elektrische Ladung von -1*e*.

PHYSIK

In der Physik kann E Energie repräsentieren, gemessen in Joule (J). Energie kann kinetisch, potentiell, elastisch, chemisch, oder thermisch sein. Energie ist eine fundamentale Größe. Sie kann weder hergestellt noch zerstört werden.

Elektrisches Feld – Ein elektrisches Feld enthält geladene Teilchen, die anziehende oder abstoßende Kräfte auf nahe gelegene Objekte im Feld ausüben. Es wird auch E-Feld genannt und wird in Volt pro Meter (Vm^{-1}) gemessen.

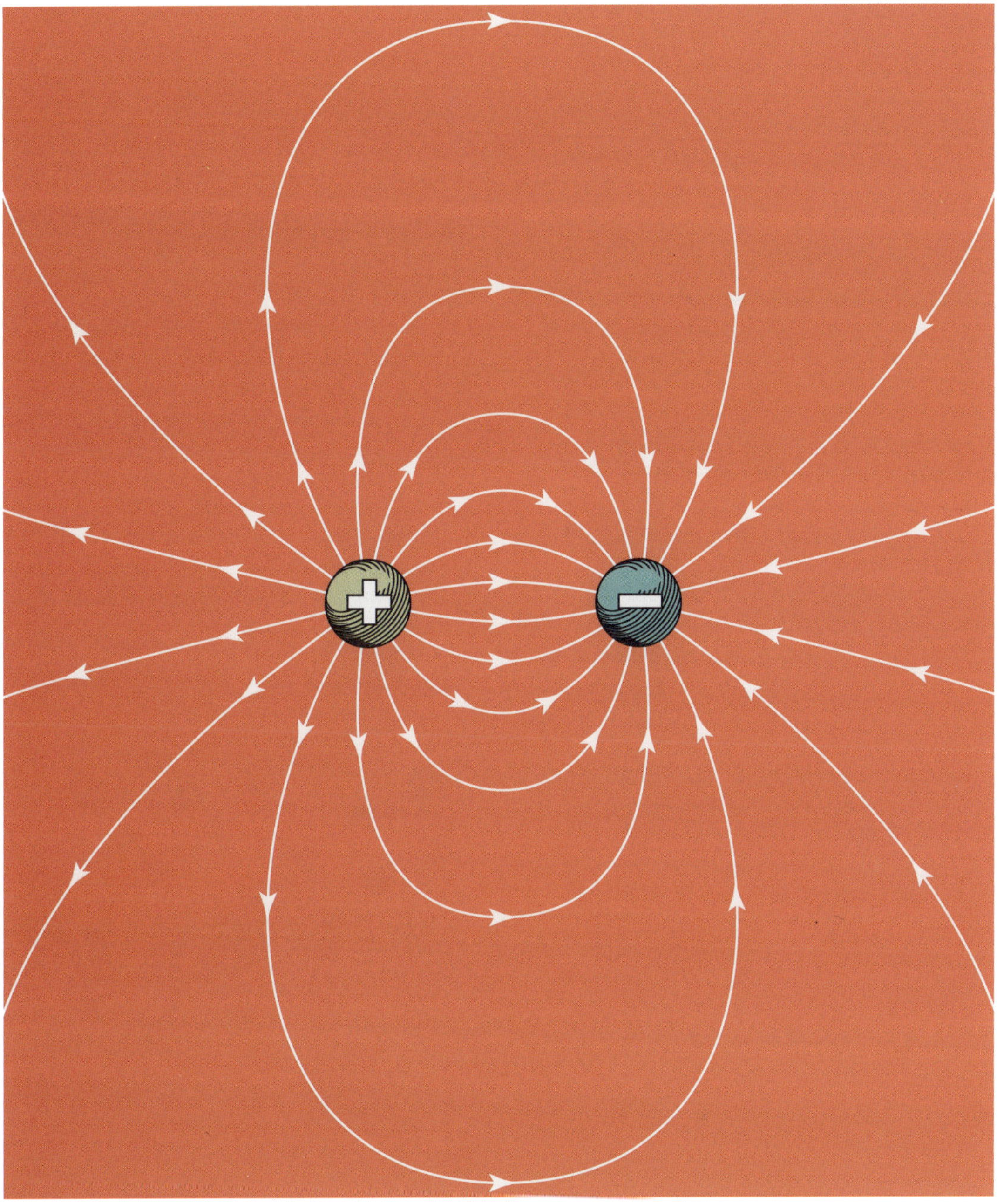

▲ Eine Illustration des elektrischen Feldes mit der positiven Ladung (links) und der negativen Ladung (rechts)

Ee

Enzym

In der Chemie bezeichnet E ein Enzym in einer chemischen Reaktion. Ein Enzym ist ein Protein, das als biologischer Katalysator wirkt, sodass eine Reaktion schneller abläuft.

Standardform

In der Standardform, oder wissenschaftlichen Notation, werden große Zahlen als Wert unter 10 bezeichnet und mit einer Potenz von 10 multipliziert. Beispiel: Die Avogadro-Zahl in Standardform ist etwa $6{,}022 \times 10^{23}$. In Programmiersprachen und auf Displays von Taschenrechnern wird der Buchstabe E verwendet um das „$\times\ ^{10}$“ mit der hochgestellten Zahl zu ersetzen, sodass 6.022E23 geschrieben wird.

Exa-

E ist Standardabkürzung für das SI-Präfix „Exa-“(Faktor von einer Trillion oder 10^{18}). Ein Exagramm (Eg) entspricht 1.000.000.000.000.000.000 Gramm, eine Exasekunde (es) entspricht etwa 32 Milliarden Jahren.

Andere Verwendungen in der Mathematik

In der Wahrscheinlichkeitsrechnung bezeichnet E(X) den Erwartungswert einer Zufallsvariable X, der einen Hinweis auf ihren Durchschnittswert gibt. Der erwartete Wert eines Standardwürfels von 1–6 ist zum Beispiel 3,5.

In der Graphentheorie bezeichnet E die Menge der Kanten eines Graphen (s. S. 202).

Kleines *e* ist manchmal Symbol für das Identitätselement in einer Gruppe, insbesondere einer symmetrischen Gruppe.

Exzentrizität

Ein *e* ist auch ein Symbol für Exzentrizität, eine Eigenschaft von Kegelschnitten. Ein Kegelschnitt ist eine Form, die durch das Schneiden eines Kegels in eine bestimmte Richtung entsteht. Zu den Kegelschnitten gehören Kreise, Ellipsen, Parabeln und Hyperbeln.

Die Exzentrizität wird anhand des Winkels der Schnittebene und der Steilheit des Kegels berechnet und gibt die Abweichung des Kegelschnitts von einem Kreis an. Kreise haben eine Exzentrizität von 0, Ellipsen haben eine Exzentrizität zwischen 0 und 1, eine Parabel hat eine Exzentrizität von 1 und Hyperbeln haben eine Exzentrizität von größer als 1.

Kreis

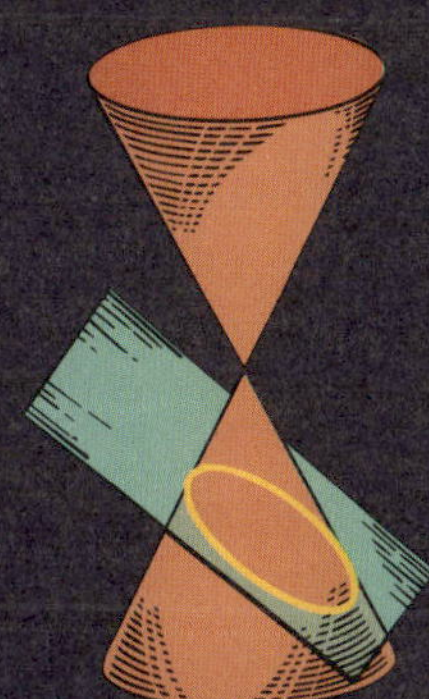

Ellipse

Parabel

Hyperbel

F *f*

Fahrenheit

Fahrenheit (°F) ist eine Temperatureinheit auf der Fahrenheit-Skala, wobei 32°F der Gefrierpunkt und 212°F der Siedepunkt von reinem Wasser auf Meereshöhe ist. Die Skala wurde 1724 vom Physiker Daniel Gabriel Fahrenheit entwickelt, er erfand auch das Quecksilberthermometer. Die durchschnittliche menschliche Körpertemperatur beträgt 96°F.

Femto-

Kleines f ist Standardabkürzung für das SI-Präfix „Femto-" (ein Faktor von einem Billiardstel oder 10^{-15}). Eine Femtosekunde (fs) dauert 0,000000000000001 Sekunden.

ANDERE VERWENDUNGEN

F ist ein Spektraltyp bei der Klassifizierung von Sternen und eine Alternative zu λ (dem griechischen Buchstaben lambda), dem Symbol für Frequenz (s. S. 60).

Funktion

In der Mathematik ist *f* Kürzel für die mathematische Funktion f(x).

Kraft

In der Physik bezeichnet F eine Kraft: etwas, was ein Objekt beeinflusst, um seine Geschwindigkeit oder Position zu verändern. Kräfte haben eine Größe und eine Richtung und werden als Vektor dargestellt. Kräfte werden in Newton (N) oder Kilogramm pro Meter pro Quadratsekunde ($kgms^{-2}$) gemessen, Kraft ist gleich Masse mal Beschleunigung.

F ist auch Symbol für eine Reibungskraft.

▲ Eine Kraft wird aufgebracht, um den Rasenmäher zu schieben. Während die Reibung rückwärts wirkt, wirkt die Nettokraft in Vorwärtsrichtung.

Fibonacci-Zahlen

Definition der Fibonacci-Folge:

- Die ersten beiden Fibonacci-Zahlen sind beide gleich 1.
- Jede folgende Fibonacci-Zahl ist die Summe der der beiden vorangegangenen.

Nach dieser Definition ergibt sich die Folge 1, 1, 2, 3, 5, 8, 13, 21, 34, ..., die n^{te} Fibonacci-Zahl ist mit Fn bezeichnet, sodass die obige Reihe wie folgt umformuliert werden kann:
$F_0 = F_1 = 1, F_n = F_{n-1} + F_{n-2}$.

Die Fibonacci-Zahlen finden Sie in vielen interessanten mathematischen Mustern, aber auch zum Beispiel in der optimalen Anordnung von Spiralen in Samenständen und Blütenblättern in der Natur. Das Verhältnis von aufeinanderfolgenden Fibonacci-Zahlen nähert sich dem Teilungsverhältnis des Goldenen Schnitts, phi (φ) (s. S. 64).

▼ Im Wachstumsmuster der Ananas ist die Anzahl der Streifen in jeder Richtung oft eine Fibonacci-Zahl.

Farad

Das Farad (F) ist die Einheit der elektrischen Kapazität. Sie bezeichnet die Fähigkeit eines Objekts, eine elektrische Ladung zu speichern. Ein Farad wird ausgedrückt als 1 Sekunde hoch vier Amperequadrat pro kg pro Quadratmeter ($s^4A^2\ kg^{-1}m^{-2}$). Die Einheit ist nach dem Wissenschaftler Michael Faraday benannt.

◀ Michael Faraday (1791–1867) machte wichtige Entdeckungen im Elektromagnetismus und hielt öffentliche wissenschaftliche Vorträge.

G g

Gramm

Kleines *g* bezeichnet das Gramm, eine Masseeinheit, die 0,001 kg entspricht. 1 kg enthält also 1000 g.

Gravitationskonstante

Die Gravitationskonstante G ist eine physikalische Konstante, die bei Berechnungen von Systemen unter Schwerkraft verwendet wird. Sie bezieht die Anziehungskraft zwischen zwei Körpern auf ihre Massen und den Abstand zwischen ihnen:

$$F = \frac{Gm_1m_2}{r^2}$$

Hier sind die Massen der beiden Körper m_1 und m_2, der Abstand zwischen ihnen ist *r*. Der Wert von G beträgt etwa $6{,}674 \times 10^{-11}\ m^3kg^{-1}s^{-2}$.

Kleines *g* wird für die Schwerkraft der Erde verwendet. Sie ist eine Beschleunigungskraft mit einem Wert von etwa 9,81 Metern pro Quadratsekunde (ms^{-2}) oder 10 Newton pro Kilogramm (Nkg^{-1}). Da die Erde keine perfekte Kugel ist, variiert der Wert von *g* an verschiedenen Punkten auf der Erdoberfläche zwischen $9{,}7639ms^{-2}$ und $9{,}8337ms^{-2}$. Die Kraft, die durch das Gewicht eines beliebigen Objekts entsteht, wird durch Multiplikation seiner Masse in Kilogramm mit *g* berechnet.

ANDERE VERWENDUNGEN
G ist ein Spektraltyp in der Klassifizierung von Sternen, g wird verwendet, um eine zweite mathematische Funktion bei mehreren Funktionen zu bezeichnen oder auch für das Elementarteilchen Gluon.

◀ Die Gravitationkonstante G hat auf der Erde den Wert $9{,}81\ ms^{-2}$.

Giga-

G ist Standardabkürzung für das SI-Präfix „giga-" (ein Faktor von einer Milliarde oder 10^9). Ein Gigajoule (GJ) entspricht 1.000.000.000 Joule.

Gruppe

In der Mathematik ist eine Gruppe G eine Menge von Elementen mit einer Verknüpfung, mit der aus zwei Elementen der Menge ein drittes Element erzeugt werden kann. Ganze Zahlen und Addition bilden zum Beispiel eine

◀ Josiah Willard Gibbs (1839–1903), amerikanischer Wissenschaftler, leistete wichtige Beiträge zur Physik, Chemie, Mathematik und statistischen Mechanik.

Gruppe, da die Summe von zwei ganzen Zahlen auch eine ganze Zahl ist.

Die Definition einer Gruppe enthält einige zusätzliche Bedingungen: Grundsätzlich muss es ein neutrales Element in der Gruppe geben (bei ganzen Zahlen 0), das bei der Kombination mit einem anderen Element keine Wirkung hat. Jede Gruppe muss auch ein inverses Element enthalten, sodass sich aus der Kombination eines Elements mit seinem Kehrwert das neutrale Element ergibt (bei ganzen Zahlen sind die negativen Zahlen die Inversen der positiven Zahlen).

Gruppen können unendlich oder endlich sein. Viele mathematische Objekte haben die Struktur einer Gruppe, wie Sammlungen von Permutationen (s. S. 46), Symmetrien von geometrischen Figuren, Formen sowie Zahlen in der modularen Arithmetik (s. S. 103). Die Menge aller möglichen Bewegungen auf einem Rubik's Cube ist ein Beispiel für eine Gruppe, die über 43 Quintillionen ($43 \cdot 10^{30}$) Elemente enthält.

Freie Energie nach Gibbs

In der Thermodynamik ist die freie Gibbs-Energie (G) die Menge an Energie, die einem System entzogen werden kann, ohne dass sich die Temperatur oder der Druck ändert. Sie wird in Joule (J) gemessen.

Graph

G ist in der Mathematik das Symbol eines Graphen. Für weitere Informationen s. S. 202.

H *h*

Höhe

Mit dem Buchstaben *h* wird meistens die Höhe eines Objekts angegeben, es ist ein Maß für vertikale Entfernung. Die Formel für den Flächeninhalt eines Dreiecks ist zum Beispiel $\frac{1}{2}gh$, wobei *g* die Grundseite des Dreiecks und *h* seine Höhe ist.

Stunde

Kleines *h* ist die Standardabkürzung für eine Stunde, eine Zeiteinheit, die 3.600 Sekunden dauert. Viele gängige Einheiten werden in Stunden gemessen. Kilometer pro Stunde (km/h) ist eine weit verbreitete Einheit für Geschwindigkeit, und mit Kilowattstunden (kWh) wird der Stromverbrauch gemessen.

Hekto-

Kleines *h* ist die Standardabkürzung für das SI-Präfix „hecto-" (Faktor von Hundert oder 10^2). Ein Hektopascal (hPa) entspricht 100 Pascal Druck, was einem Millibar entspricht. Hektogramm (hg) und Hektoliter (hl, oder hL) sind übliche Einheiten im Einzelhandel und in der Industrie.

▼ Eine analoge Uhr ist unterteilt in zwölf Stunden, der Stundenzeiger macht zwei volle Umdrehungen pro Tag.

Entropie

In der Informationstheorie wird H als Symbol für die Entropie einer Zufallsvariablen *X* verwendet. Die Entropie H(*X*) beschreibt, wie viel Information eine Variable *X* enthält. Sie wird in Bits, die immer nur einen von zwei Werten haben können, gemessen. Ein Münzwurf hat zum Beispiel eine Entropie von einem Bit, da es zwei gleich wahrscheinliche mögliche Ergebnisse gibt.

Das Konzept der Entropie wurde 1948 vom Mathematiker Claude Shannon in seinem Aufsatz „A Mathematical Theory of Communication" eingeführt. Er stellt dar, wie die Menge der übertragenen Informationen vom Kontext abhängt. Wenn zum Beispiel ein Satz mit „Es war ..." beginnt, können die meisten deutschsprachigen Leser vorhersagen, dass das nächste Wort „einmal" ist. Dies bedeutet, dass das Wort „einmal" wesentlich weniger Informationen vermittelt als das erste Wort im Satz, da es Teil eines allgemein bekannten Musters ist. Die Analyse der Entropie bei Informationsübermittlung trägt zur Optimierung von Datenübertragung und -speicherung bei.

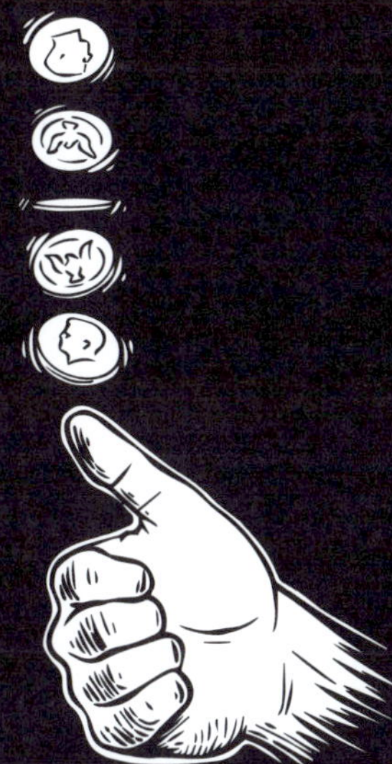

Henry

Das Henry, abgekürzt H, ist die SI-Einheit für elektrische Induktivität. Es bezieht die Änderungsrate des Stroms in einem Stromkreis auf die daraus resultierende elektromotorische Kraft. Die Einheit wurde nach dem amerikanischen Wissenschaftler Joseph Henry benannt. Ein Henry ist ein Kilogramm pro Quadratmeter pro Quadratsekunde pro Quadrat Ampere. ($kgm^2s^{-2}A^{-2}$).

◀ Joseph Henry (1797–1878) war der erste Sekretär der Smithsonian Institution, er entwickelte den Elektromagneten.

H *h*

Quaternionen

In der Mathematik steht $\mathbb{H}$ für die Menge der Quaternionen. Für mehr Information über Quaternionen s. S. 208.

Planck-Konstante

In der Physik ist h das Symbol für die Planck'schee Konstante, die in der Quantenmechanik verwendet wird. Sie beschreibt das Verhältnis zwischen der Energie eines Photons und seiner Frequenz und wurde nach dem Physiker Max Planck benannt. Die Planck'schee Konstante beträgt genau $h = 6{,}62607015 \times 10^{-34}$ Joule pro Hertz (JHz^{-1}). Da sie in unterschiedlichen Formeln verwendet wird, benutzt man $\hbar$ als Bezeichnung für die reduzierte Planck-Konstante, die denselben Wert in Joule-Sekunden pro Radiant ($Jsrad^{-1}$) gemäß der Formel $h/2\pi = 1{,}054571817... \times 10^{-34}$ $Jsrad^{-1}$ darstellt.

Heaviside-Funktion

Die Heaviside-Funktion $H(x)$, auch Einheitssprungfunktion genannt, $H(x) = 0$ für alle $x \leq 0$, und $H(x) = 1$ für alle $x > 0$. Sie kann zur Darstellung eines Signals verwendet werden, das zu einem bestimmten Zeitpunkt von aus auf an schaltet.

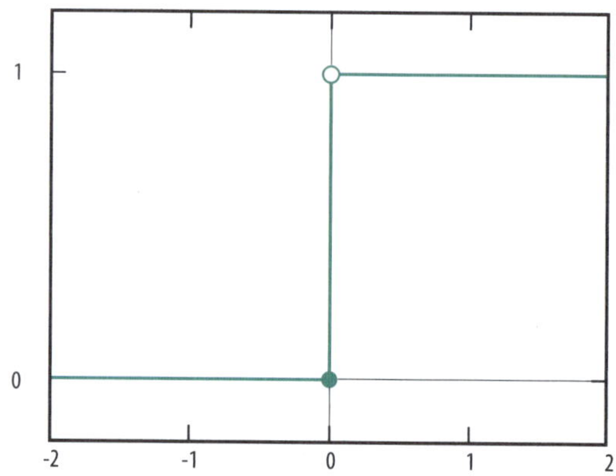

▲ Die Heavisidestufenfunktion. Der ausgefüllte Kreis bezeichnet, dass H(0) = 0 ist.

◀ Der deutsche theoretische Physiker Max Planck (1858–1947) wurde mit dem Nobelpreis ausgezeichnet.

Enthalpie

In der Thermodynamik bezeichnet die Enthalpie eines Systems (H) die innere Energie eines Systems, addiert zum Produkt aus Druck und Volumen. Die Enthalpie wird bei der Beschreibung chemischer, biologischer und physikalischer Systeme verwendet und in Joule gemessen. Damit lässt sich die Energieübertragung bei chemischen Reaktionen messen.

Magnetische Feldstärke

In der Physik bezeichnet H die Stärke eines Magnet- oder Vektorfeldes, das jedem Punkt im Raum eine Stärke und Richtung der Kraft zuordnet, die auf ein geladenes Teilchen an diesem Punkt einwirken würde. Die Feldstärke H wird in Ampere pro Meter (Am^{-1}) gemessen.

ANDERE VERWENDUNGEN

H^0 ist die Bezeichnung für das Higgs-Boson, ein Elementarteilchen in der Physik. In der Kosmologie bezeichnet man mit H^0 die Hubble-Konstante. Sie beschreibt die kosmologische Ausdehnung. H^0 setzt die Entfernung einer Galaxie in Bezug zur Geschwindigkeit, mit der sie sich von uns fortbewegt.

▼ Durch den Large Hadron Collider am CERN in der Schweiz konnte die Existenz des Higgs-Bosons bewiesen werden.

I *i*

Imaginäre Zahl

In der Mathematik bezeichnet man mit *i* die Lösung der Gleichung $x^2 = -1$. Diese hat keine Lösung in reellen Zahlen, denn für jede positive oder negative reelle Zahl ergibt sich bei der Multiplikation ein positives Ergebnis, sodass kein Wert das Quadrat zu -1 bildet.

Indem wir i als $\sqrt{(-1)}$ definieren, können wir imaginäre Zahlen definieren. Die Quadratwurzel aus einer negativen Zahl wird ein Vielfaches von i sein. Beispiel: $\sqrt{(-4)} = 2i$ und tatsächlich ist $(2i)^2 = 4i^2 = 4\times(-1) = -4$. Durch die Kombination von reellen Zahlen und imaginären Zahlen können wir die zweidimensionale komplexe Ebene (s. S. 113) bilden, die aus Zahlen der Form $a + bi$ bestehen, mit einem Realteil und einem Imaginärteil. Zusammen mit *j* und *k* ist *i* eines der drei grundlegenden Quaternionen. Weitere Informationen zu Quaternionen finden Sie auf S. 208.

Trägheitsmoment

Das Trägheitsmoment eines Objekts (I), manchmal auch als Inertialmoment bezeichnet, ist ein Maß für die erforderliche Kraft, um einen Körper mit einer bestimmten Geschwindigkeit zu drehen. Die Masse ist ein Maß für die erforderliche Kraft, um ein einen starren Körper zu bewegen. Das Trägheitsmoment wird in Kilogramm pro Quadratmeter (kgm^{-2}) gemessen. Es ist von der Körpermasse und deren Verteilung relativ zur Drehachse abhängig.

▼ Eine Eiskunstläuferin dreht sich beim Pirouettedrehen schneller, wenn sie die Arme einzieht (Drehimpulserhaltungssatz).

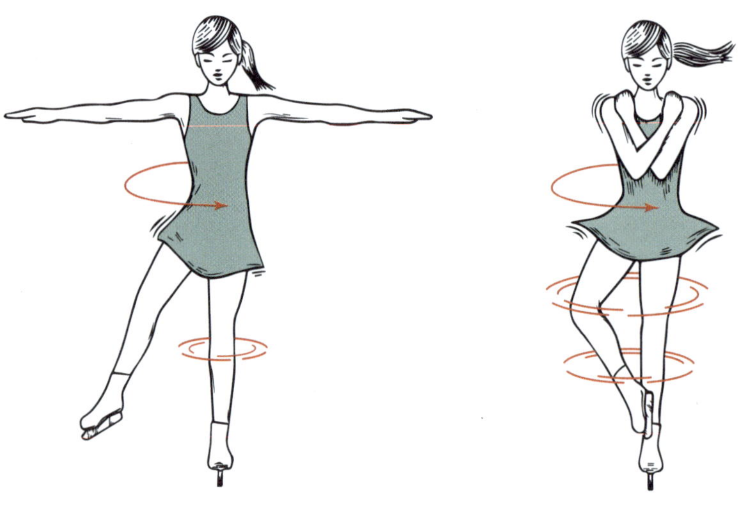

ANDERE VERWENDUNGEN

I ist die römische Zahl für 1.

1

Für ein rotierendes System wird das Trägheitsmoment definiert als Quotient von Drehimpuls L zur Winkelgeschwindigkeit ω. Der Drehimpulserhaltungssatz besagt, dass bei verringertem Trägheitsmoment, wie zum Beispiel bei einer Pirouettentänzerin, die die Arme anzieht, die Winkelgeschwindigkeit zunimmt.

Strom

Das Symbol I wird auch für die elektrische Stromstärke verwendet, es ist ein Maß für den Fluss geladener Teilchen in einem Stromkreis. Die Stromstärke in einem Stromkreis wird berechnet als Spannung V geteilt durch den Widerstand R. Sie wird gemessen in Ampere (A). Elektrische Systeme benutzen Wechselstrom (AC, wechselt seine Richtung in regelmäßiger Wiederholung) oder Gleichstrom (DC, vor allem in Batterien und Solarzellen).

Index

Der Buchstabe *i* wird oft als Indexzahl verwendet. Eine Menge von *n* Elementen kann zum Beispiel mit a_1, a_2 ... a_n bezeichnet werden. Das allgemeine Element aus dieser Liste ist dann a_i. In Matrizen wird *i* als Zeilenindex und *j* als Spaltenindex verwendet, wobei Einträge in der i-ten-Zeile und e-ten-Spalte als a_{ij} oder $a_{i,j}$ bezeichnet werden.

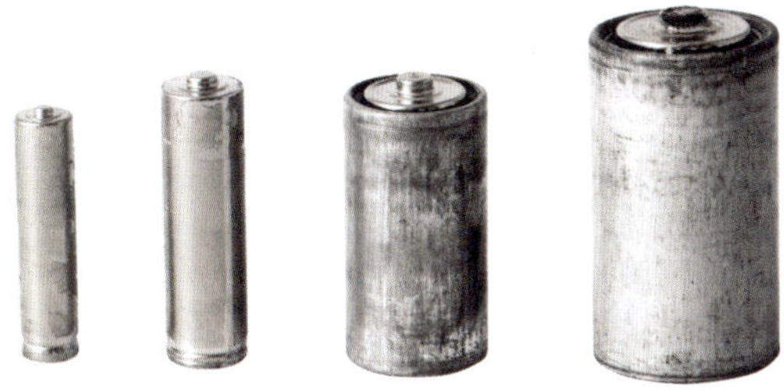

▲ Elektrochemische Batterien oder Zellen liefern Gleichstrom (DC). Sie werden als Stromquelle bei kleineren Geräten verwendet.

Identitätsmatrix (Einheitsmatrix)

Die n-mal-n-Identitätsmatrix, bezeichnet als I_n, ist eine quadratische Matrix, deren Elemente überall Null sind, mit Ausnahme der Hauptdiagonale, wo alle Elemente eins sind. Mehr Informationen finden Sie auf S. 122.

$$\begin{pmatrix} 1 & 0 & 0 \\ 0 & 1 & 0 \\ 0 & 0 & 1 \end{pmatrix}$$

▲ Eine drei-mal-drei Identitätsmatrix, mit Eins entlang der Diagonale, und Null an den übrigen Stellen.

J *j*

Impuls

Der Impuls J, eine vektorielle Größe, wird in der klassischen Mechanik, in Newtonsekunden (N) gemessen. Er wird berechnet als Integral eines Kraftvektors über ein Zeitintervall und repräsentiert den Betrag der Änderung, den eine Kraft ausübt. Die Anwendung einer bestimmten Kraft während einer längeren Zeitspanne bewirkt den gleichen Impuls wie die einer größeren Kraft während kürzerer Zeit.

Basis-Quaternionen

Es gibt drei Basis-Quaternionen, *i* und *j* und *k*. Weitere Informationen zu Quaternionen finden Sie auf S. 208.

In der Technik wird kleines *j* anstelle von *i* für die imaginäre Einheit in komplexen Zahlen verwendet, da *i* hier meistens Strom bedeutet.

Stromdichte

In der Physik ist *J* das Symbol für die Stromdichte. Dies ist das Verhältnis der Stromstärke zu einer bestimmten Querschnittsfläche, durch die der Strom pro Zeiteinheit senkrecht hindurchtritt. Sie wird gemessen in Ampere pro Quadratmeter (Am^{-2}) und ist definiert als ein Vektor, der in die Richtung des Stromflusses zeigt.

Gesamtdrehimpuls

In der Quantenmechanik bezeichnet J den Gesamtdrehimpuls eines Teilchens. Er enthält sowohl den Bahndrehimpuls als auch den Spindrehimpuls.

Index

Der Buchstabe *j* wird oft zur Matrixindizierung verwendet, vor allem wenn *i* bereits verwendet wurde. In Matrizen wird *i* meistens als Zeilenindex und *j* als Spaltenindex verwendet, wobei Einträge in der i-ten und j-ten Spalte als a_{ij} bezeichnet werden.

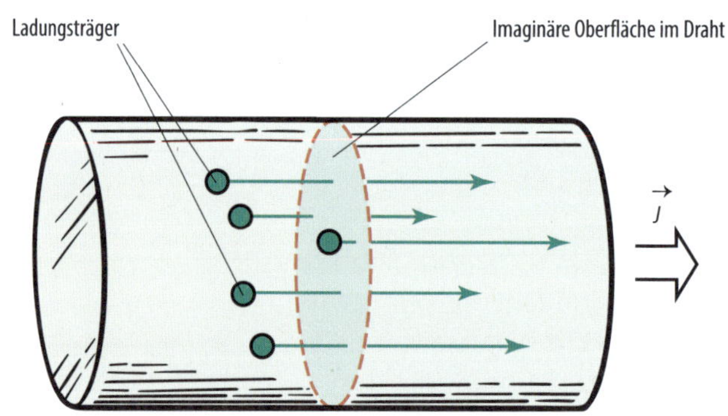

▲ Die Stromdichte gibt an, wie viele Ladungsträger pro Zeiteinheit durch einen Leiter mit einer bestimmten Querschnittsfläche fließen.

Joule

Das Joule ist die Maßeinheit für die Energie. Ein Joule entspricht einem Kilogramm mal Quadratmeter pro Quadratsekunde ($kgm^2 s^{-2}$). Es wurde benannt nach dem Physiker James Prescott. Joules stehen auch für

- die Energie, die ein Körper erhält, wenn eine Kraft von einem Newton auf ihn einwirkt, und ihn über eine Entfernung von einem Meter bewegt
- die Energie, die als Wärme verloren geht, wenn elektrischer Strom von 1 A durch einen Stoff mit einem Widerstand von einem Ohm eine Sekunde lang fließt
- die erforderliche Energie, um ein Watt Leistung eine Sekunde lang zu erzeugen.

Die Energiemenge in Lebensmitteln wird ebenfalls in Joule gemessen. Ein Joule entspricht etwa der Energiemenge in einem halben Zuckerkristall.

▶ James Prescott Joule (1818–1889) war ein englischer Physiker, Mathematiker und Bierbrauer.

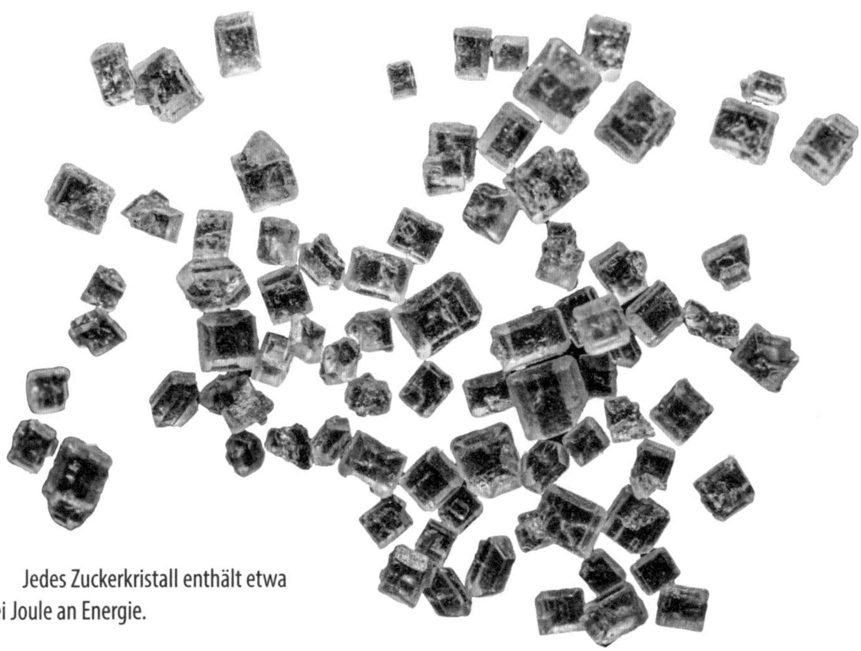

▲ Jedes Zuckerkristall enthält etwa zwei Joule an Energie.

K *k*

▲ William Thomson (Lord Kelvin, 1824–1907) beschäftigte sich mit Thermodynamik und Elektrizität.

Kelvin

K bezeichnet eine Temperatureinheit in der Kelvinskala, wobei 273,15 K der Gefrierpunkt und 373,15 K der Siedepunkt von reinem Wasser auf Meereshöhe ist. Eine Temperatur von 0 K ist der absolute Nullpunkt. Dies ist die theoretisch tiefst mögliche Temperatur, bei der die Schwingung der Atome aufhört.

K wurde benannt nach dem Ingenieur und Physiker William Thomson (Lord Kelvin). K wird auch zur Beschreibung der Farbtemperatur von Lichtquellen und des Rauschpegels in Schaltkreisen verwendet.

Kilo-

Kleines *k* ist die Standardabkürzung für das SI-Präfix „Kilo" (ein Faktor von eintausend oder 10^3). Ein Kilometer (km) ist 1.000 Meter.

Federkonstante

In der Physik besagt das Hooke'sche Gesetz, dass der Betrag der erforderlichen Kraft zum Zusammendrücken oder Dehnen einer Feder proportional zur Strecke ist, um die sie gedehnt oder gestaucht wird. Das Verhältnis wird angegeben als *F*, die Federkonstante. Das Hooke'sche Gesetz lautet $F = D \,.\, \Delta x$, wenn Δx im Verhältnis zur gesamten möglichen Verformung der Feder klein ist.

Gleichgewichtskonstante

In der Chemie bezeichnet man die Gleichgewichtskonstante einer chemischen Reaktion mit K. Sie beschreibt das Verhältnis zwischen den Mengen von Reaktanten und Produkten in einem Reaktionsgemisch. Wenn sich die Reaktion im Gleichgewicht befindet, laufen die Vorwärts- und Rückwärtsreaktion mit der gleichen Geschwindigkeit ab.

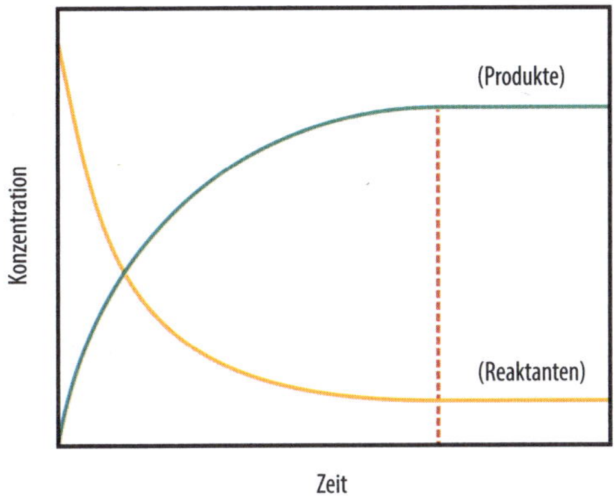

▲ Wenn sich die Mengen des Reaktanten und des Produkts stabilisieren, hat die Reaktion ihr Gleichgewicht erreicht.

ANDERE VERWENDUNGEN

K ist ein Spektraltyp in der Klassifizierung von Sternen und ist in der Mathematik Symbol für eine unbekannte ganze Zahl, insbesondere wenn n bereits verwendet wurde. Es bezeichnet auch das Kaon, eine Art Meson.

Boltzmann-Konstante

Die Boltzmann-Konstante, bezeichnet als *k*, beschreibt das Verhältnis zwischen der durchschnittlichen Energie der Teilchen in einem Gas und der Temperatur des Gases. Sie entspricht $1{,}380649 \times 10^{-23}$ Joule pro Kelvin (JK^{-1}). Sie wurde nach dem österreichischen Wissenschaftler Ludwig Boltzmann benannt, obwohl Max Planck den Wert der Konstante und die Gleichungen entwickelt hat (s. S. 28).

Quaternionen

Es gibt drei Quaternionen, *i* und *j* und *k*. Weitere Informationen zu Quaternionen finden Sie auf S. 208.

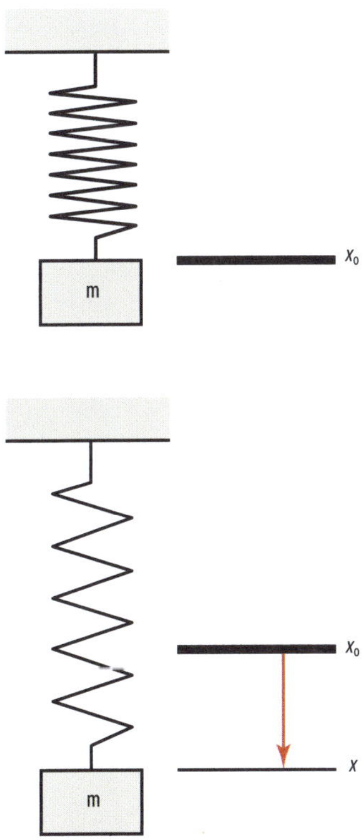

◀ Die Masse *m*, die am Ende einer Feder befestigt ist, dehnt diese nach dem Hooke'schen Gesetz von x_0 nach x.

L *l*

Länge
L bezeichnet die Länge, die als SI-Einheit für Entfernung dient. Die SI-Einheit der Länge ist der Meter (m), s. S. 144.

Liter
Der Liter wurde 1795 in Frankreich eingeführt und ist die SI-Einheit des Volumens (s. S. 144), die am häufigsten zur Messung von Flüssigkeiten verwendet wird. Ein Liter nimmt einen Raum von 10 x 10 x 10 cm ein und entspricht etwa dem US-Quart. In verschiedenen Ländern werden das große L, kleines l oder das script (ℓ) als Kürzel für Liter verwendet.

Lukaszahl
In der Mathematik bezeichnet L_n die n-te Lukaszahl, die folgendermaßen definiert ist:

$L_1 = 2$, $L_2 = 1$; und dann $L_n = L_{n-1} + L_{n-2}$

Das heißt, jede Zahl ist die Summe der beiden vorherigen Zahlen. Die ersten beiden in der Folge sind als 2 und 1 definiert, was die Folge 2, 1, 3, 4, 7, 11, 16, 27... ergibt.

Diese Zahlen sind eng verwandt mit den Fibonacci-Zahlen (s. S. 23). In der Natur kommen sie zum Beispiel in der Anzahl Spiralen der Fruchtstände in Sonnenblumenköpfen vor.

Sprache
Im Studium der formalen Sprachen wird eine Sprache mit L bezeichnet. Sprachen enthalten Wörter, die aus Buchstaben eines Alphabets bestehen. Beispiel: Die Sprache L mit dem Alphabet {a, b} enthält eine unendliche Anzahl von Wörtern, beginnend mit {a, b, aa, ab, bb, aab, abb, aba, bab ...}

Lagrange-Funktion
Die Lagrange-Funktion ($\mathcal{L}$) wird in der Mathematik und Physik zur Optimierung von Funktionen verwendet, um Maximal- und Minimalwerte in einem System, das Beschränkungen unterworfen ist, zu finden.

Die Funktion wird zum Beispiel angewandt bei der Analyse von Energie in einem physikalischen System, bei Kollisionen zwischen subatomaren Teilchen und bei der Berechnung des Wegs eines Lichtstrahls durch eine lichtbrechende Linse.

ANDERE VERWENDUNGEN

L ist die römische Zahl für 50

50

Wissenschaftliche Verwendungen von L

Drehimpuls
Der Drehimpuls L misst die Rotation eines Objekts. Er ist das Produkt aus dem Trägheitsmoment J und der Winkelgeschwindigkeit (ω) um eine bestimmte Achse. Er wird gemessen in Kilogramm pro Quadratmeter pro Sekunde ($kgm^{-2}s^{-1}$). Siehe das Diagramm unten.

Induktivität
Das Ausmaß, in dem ein elektrischer Leiter einer Änderung des durch ihn fließenden elektrischen Stroms entgegenwirkt und dabei ein magnetisches Feld erzeugt, gemessen in Henry (H). S. S. 27.

Leuchtdichte
Ein Maß für die Intensität des von einem Objekt abgegebenen, unter einem bestimmten Winkel einfallenden Lichts pro Fläche. Sie wird gemessen in Candela pro Quadratmeter (cdm^{-2}).

Latente Wärme
Die Energiemenge, die erforderlich ist, um eine Substanz von Feststoff in Flüssigkeit oder von Flüssigkeit in Gas umzuwandeln, ohne dass sich die Temperatur ändert. Sie wird gemessen in Kilojoule pro Kilogramm ($kJkg^{-1}$).

Ligand
Ein Molekül oder Atom, das sich während einer biologischen Wechselbeziehung an ein Protein bindet.

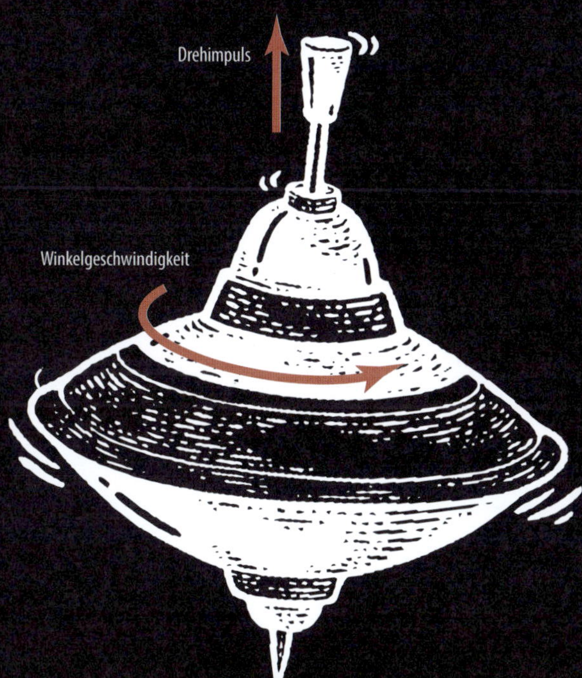

M *m*

Meter

Die SI-Einheit der Länge ist der Meter (m). Ein Metermaß misst etwa 39,37 Zoll und ist definiert als die Strecke, die das Licht in einem Vakuum während der Dauer von 299.792.458stel Sekunde zurücklegt.

Frühere Definitionen des Meters bezogen sich auf den Erdumfang, den Zerfall von Krypton-86-Atomen und die Länge des Platin-Iridium Stabes des Internationalen Komitees für Maße und Gewichte in Frankreich.

ANDERE VERWENDUNGEN

M ist die römische Zahl für 1000

1000

Masse

Die Masse M ist die Eigenschaft eines physikalischen Objekts, die den Widerstand angibt, den ein Körper einer Änderung seiner Bewegung unter Einwirkung einer Kraft entgegensetzt, und die Stärke der Gravitationskraft, die er auf andere Körper bewirkt. Die SI-Einheit der Masse ist das Kilogramm (kg).

Im allgemeinen Sprachgebrauch wird mit dem Wort „Gewicht“ dieselbe Konzeption gemeint, aber genau genommen hängt das Gewicht eines Körpers von der Stärke des Gravitationsfeldes ab, in dem es sich befindet. Zwei Objekte können also die gleiche Masse haben, aber auf der Erde oder auf dem Mond haben sie ein anderes Gewicht.

Mega- und Milli-

M ist die Standardabkürzung für das SI-Präfix „mega-“ (eine Million oder 10^6) und *m* für „milli-“ (ein Tausendstel, also 10^{-3}). Ein Megajoule (MJ) entspricht 1.000.000 Joule, ein Millimeter (mm) 0,001 Meter.

Molar

M steht für die Einheit molar, die SI-Einheit für die Konzentrationsangabe einer Lösung – nicht zu verwechseln mit einem Mol, der Stoffmenge eines Systems, das $6{,}022 \times 10^{23}$ Atomen oder Molekülen entspricht. Eine einmolare Lösung enthält ein Mol der gelösten Substanz, sie wird in Millimol pro Liter oder Mol pro Kubikmeter ($molm^{-3}$) gemessen.

Matrix

In der Mathematik ist eine Matrix (**M**) eine Anordnung von Werten in einem quadratischen oder achteckigen Gitter, umgeben von zwei großen Klammern. Matrizen sind ein Verfahren zur Speicherung von Werten oder zur Darstellung von geometrischen Transformationen oder Gleichungssystemen. Für mehr Informationen über Matrizen s. S. 122.

Mannigfaltigkeit

In der Topologie bezeichnet M eine Mannigfaltigkeit, eine Art gekrümmte Oberfläche, die die Eigenschaft hat, dass man sie in kleine Bereiche aufteilen kann, die einem flachen n-dimensionalen Raum ähneln (abhängig von der Dimension der Mannigfaltigkeit).

Die Oberfläche der Erde ist ungefähr eine Kugel, aber wir können daraus zweidimensionale Papierkarten erstellen. Eine Mannigfaltigkeit ist lokal „flach", aber ihre globalen Eigenschaften können variieren.

Kreise, Geraden, Kugeln und Tori (Donuts) sind alles Beispiele für Mannigfaltigkeiten. Aber eine Form wie zum Beispiel eine Acht, bei der der Bereich um die Kreuzung in der Mitte keiner eindimensionalen Linie ähnelt, ist keine Mannigfaltigkeit.

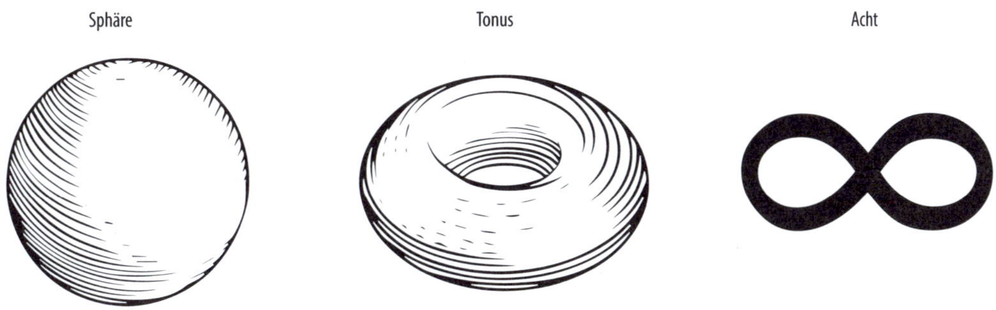

▲ Beispiele für dreidimensionale Mannigfaltigkeiten. Eine Achterfigur ist keine Mannigfaltigkeit.

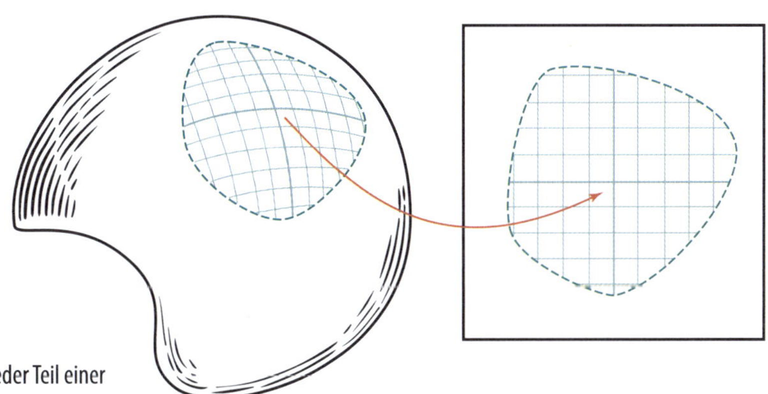

▶ Örtlich lässt sich jeder Teil einer Mannigfaltigkeit mit einem Abschnitt des flachen n-dimensionalen Raums vergleichen.

N *n*

Newton

In der Physik ist das Newton (N) die SI-Einheit der Kraft. Ein Newton steht für die erforderliche Kraft um 1 Kilogramm Masse mit einer Geschwindigkeit von einem Meter pro Quadratsekunde zu beschleunigen ($1N = 1\ kgms^{-2}$).

Die durchschnittliche Schwerkraft der Erde beträgt $g = 9{,}80665\ ms^{-2}$. Eine Masse von einem Kilogramm hat also ein Gewicht von etwa 9,8 Newton. Ihr Gewicht übt diese Kraft aus. Newton (und Kilonewton) werden in der Technik verwendet, um Kräfte wie Arbeitslasten, Spannkräfte und die Schubkraft von Raketenmotoren zu beschreiben.

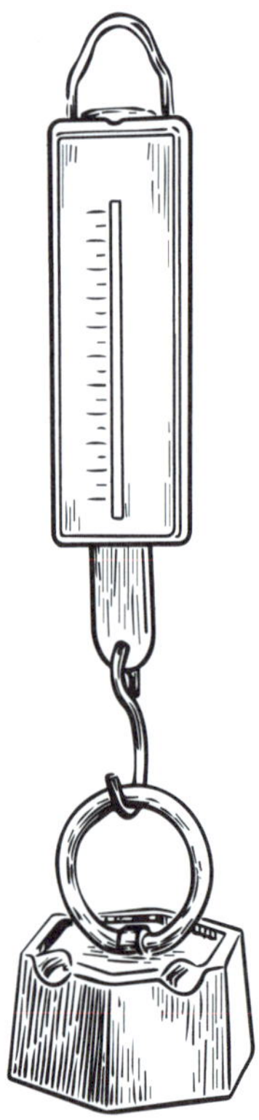

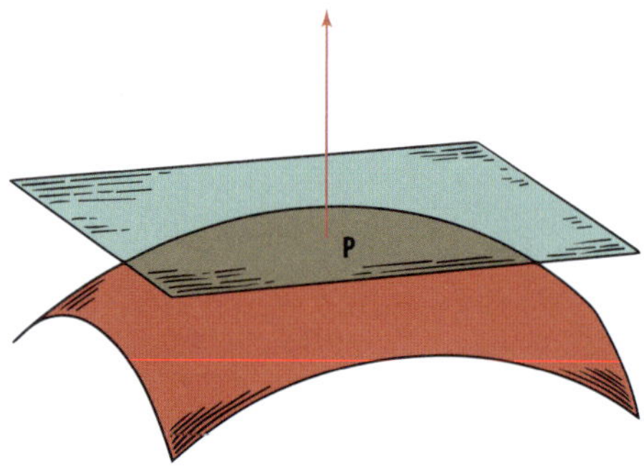

▲ Der Normalvektor in einem Punkt P ist senkrecht zur Tangentialebene in diesem Punkt.

Normalvektor

In der Geometrie bezeichnet man einen Vektor, der in einem rechten Winkel von einer Oberfläche zu einem Punkt P verläuft, als Normalvektor (**n**). Er steht senkrecht zur Fläche einer Ebene. Ist die Oberfläche gekrümmt, steht der Normalvektor senkrecht zu einer Tangentialebene im Punkt P. Für mehr Informationen über Vektoren s. S. 126.

Unbekannte Zahl

In der Mathematik und Physik bezeichnet man unbekannte ganze Zahlen mit den Groß- und Kleinbuchstaben *n*.

Avogadro-Konstante

Die Avogadro-Konstante (N) ist die Anzahl der Atome (oder Moleküle oder Ionen), die in einem Mol eines Stoffes enthalten sind. Ihr Wert beträgt $N = 6{,}02214076 \times 10^{23}$. Für mehr Informationen über Mole s. S. 145.

O o

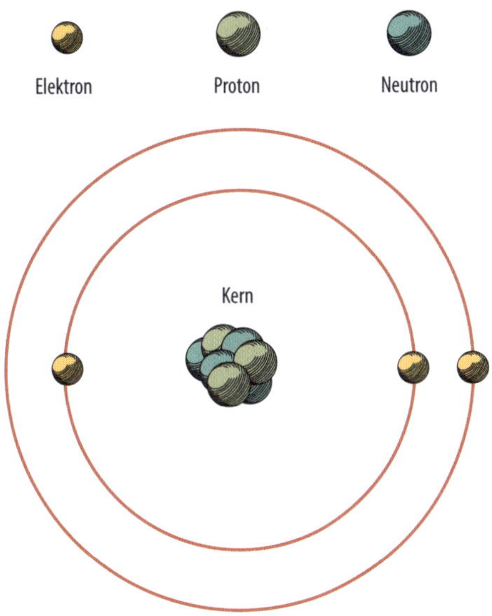

◀ Neutronen und Protonen befinden sich im Atomkern.

Nano-

Klein *n* ist die Abkürzung für das SI-Präfix „nano-“ (Milliardstel oder 10^{-9}). Ein Nanometer (nm) ist 0,000000001 Meter, was etwa dem Durchmesser von drei Magnesiumatomen entspricht.

Natürliche Zahlen

In der Mathematik wird die Menge der natürlichen Zahlen mit $\mathbb{N}$ bezeichnet. Für mehr Informationen über Zahlenarten, s. S. 112.

Neutron

Ein Neutron (*n*) ist ein elektrisch neutrales Elementarteilchen eines Atomkerns, seine Masse ist etwas größer als die eines Protons.

Brechungsindex

In der Optik verwendet man den Brechungsindex eines Stoffes (*n*) um zu definieren, wie schnell sich Licht durch diesen Stoff im Verhältnis zur Lichtgeschwindigkeit in einem Vakuum ausbreitet. Der Brechungsindex wird berechnet, indem die Lichtgeschwindigkeit im Vakuum *c* durch die Geschwindigkeit der sich in dem Stoff ausbreitenden Lichtwellen geteilt wird. Der Brechungsindex von Diamant ist $n = 2{,}417$, von Luft $n = 1{,}000293$.

Ursprung

In der Mathematik wird der Koordinatenursprung, der Mittelpunkt einer Reihe von Achsen, mit dem Buchstaben O angedeutet.

Big-O-Notation (Landau-Symbole)

Die „Big-O-Notation“ gibt die ungefähre Größe einer großen Zahl im Verhältnis zu den von ihr abhängenden Größen an (s. S. 83).

ANDERE VERWENDUNGEN

Mit O = Null wird eine der vier Hauptblutgruppen in der Humanbiologie bezeichnet.

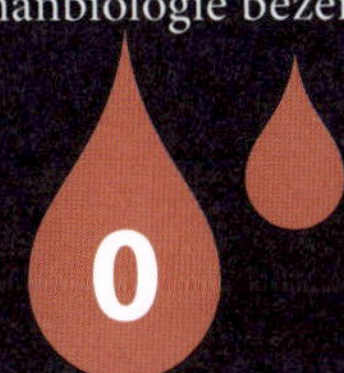

P *p*

Perimeter (Umfang) und Punkt

Der Buchstabe *p* bezeichnet den Umfang einer zweidimensionalen Figur, das heißt, die Länge ihrer Begrenzungslinie. Der Umfang eines Rechtecks mit der Breite *w* und Höhe *h* ist $2w+2h$.

p bezeichnet auch häufig einen Punkt: eine Stelle mit Null Breite, Höhe und Dicke. Nullstellen gibt es bei geometrischen Objekten: Der Mittelpunkt eines Kreises ist zum Beispiel ein Punkt, eine Linie verbindet zwei Punkte miteinander. Geometrische Objekte werden als Mengen von Punkten definiert, ihre Zahl ist möglicherweise unendlich.

Primzahl

Primzahlen sind ganze Zahlen größer als 1, die nicht Produkt zweier kleinerer ganzer Zahlen sind. Sie werden mit klein *p* bezeichnet. Primzahlen sind ein wichtiges Konzept in der Zahlentheorie, alle ganzen Zahlen sind ein Produkt von Primzahlen.

Wahrscheinlichkeit

Groß P bezeichnet die Wahrscheinlichkeit für das Eintreten eines Ereignisses. Wirft man zum Beispiel einen sechsseitigen Würfel, ist die Wahrscheinlichkeit die Zahl 1 zu würfeln, ein Sechstel: P(Würfeln einer 1) = $\frac{1}{6}$. Alle Wahrscheinlichkeiten werden als Werte zwischen 0 und 1 angegeben, sie können als Bruch, Prozentsatz oder Dezimalzahl ($\frac{1}{2}$ = 50 % = 0,5) ausgedrückt werden.

Wenn es sich um bedingte Wahrscheinlichkeiten handelt, wird die Notation $P(A|B)$ verwendet, um „die Wahrscheinlichkeit von A unter der Bedingung B" zu beschreiben. Zum Beispiel, P(Würfeln einer 1 | die gewürfelte Zahl ist ungerade) = $\frac{1}{3}$, aber P (eine 1 würfeln | die gewürfelte Zahl ist gerade) = 0.

Druck

In der Physik bezeichnet der Druck (P oder p) die Kraft, mit der ein Körper im rechten Winkel auf eine Fläche wirkt. Er kann in verschiedenen Einheiten gemessen werden, wie Pascal (Pa), entspricht Newton pro Quadratmeter (Nm^{-2}), oder pounds per square inch (psi oder $lbfin^{-2}$). Bei anderen Einheiten hängt es vom Kontext ab. Atmosphärenwissenschaftler messen ihn in Atmosphären (atm), wobei 1 atm = 101,325 kPa, oder 14,69595 psi.

Peta- und pico-

Groß P ist auch Standardabkürzung für das SI-Präfix „peta-" (eine Billiarde oder 10^{15}), p steht für „pico-" (ein Faktor von einem Billionstel, oder 10^{-12}). Ein Petabyte (Pb) entspricht 1.000.000.000.000.000 Bytes und eine Pikosekunde (ps) entspricht 0,000000000001 Sekunden.

Proton

Ein Proton ist ein subatomares Teilchen im Kern eines Atoms, sein Symbol ist *p*, oder p^+. Protonen haben eine positive Ladung und eine Masse von etwa einer atomaren Masseneinheit. Für weitere Informationen über die Struktur der Atome s. S. 146.

Biologisches oder chemisches Reaktionsprodukt

In chemischen Reaktionen beschreibt P ein Reaktionsprodukt, beziehungsweise den Stoff, der durch die chemische Reaktion entsteht. Der Reaktant (R) wird in ein Produkt umgewandelt. Man kann schreiben: $R \longrightarrow P$, oder wenn ein Katalysator verwendet wird, um die Reaktionsgeschwindigkeit zu beschleunigen, $R \xrightarrow{C} P$. Für mehr Informationen über chemische Reaktionen s. S.136.

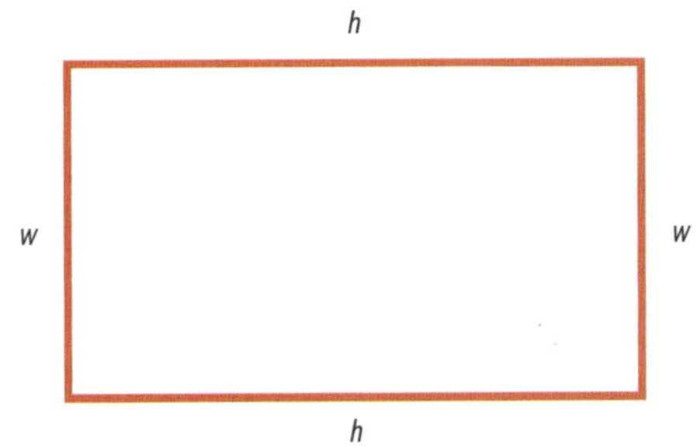

$$\boldsymbol{P} = 2w + 2h = 2(w+h)$$

▲ Der Umfang einer Form ist die Länge ihrer Begrenzungslinie.

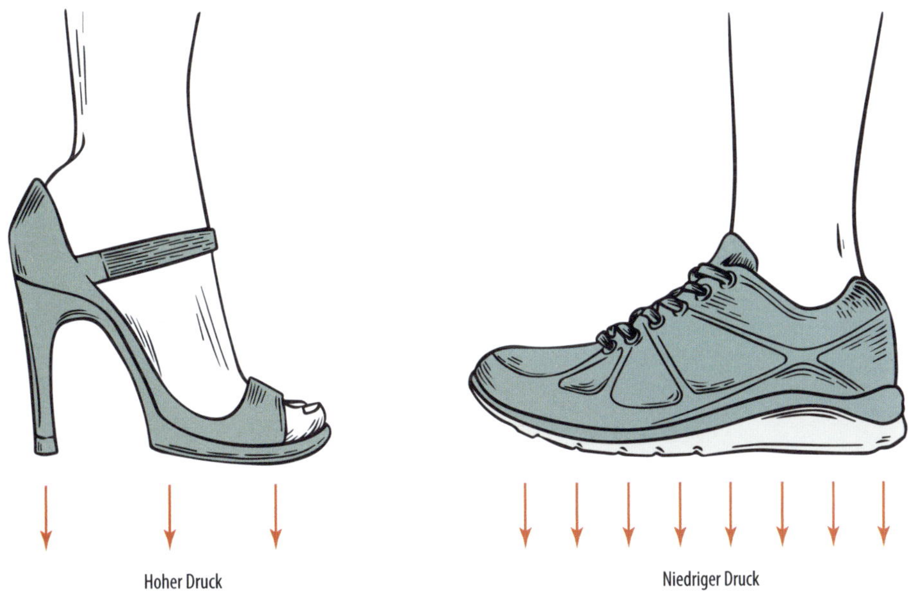

▲ Druck wirkt pro Flächeneinheit – wirkt die gleiche Kraft auf eine größere Fläche, verringert sich der Druck.

Q *q*

Elektrische Ladung

Eine elektrische Ladung (*q*) verursacht eine Kraft in der geladenen Materie, wenn diese in ein magnetisches Feld gebracht wird. Eine elektrische Ladung kann positiv oder negativ sein. Sie wird in Coulombs (C) gemessen. Ein ungeladener Körper ist elektrisch neutral.

Wärmeenergie

Das Symbol Q wird verwendet für die gesamte Menge der als Wärme übertragenen Energie. Sie wird gemessen in Joule (J). Gibt ein System Wärme an die Umgebung ab, ist Q negativ, nimmt es Wärme auf, ist Q positiv.

Volumendurchfluss

Die Volumendurchflussrate (Q) ist das Maß für die Menge einer Flüssigkeit, die pro Zeiteinheit fließt. Sie wird er in Kubikmetern pro Sekunde (m^3s^{-1}) oder Kubikfuß pro Sekunde (ft^3s^{-1}) gemessen.

Quark

Ein Quark (q) ist ein Elementarteilchen. Quarks verbinden sich zu Atomteilchen, wie Protonen und Neutronen. Es gibt sechs Arten Quarks, die „Quark-Flavours“: up, down, charm, strange, top und bottom. Jedes hat eine unterschiedliche Masse und Stabilität. Ein Proton besteht aus zwei Up-Quarks und einem Down-Quark.

Rationale Zahlen

In der Mathematik wird die Menge aller rationalen Zahlen (Zahlen die als Bruch beschrieben werden können) mit $\mathbb{Q}$ bezeichnet. Für mehr Information über Zahlen, s. S. 112.

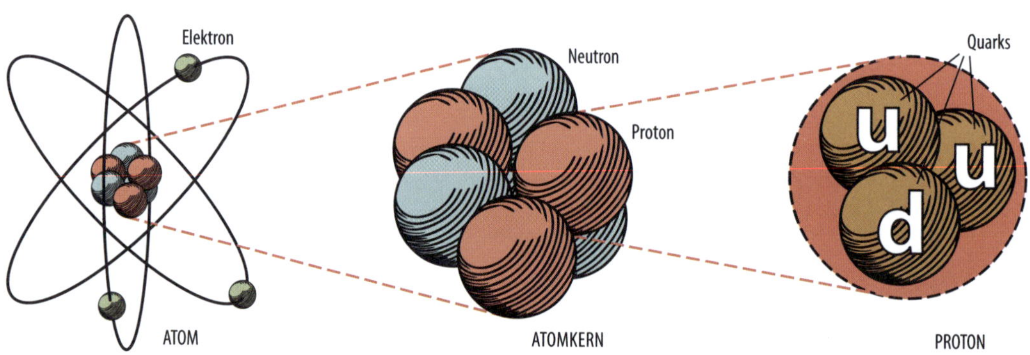

▲ Die Protonen und Neutronen im Kern bestehen alle aus Quarks.

R r

Radius

Der Buchstabe r bezeichnet den Radius eines Kreises, d.h. den Abstand zwischen seinem Mittelpunkt und einem Punkt auf dem Kreisrand. Ein Kreis wird definiert durch Mittelpunkt und Radius.

Im Polarkoordinatensystem ist jeder Punkt in einer zweidimensionalen Ebene durch einen Winkel zur Polarachse L und den Abstand vom Ursprung definiert. Das *r* gibt den Abstand vom Ursprung an, den sogenannten radialen Abstand.

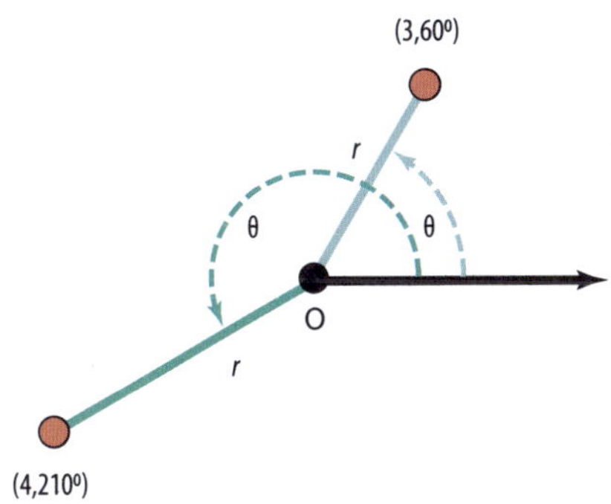

▲ Die Position eines Punktes wird durch einen Winkel θ und einen Radius *r* definiert.

Reelle Zahlen

In der Mathematik wird die Menge aller reellen Zahlen mit $\mathbb{R}$ bezeichnet. Für mehr Informationen über Zahlenarten s. S. 112.

Gaskonstante

Die Gaskonstante (R) ist eine physikalische Konstante, die Energie, Temperatur und Menge eines Stoffes verknüpft. R ist definiert als die Avogadro-Konstante N_A mal der Boltzmann-Konstante k und beträgt genau 8,31446261815324 Joule pro Kelvin pro Mol ($JK^{-1}mol^{-1}$)..

Widerstand

Der elektrische Widerstand eines Objekts (R) misst seinen Widerstand gegen den Stromfluss. Der Widerstand ist definiert als das Verhältnis der Spannung V, die an einem Objekt anliegt zum Strom I, der durch das Objekt fließt. Die Einheit des elektrischen Widerstands ist das Ohm (Ω).

Äquivalenzbeziehung

Groß R bezeichnet eine Äquivalenzrelation in der Mathematik. Für weitere Informationen zu Äquivalenzrelationen s. S. 104.

S s

Sekunde

Die SI-Einheit der Zeit ist die Sekunde, abgekürzt s. Sie wird weltweit in der Wissenschaft zur Standardisierung von Messungen von Zeit und Geschwindigkeit benutzt. Die Sekunde wurde ursprünglich als 1⁄86.400 eines Tages in Bezug auf die Erdrotation definiert. Die Definition wurde 1967 aktualisiert und lautet jetzt konkreter: Die Sekunde hat die Dauer von 9.192.631.770 Schwankungen in der Strahlung, die ein Atom Cäsium-133 abgibt.

Sphäre

S^n ist das Symbol für eine n-dimensionale Sphäre: die Menge aller Punkte im n-dimensionalen Raum mit festem Abstand zu einem Mittelpunkt. Das Innere einer Sphäre nennt man eine Kugel. Eine „Einheitskugel" ist eine Kugel mit dem Radius 1. Eine eindimensionale Kugel besteht aus zwei Punkten auf einer reellen Linie, die den gleichen Abstand vom Punkt 0 haben; eine 2D-Kugel ist ein Kreis. Die Oberfläche einer 3D-Kugel mit dem Radius r ist $4\pi r^2$, ihr Volumen beträgt $\frac{4}{3}\pi r^3$.

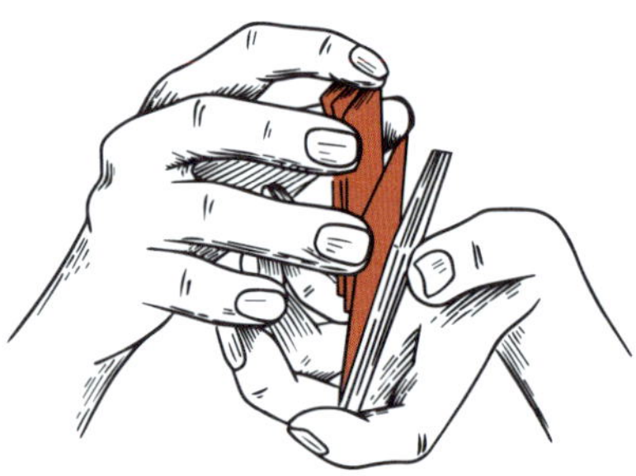

▲ Ein Satz von 52 Spielkarten hat $8{,}06 \times 10^{67}$ verschiedene Permutationen.

Entropie

In der Thermodynamik bezeichnet S die Entropie eines Systems, das heißt seine Unordnung oder Zufälligkeit. Sie beschreibt sie die möglichen Zustände eines Systems auf subatomarer Ebene aufgrund gegebener sichtbarer Eigenschaften im größeren Maßstab (s. S. 27). Die thermodynamische Entropie wird in Joule pro Kelvin (JK^{-1}) oder Kilogramm Quadratmeter pro Quadratsekunde pro Kelvin gemessen ($kgm^2s^{-2}K^{-1}$).

SI-System

Système international d'unités, internationales Einheitensystem der Naturwissenschaften.

Siemens

Das Siemens (nach E. W. von Siemens), abgekürzt S oder manchmal ℧, ist die SI-Einheit für den elektrischen Leitwert, den Kehrwert des elektrischen Widerstands (s. Omega, S. 65). Ein Siemens ist ein reziprokes Ohm (Ω^{-1}), eine Kubiksekunde Amperequadrat pro Kilogramm pro Quadratmeter (S^3A^2 $kg^{-1}m^{-2}$). Es wird auch als Mho bezeichnet.

Symmetrische Gruppe

In der Mathematik wird die symmetrische Gruppe der *n*-ten Ordnung, oder die Gruppe der Permutationen von *n* Objekten, als S_n bezeichnet. Sie enthält alle Möglichkeiten zur Anordnung von *n* Objekten. Zum Beispiel:

$$S_3 = \{ e, (12), (13), (23), (123), (132) \}$$

Der Buchstabe e steht für die Identitätspermutation (keine Verschiebung), die anderen Permutationen sind in Zyklenschreibweise angegeben: (12) ist die Permutation, die 1 und 2 vertauscht und 3 fixiert, (123) ist der Zyklus, der 1 nach 2, 2 nach 3 und 3 nach 1 bringt.

Die Anzahl der Elemente in S_n ist n! (n Fakultät, s. S. 91). Sie hat die Struktur einer Gruppe, d. h., Elemente können mit anderen Elementen innerhalb der Gruppe kombiniert werden, indem man eine Permutation nach der anderen anwendet. Dann beobachtet man die resultierende Permutation.

Betrachtet man nur die geraden Elemente in S_n – also diejenigen, die aus einer geraden Anzahl von Vertauschungen zwischen Objektpaaren gebildet werden können –, so bilden diese eine Untergruppe, die als alternierende Gruppe A_n bezeichnet wird.

ANDERE VERWENDUNGEN
Ein kleines S wird verwendet um das Strange-Quark darzustellen, ein subatomares Teilchen.

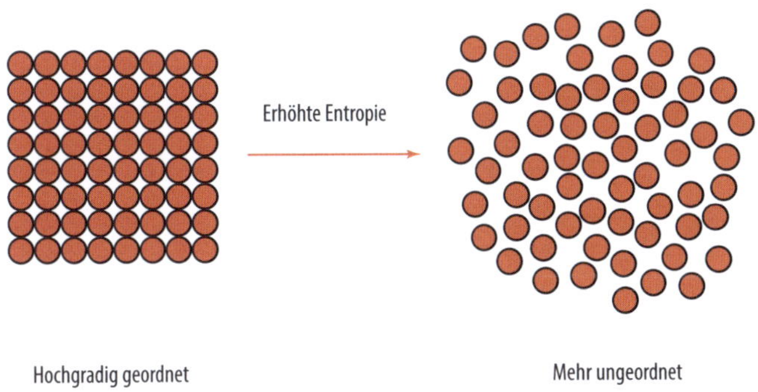

◀ Wenn Systeme ungeordneter werden und eine größere Anzahl möglicher Zustände aufweisen, nimmt ihre Entropie zu.

T *t*

Temperatur

Das Symbol T (groß) bezeichnet die Temperatur, ein Maß für thermische Energie. Es gibt unterschiedliche Temperaturskalen, aber die SI-Einheit der Temperatur ist Kelvin (s. S. 145).

Zeit

Auch die Zeit wird mit dem Symbol *t* (klein) bezeichnet, sie wird in Sekunden gemessen. Sie kann die Dauer von Ereignissen messen und die Häufigkeit von Ereignissen definieren, zum Beispiel bei der Bewegung von Körpern.

Tera-

T ist die Standardabkürzung für das SI-Präfix „tera-" (ein Faktor von einer Billion oder 10^{12}). Ein Terabyte (Tb) entspricht 1.000.000.000.000 Bytes.

▶ Nikola Tesla (1856–1943) war ein serbisch-amerikanischer Ingenieur und Erfinder. Er entwickelte das moderne Wechselstromsystem (AC).

ANDERE VERWENDUNGEN
T ist das Top-Quark, eine Art subatomares Teilchen. Es ist auch ein Spektraltyp bei der Klassifizierung von Sternen.

Tesla

Das Tesla (T) ist die Einheit der magnetischen Feldstärke und der Flussdichte. Die Einheit wurde nach dem Ingenieur Nikola Tesla benannt. Ein Tesla entspricht einem Kilogramm pro Quadratsekunde pro Ampere ($kgs^{-2}A^{-1}$).

Statistischer Test

In der Statistik ist ein *t*-Test eine Art Hypothesentest, mit dem festgestellt wird, ob der Unterschied zwischen zwei Datensätzen statistisch signifikant ist. Er wird vor allem ausgeführt, wenn die zu untersuchenden Datensätze relativ klein sind und man davon ausgehen kann, dass sie einer Normalverteilung folgen (s. S. 115).

U *u*

Potenzielle Energie

Das Symbol U (und manchmal V oder PE) bezeichnet die potenzielle Energie, das heißt die Energie eines Körpers, die durch seine relative Position, elektrische Ladung oder seine inneren Spannungen bestimmt wird. Man kann sie sich als gespeicherte Energie vorstellen: Werden die Kräfte, die das Objekt in einer bestimmten Position oder Konfiguration festhalten, aufgehoben, wird die potenzielle Energie freigesetzt.

Einige Beispiele sind:

- ein Gegenstand auf einem hohen Regal hat potenzielle Gravitationsenergie
- ein gespannter Bogen, eine Feder oder ein Gummiband haben potenzielle elastische Energie
- ein elektrisch geladenes Objekt hat potenzielle elektrische Energie.

Die Potenzielle Energie wird in Joule (J) gemessen und kann, je nach Art des Stoffes, auf unterschiedliche Weise abgeleitet werden. Zum Beispiel wird die potenzielle Gravitationsenergie berechnet, indem das Gewicht eines Objekts mit seiner Höhe über einer Oberfläche multipliziert wird.

ANDERE VERWENDUNGEN

Mit klein *u* wird das Up-Quark, eine Art subatomares Teilchen bezeichnet. In mechanischen Systemen bezeichnet klein *u* die Anfangsgeschwindigkeit eines sich beschleunigenden Objekts, dessen Endgeschwindigkeit *v* ist.

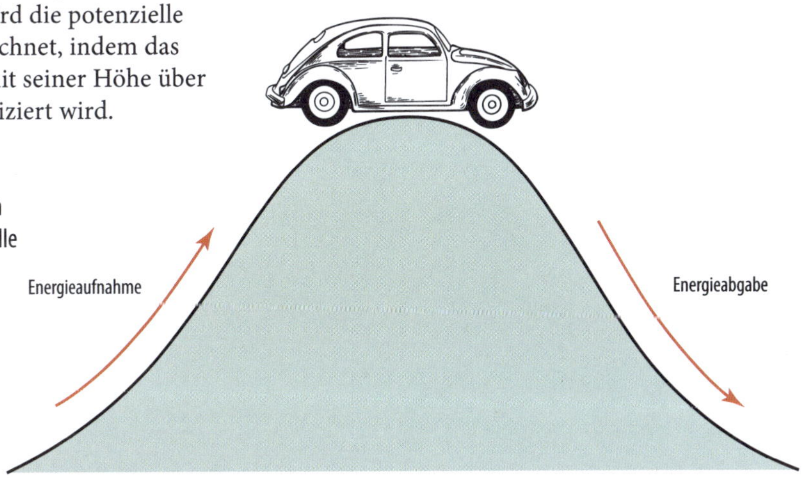

▶ Das Auto befindet sich oben auf dem Hügel und hat potenzielle Gravitationsenergie.

V v

Volumen

Der Buchstabe V bezeichnet das Volumen einer 3D-Form, gemessen in Kubikmetern (m^3). Das Volumen verschiedener geometrischer Figuren wird mit den unten stehenden Formeln angegeben.

Das Volumen wird auch verwendet, um Flüssigkeiten und Gase zu messen, zum Beispiel in Litern, Gallonen, Pints oder verschieden großen Löffeln.

▼ Das Volumen eines 3D-Objekts wird von seiner Breite, Länge und Höhe bestimmt.

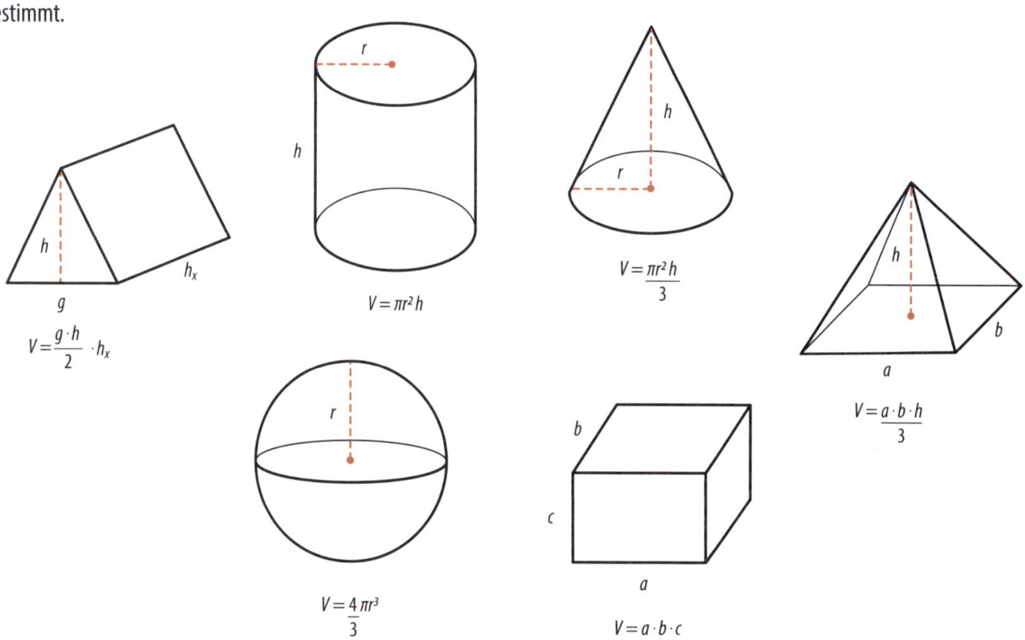

Geschwindigkeit

In der Mechanik bezeichnet v die Geschwindigkeit eines sich bewegenden Körpers. Sie wird als Vektor ausgedrückt, wobei der Betrag des Vektors die Geschwindigkeit angibt, gemessen in Metern pro Sekunde (ms^{-1}). Da es sich um einen Vektor handelt, kann **v** fett gedruckt werden oder mit Pfeil darüber ($\vec{v}$) geschrieben werden. Er gibt auch die Richtung der Geschwindigkeit an. Für weitere Informationen über Vektoren s. S. 126.

Knotenpunkt

In der Graphentheorie wird für einen Graphen G ein Set von Vertices V (Knoten) definiert. Für weitere Informationen zu Graphen s. S. 202.

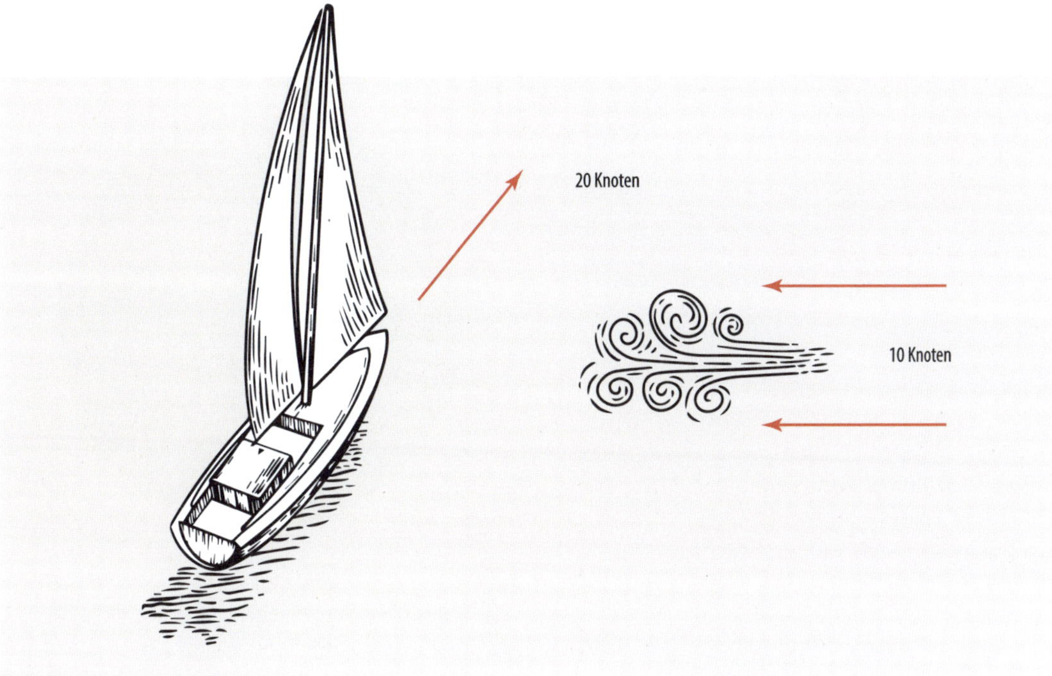

▲ Geschwindigkeit besteht aus Schnelligkeit und Richtung – das Schiff hat eine andere Geschwindigkeit als der Wind. 1 Knoten entspricht 1,85 km/h^{-1}.

Spannung und Volt

V (manchmal auch ΔV oder U) ist das Symbol für Spannung, d.h. für den Unterschied des elektrischen Potenzials zwischen zwei Punkten, bzw. die Arbeit, die erforderlich ist, um eine Einheit elektrischer Ladung zwischen den beiden Punkten zu bewegen.

Die Spannung wird in Volt (V) gemessen, das nach dem Physiker Alessandro Volta benannt wurde. Ein Volt entspricht einem Kilogramm Quadratmeter pro Kubiksekunde pro Ampere ($kgm^2\ s^{-3}A^{-1}$).

Vektorraum

In der Mathematik kann ein Vektorraum einer bestimmten Größe als algebraische Struktur betrachtet werden. Vektoren können durch Vektoraddition kombiniert und mit Skalaren multipliziert werden. Die sich ergebende Menge wird als Vektorraum (V) bezeichnet. In der gesamten Mathematik, Wissenschaft und Technik werden Vektorräume zur Darstellung von Koordinatensystemen, Gleichungssystemen und Räumen verwendet. Für weitere Informationen über Vektoren s. S. 126.

ANDERE VERWENDUNGEN

V ist die römische Zahl für 5. In mechanischen Systemen beschreibt kleines *v* die Endgeschwindigkeit eines beschleunigten Objekts, dessen Anfangsgeschwindigkeit mit *u* bezeichnet wird.

Ww–Yy

> **ANDERE VERWENDUNGEN**
> W ist eine Art Boson, ein subatomares Teilchen. Man bezeichnet damit eine vierte Koordinate (nach x, y, z), wenn im vierdimensionalen Raum gearbeitet wird.

W

Breite

Die Breite eines Objekts (b, Englisch w) wird gemessen in der SI-Einheit Meter. Sie stellt die zweite horizontale Dimension einer Figur dar, die andere Dimension heißt Länge.

Watt

Das Watt (W) (James Watt) ist die SI-Einheit für die Leistung. Ein Watt entspricht einem Kilogramm Quadratmeter pro Kubiksekunde (kgm^2s^{-3}) oder einem Joule pro Sekunde. Die Wattzahl misst die Geschwindigkeit der Energieübertragung.

Arbeit

In der Physik ist w das Formelzeichen für Arbeit. Sie wird definiert als die Energie, die bei der Anwendung einer Kraft auf ein Objekt übertragen wird. Arbeit wird in Joule oder Kilogramm Quadratmeter pro Quadratsekunde (kgm^2s^{-2}) gemessen, sie wird berechnet als die für das Bewegen eines Objekts erforderliche Kraft mal der Verschiebung des Objekts. So sind zum Anheben einer Masse von 1 Kilogramm (Gravitationskraft von 9,8 N) auf eine Höhe von 2 Metern $9{,}8 \times 2 = 19{,}6$ Joule Energie erforderlich.

X

Unbekannte Zahl

Klein ***x*** wird in der Mathematik meistens als Symbol für eine unbekannte zu berechnende Zahl benutzt. In der Algebra, der Disziplin, die sich mit Gleichungen und Formeln beschäftigt

▶ Das Ziehen des Wagens erfordert Arbeit, um das Gewicht des Wagens und die Reibung an Rädern zu überwinden.

und ihren Ursprung im Persien des 9. Jahrhunderts hat, ist *x* das Symbol für eine Variable. *x* wird außerdem häufig als Symbol in Polynomen (s. S. 99) benutzt.

Y

Yotta- und Yocto-

Groß Y ist Standardabkürzung für das SI-Präfix „yotta-“ (ein Faktor von einer Quadrillion oder 10^{24}), während y „yocto-“ (ein Faktor von einem Quadrillionstel oder 10^{-24}) bezeichnet. Dies sind die größten bzw. kleinsten SI-Präfixe. Ein Yottagramm (Yg) entspricht 1.000.000.000.000.000.000.000.000 Gramm, und ein Yoktometer (ym) entspricht 0,000000000000000000000001 Meter.

ANDERE VERWENDUNGEN

Y ist in der Biologie der Name für eine bestimmte Art Chromosomen. Es bezeichnet außerdem die Koordinate auf der vertikalen Achse, oder Ordinatenachse, eines Diagramms.

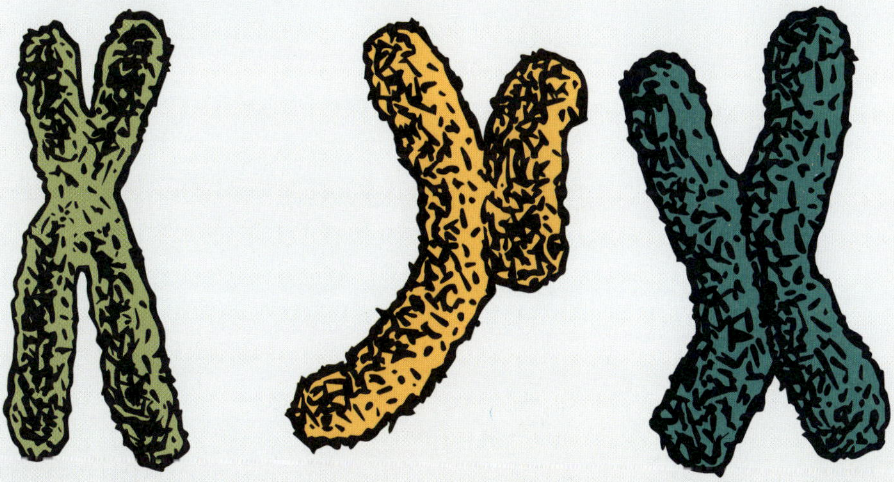

▲ Im Zellkern von tierischen und pflanzlichen Zellen befinden Sie die X- und Y-Chromosomen, sie enthalten DNA.

Z z

Ordnungszahl

In der Chemie ist Z Formelzeichen für die Ordnungszahl eines chemischen Elements, welche die Anzahl Protonen im Kern dieses Elements angibt. Zum Beispiel hat Wasserstoff die Ordnungszahl 1, sein Kern enthält also ein Proton. Die Elemente sind im Periodensystem in der Reihenfolge ihrer Ordnungszahl angeordnet.

Zetta- und zepto-

Z ist Standardabkürzung für das SI-präfix „zetta-“ (Faktor von einer Trilliarde oder 10^{21}) und z für das Präfix „zepto-“ (ein Faktor von einem Milliardstel oder 10^{-21}). Ein Zettameter (Zm) ist 1.000.000.000.000.000.000.000 Meter (etwa der Durchmesser der Milchstraßen-Galaxie), und ein Zeptogramm (zg) entspricht 0,000000000000000000001 Gramm (etwa $\frac{1}{10}$ der Masse eines Insulinmoleküls).

Impedanz

In der Elektronik erweitert der Begriff elektrische Impedanz den des elektrischen Widerstands auf Wechselstromkreise. Sie gibt den Widerstand gegenüber Wechselstrom in Stromkreisen an und ist eine Kombination aus Widerstand und Reaktanz. Die mit Z bezeichnete Impedanz wird in Siemens (S) gemessen und enthält sowohl einen Betrag (Größe) als auch eine Phase, die als Winkel (θ) angegeben wird.

Ganze Zahlen

In der Mathematik wird die Menge der ganzen Zahlen mit $\mathbb{Z}$ bezeichnet. Weitere Informationen über Zahlenarten finden Sie auf S. 112.

Komplexe Variable

z bezeichnet in der Mathematik häufig eine Variable in komplexen Zahlen, ausgedrückt als Real- und Imaginärteil: $z = a + ib$. Für weitere Informationen über komplexe Zahlen s. S. 112.

ANDERE VERWENDUNGEN

Z ist eine Art von Boson, ein subatomares Teilchen. Es wird auch zur Bezeichnung der vertikalen Koordinatenachse, oder Höhe, einer dreidimensionalen Darstellung verwendet.

▶ Die Milchstraßengalaxie misst etwa 1 Zettameter im Durchmesser.

Aα–Γγ

Das griechische Alphabet ist eine bekannte Quelle vieler Symbole in der Mathematik und Naturwissenschaften.

Aα Alpha, Bβ Beta, und Γγ Gamma

Die inneren Winkel eines Dreiecks mit den Seiten a, b und c werden mit α, β und γ bezeichnet.

α bezeichnet die Winkelbeschleunigung, d.h. die Änderungsrate der Winkelgeschwindigkeit ($rads^{-2}$).

Beim α- und β-Zerfall radioaktiver Stoffe werden die radioaktiven Teilchen α und β erzeugt. α-Teilchen bestehen aus zwei Protonen und zwei Neutronen, β-Teilchen bestehen aus einem einzigen Elektron oder Positron. γ-Strahlen sind elektromagnetische Wellen, die beim γ-Zerfall entstehen. Sie erzeugen eine durchdringendere Art von Strahlung als α- und β-Strahlung.

In der Mathematik verallgemeinert die Γ-Funktion die Fakultät (s. S. 91) auf nicht-ganzzahlige Werte. Für zum Beispiel positive ganze Zahlen x wird $\Gamma(x) = (x\text{-}1)!$, und sonst wird sie über ein komplexes Integral definiert. Die Funktion Γ ist undefiniert für negative ganze Zahlen.

Die Euler-Mascheroni-Konstante wird mit γ bezeichnet, ein Grenzwert für $x \rightarrow 00$, der die Differenz zwischen der Funktion ln(x) – dem natürlichen Logarithmus – und der harmonischen Reihe (der Summe von $1/k$, für ganzzahlige Werte von $k=1$ bis x) angibt. Für mehr Informationen über natürliche Logarithmen s. S. 99. Der Wert für große X von γ ist 0,5772... und zeigt sich beim Auftragen der beiden Funktionen in einem Diagramm.

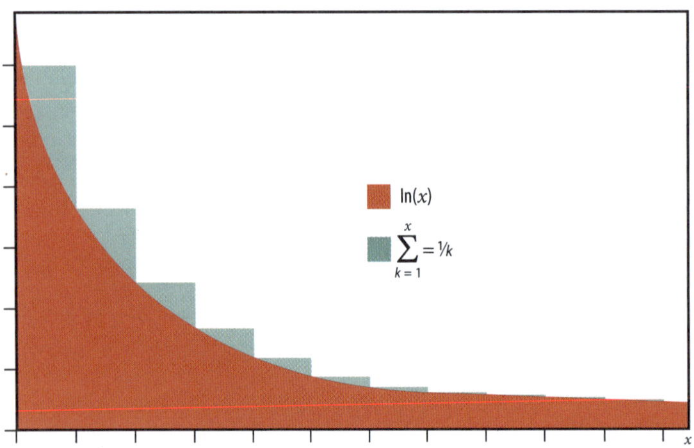

◀ Der Wert der Euler-Mascheroni-Konstante γ ist die Summe der Flächen im blauen Bereich, d.h. die Summe der Differenzen zwischen beiden Funktionen, wenn dieses Diagramm bis ins Unendliche fortgesetzt wird.

Δ δ

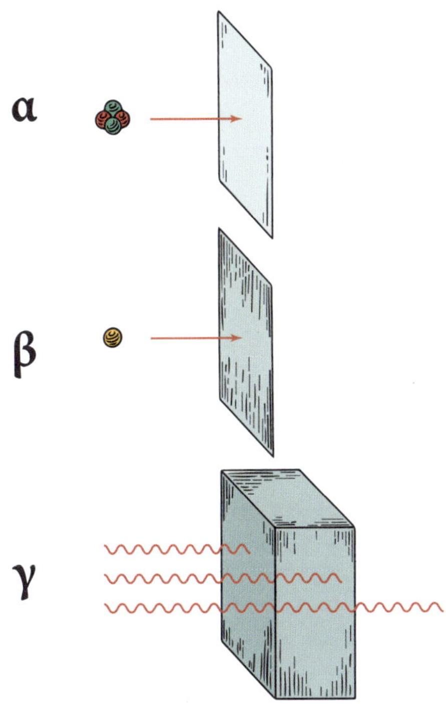

▲ α- und β-Teilchen können bestimmte Materialien nicht durchdringen, aber γ-Strahlen gelingt das wohl.

Δδ Delta

Das große Δ bezeichnet in der Mathematik eine Wertveränderung. Δx ist das Formelzeichen für „die Änderung des Wertes von x".

Mit Δ wird außerdem der Laplace-Operator bezeichnet. Er wird auf eine Funktion angewendet, um zu analysieren, wie sich diese in einem Bereich um einen Punkt p verhält. Δ wird in der Physik häufig in Differentialgleichungen, die physikalische Systeme beschreiben, verwendet. Der Wert von $\Delta f(p)$ für eine Funktion f in einem Punkt p ist die Summe der partiellen Ableitungen von f in jeder Koordinate. Für weitere Informationen zur Infinitesimalrechnung s. S. 118.

In der Mathematik gibt es mehrere Funktionen, die δ-Funktion genannt werden: eine ist das Kronecker Delta δ_{ij}, das für gleiche Werte von i und j ($i=j$) den Wert 1 annimmt und 0 wenn i ist nicht gleich j ($i \neq j$) ist. Also $\delta_{23} = 0$, aber $\delta_{44} = 1$. Eine andere ist die Dirac'sche Delta-Funktion, die in der Physik, der Wahrscheinlichkeitstheorie und der Signalverarbeitung verwendet wird. Sie nimmt überall den Wert 0 an, außer im Punkt 0, wo sie den Wert $+\infty$ annimmt.

In der Chemie steht δ für Teilladungen: δ- für eine negative und δ+ für eine positive Teilladung.

$E\varepsilon$–$Z\zeta$

E ε Epsilon

Das Symbol Epsilon (ε) wird in der Mathematik für eine kleine positive Menge oder Infinitesimal verwendet, insbesondere in der mathematischen Funktionsanalyse. Der Abstand wird mit ε bezeichnet, wenn gezeigt werden soll, dass etwas funktioniert, egal wie nahe an einem bestimmten Wert, oder wenn eine winzige Änderung gemessen werden soll.

In der Physik wird ε verwendet für:

- Die Permittivität (Elektrizitätskonstante) – ein Maß für die Polarisierbarkeit eines Isolators
- Elektromotorische Kraft (EMK) – Sie misst die elektrische Spannung in Volt, zum Beispiel einer Batterie oder eines Generators.

In der Chemie steht ε für:

- den Extinktionskoeffizienten einer Chemikalie oder eines Moleküls. Er gibt an, wie viel Licht absorbiert wird.
- den Elastizitätskoeffizienten einer biochemischen Reaktion. Er gibt das Ausmaß an, in dem die Geschwindigkeit der Reaktion durch Faktoren wie Temperatur, Säuregehalt/Alkalität (pH-Wert) und Produktkonzentrationen beeinflusst wird.

Zζ Zeta

In der Mathematik wird Zeta in der Riemannschen Zeta-Funktion verwendet. Diese ist definiert als:

$$\zeta(s) = \sum_{n=1}^{\infty} \frac{1}{n^s} = \frac{1}{1^s} + \frac{1}{2^s} + \frac{1}{3^s} + \ldots$$

Der Input der Funktion s ist eine komplexe Zahl (s. S. 112). Sie ist zwar definiert als eine unendliche Summe, ergibt aber für einige Werte einen endlichen Wert: zum Beispiel: $\zeta(2) = \frac{\pi^2}{6}$. Ist s eine ganze reelle Zahl, kann der Wert von ζ(s) mithilfe der Bernoulli-Zahlen berechnet werden (s. B, S. 13).

Die Funktion ist nur für komplexe Zahlen mit Realteil Re(s) > 1 definiert, kann aber in anderen Zusammenhängen durch ein Verfahren namens „analytische Fortsetzung" verwendet werden, der es erlaubt, einer Funktion auch außerhalb ihres exakten Definitionsbereichs Werte zuzuweisen.

Die Riemannsche Zeta-Funktion ist wichtig in der Mathematik, steht mit vielen anderen mathematischen Problemen in Verbindung und wird auch in der angewandten Statistik verwendet. Sie ist auch das Thema der Riemannschen Vermutung aus dem Jahr 1859, die besagt, dass die Werte von s_1 für die $\zeta(s) = 0$ ist, einem bestimmten Muster folgen, das mit der Verteilung der Primzahlen zu tun hat. Ein Beweis hierfür wurde bisher noch nicht gefunden, und die Riemannsche Vermutung ist eines der sieben Clay Institute Millennium Prize Probleme, deren Lösung mit einem Preisgeld von 1 Million USD dotiert ist.

Θθ–Κκ

Θθ Theta

In der Geometrie werden Winkel meistens mit dem griechischen Buchstaben Theta (θ) bezeichnet.

Ein Punkt im zweidimensionalen Raum wird in polaren Koordinaten durch einen Winkel θ zur Polarachse L und dem Abstand vom Ursprung (*r*) definiert.

Κκ Kappa

Kappa ist die Bezeichnung für Einsteins Gravitationskonstante, definiert als:

$$\kappa = \frac{8\pi G}{c} \approx 1{,}866\times10^{-26}\ \mathrm{mkg}^{-1}.$$

Hier ist G die Gravitationskonstante (s. G, S. 24) und c die Lichtgeschwindigkeit im Vakuum (s. C, S. 14).

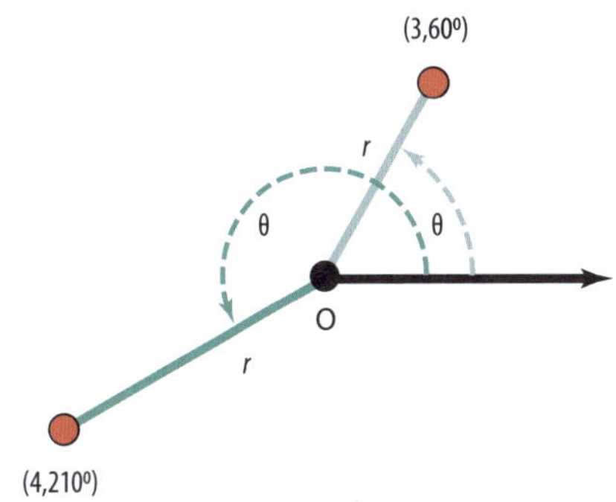

▲ Polarkoordinaten definieren einen Punkt mittels eines Winkels θ und eines Radius *r*.

▼ Schwerkraft ist eine Anziehungskraft zwischen zwei Körpern, hier visualisiert als physikalische Potentialfläche. Die kleinere Masse bewegt sich in Richtung der größeren, indem sie bergab rollt.

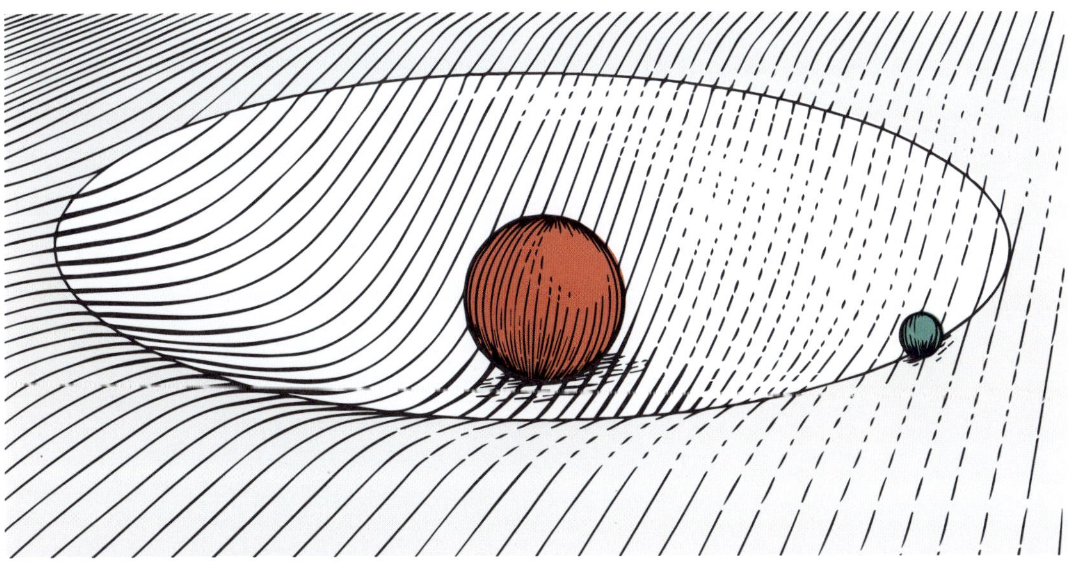

Λ λ

Λλ Lambda

Großes Λ ist das Symbol für Einsteins kosmologische Konstante. Es war ursprünglich Teil der allgemeinen Relativitätstheorie und sollte sicherstellen, dass das durch Gleichungen beschriebene Universum stabil ist. Als ein sich immer weiter ausdehnendes Universum zur vorherrschenden Theorie wurde, entfernte Einstein sie aus seiner Theorie. Inzwischen wurde sie jedoch wieder eingeführt, um die Energiedichte des Weltraums zu charakterisieren.

Mit kleinem λ werden mehrere Konzepte in der Mathematik und Physik bezeichnet:

- die Eigenwerte der Matrix bei der Matrixanalyse (s. S. 125).
- Die Wellenlänge einer elektromagnetischen Welle, wie zum Beispiel Licht. λ bezeichnet hier den Abstand von einem Punkt auf der Welle zur nächsten Wiederholung desselben Punktes.
- Bei exponentiellem Zerfall, wie bei Radioaktivität, Wärmeübertragung oder chemischen Reaktionen. Hier bezeichnet λ die Zerfallskonstante und ist ein Maß für die Zerfallsrate. Die Gleichung für einen exponentiellen Zerfall ist $f(t) = N_0e^{-\lambda t}$, wobei N_0 die Ausgangsgröße bei $t = 0$ ist und e die Basis des natürlichen Logarithmus (s. S. 18).

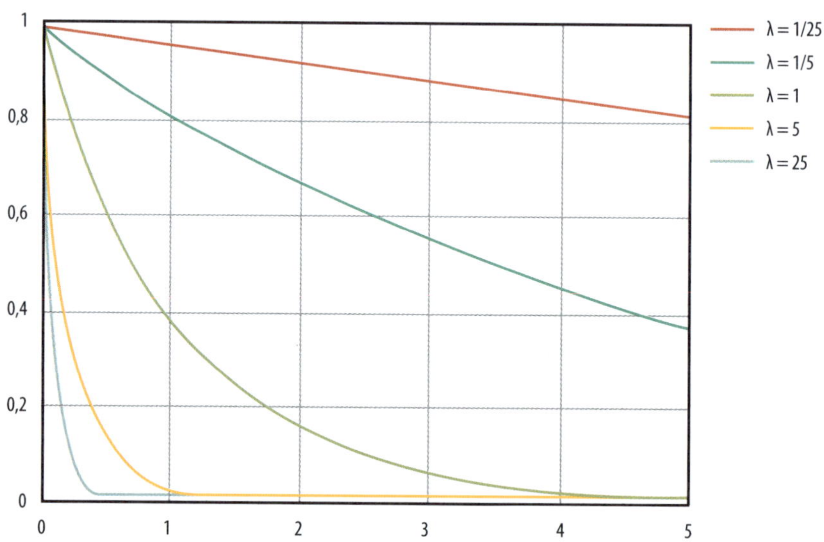

▲ Verschiedene Werte von λ ergeben verschiedene Kurven beim exponentiellen Zerfall. Die Funktion ist aber immer $f(t) = e^{-\lambda t}$ (bei $N_0 = 1$).

$M\mu$–$\Pi\pi$

Mμ Mu

In der Physik bezeichnet μ den Reibungskoeffizienten, er misst das Ausmaß der Reibung zwischen zwei Oberflächen. Der Reibungskoeffizient hängt von den Materialien und deren Oberflächen ab und hat einen Wert zwischen 0 (keine Reibung) und 1 (keine Bewegung).

μ ist Standardabkürzung für das SI-Präfix „Mikro-" (ein Faktor von 1 Millionstel, oder 10^{-6}). Ein Mikrometer (μm) ist 0,000001 Meter; μ ist das einzige SI-Präfix, das kein Buchstabe des lateinischen Alphabets ist.

Das μ ist auch das Symbol für den Mittelwert in der Statistik (s. S. 114). Außerdem repräsentiert es das Myon, ein Elementarteilchen.

Nν Nu

In der Physik bezeichnet ν:

- Frequenz – die Geschwindigkeit, mit der etwas geschieht oder sich wiederholt, gemessen in Hertz (Hz) oder s^{-1}
- ein Neutrino – eine Art Elementarteilchen.

Ππ Pi

Kleines pi (π) ist die berühmte Kreiskonstante mit einem Wert von $\pi = 3{,}141592653589...$ Es beschreibt das Verhältnis des Umfangs eines Kreises zu seinem Durchmesser. π hat in der Mathematik und Physik auch andere Verwendungen, zum Beispiel bei der Bewegung eines Pendels, bei elastischen Kollisionen von Billardkugeln und bei Summen unendlicher Reihen (s. Zeta, S. 58).

Kleines π bezeichnet in der Mathematik die Primzahlzählfunktion: $\pi(n)$ ist die Anzahl der Primzahlen kleiner oder gleich n – also $\pi(4) = 2$, da 2 und 3 die einzigen Primzahlen unter 4 sind.

π wird in der Topologie zur Bezeichnung von Homotopiegruppen verwendet; zum Beispiel ist $\pi_1(X)$ die Fundamentalgruppe eines topologischen Raums X und beschreibt seine Form und Struktur.

Das Symbol π bezeichnet außerdem eine bestimmte Bindungsart in der Chemie, sowie ein Pion, eine Art subatomares Teilchen.

Das Großbuchstabenzeichen pi (Π) bezeichnet das Produkt einer Reihe von Zahlen, die miteinander zu multiplizieren sind.

$$\prod_{n=1}^{5} n = 1 \times 2 \times 3 \times 4 \times 5$$

Diese Formel ergibt das Produkt der Werte für n: von $n = 1$ bis 5.

Ρρ–Σσς

Ρρ Rho

Der griechische Buchstabe rho (ρ) bezeichnet die Dichte eines Stoffes, seine Masse pro Einheitsvolumen. Die Dichte von festen Gegenständen wird in Kilogramm pro Kubikmeter (kgm^{-3}) gemessen. Das gleiche Symbol bezeichnet auch die Dichte von Lösungen, definiert als die Summe der Massen von Lösemittel und gelöster Substanz, geteilt durch das Volumen der Lösung.

ρ bezeichnet auch die elektrische Leitfähigkeit von Materialien. Sie wird gemessen in Ohmmetern (Ωm) oder Kilogramm Kubikmeter pro Kubiksekunde pro Quadratampere ($kgm^3s^{-3}A^{-2}$) und ist der Kehrwert des spezifischen Widerstandes.

Σσ Sigma

Das große Sigma (Σ) bezeichnet eine Zahlenreihe, die addiert wird:

$$\sum_{n=1}^{5} n = 1 + 2 + 3 + 4 + 5$$

Die Formel oben ergibt die Summe der Werte von n: von n = 1 bis 5.

Das klein geschriebene Sigma (σ) wird in der Mathematik für eine Permutation verwendet (s. S. 46). In der Statistik bezeichnet es die Standardabweichung eines Datensatzes (s. S. 114).

In der Thermodynamik ist σ das Symbol für die Stefan-Boltzmann-Konstante, deren Wert $\sigma = 5{,}670374419 \times 10^{-8}$ Watt pro Quadratmeter pro Kelvin in vierter Potenz beträgt ($Wm^{-2}K^{-4}$). Sie bezieht sich auf die von einem Objekt abgestrahlte Leistung im Verhältnis zu seiner Temperatur; je heißer ein Objekt ist, desto schneller strahlt es Wärme ab.

Das klein geschriebene Sigma (σ) bezeichnet außerdem den spezifischen Widerstand von Materialien gegen Strom. Die Maßeinheit ist Siemens pro Meter (Sm^{-1}) oder Kubiksekunde Quadratampere pro Kilogramm pro Kubikmeter ($s^3A^2\,kg^{-1}m^{-3}$).

▲ Mit 22,59 gcm^{-3} ist Osmium, ein Metall, das in Platin-Erzen vorkommt, das dichteste natürliche Element.

Tτ–Υυ

Tτ Tau

In der Mathematik bezeichnet der griechische Buchstabe tau (τ) eine Zahl mit einem Wert von 2π (etwa 6,28). Sie wird in der Trigonometrie zur Vereinfachung von Berechnungen verwendet. Ein Einheitskreis besteht aus τ Radiant (s. S. 117).

Der Kleinbuchstabe τ bezeichnet die Zeitkonstante in der Physik und manchmal auch den Faktor Zeit in einer chemischen Formel. Er wird auch für das Drehmoment verwendet. Diese Rotations- oder Drehkraft wird in Newtonmeter (Nm) gemessen.

Υυ Upsilon

Kleines ypsilon (υ) bezeichnet eine Art von Elementarteilchen, ein Meson.

▼ Der Begriff Drehmoment wird für eine Dreh- oder Rotationskraft verwendet.

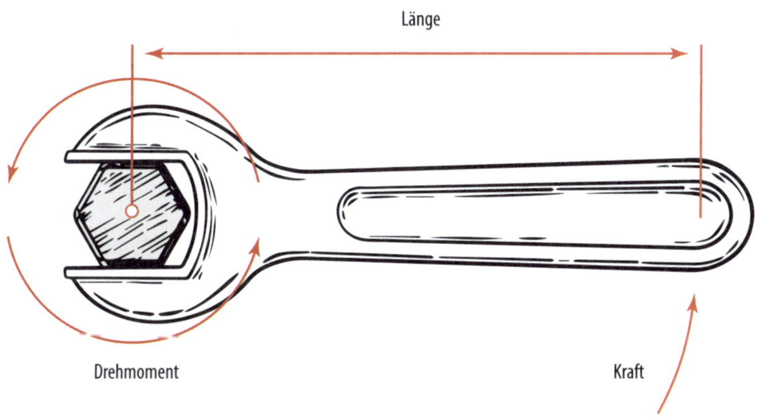

Φ φ

Φφ Phi

In der Mathematik bezeichnet φ den goldenen Schnitt, einen Wert von f$\frac{\sqrt{5}+1}{2}$ oder etwa 1,618, mit der einzigartigen Eigenschaft, dass $\varphi = 1 + 1/\varphi$ ist. Der Goldene Schnitt gilt als eines der elegantesten Verhältnisse in der Mathematik; er definiert das Goldene Rechteck (ein Rechteck mit der einmaligen Eigenschaft, dass, wenn man ein Quadrat abschneidet, das verbleibende Stück dasselbe Verhältnis der Seiten hat wie das Original) und die Goldene Spirale. Der Goldene Schnitt ist mit der Fibonacci-Folge verwandt (s. S. 23).

Phi hat in der Mathematik mehrere andere Bedeutungen:

- Es bezeichnet oft einen Winkel, insbesondere den zweiten Winkel, wenn der erste Winkel θ ist, und in dreidimensionalen Polarkoordinaten, wenn die drei Koordinaten θ, φ und r sind.
- Phi ist in der Zahlentheorie das Symbol für die Eulersche φ-Funktion. φ (n) gibt für jede positive natürliche Zahl (n) an, wie viele zu n teilerfremde, positive natürliche Zahlen es gibt, die nicht größer als n sind (Totient). Zum Beispiel ist der Totient φ (8) = 4, da 3, 5 und 7 keine Teiler von 8 sind, aber 2 und 6 haben mit 8 einen gemeinsamen Teiler von 2, und 4 hat den gemeinsamen Teiler 4 (und 2).
- φ bezeichnet auch die Wahrscheinlichkeitsdichtefunktion in der Statistik. Sie modelliert die Wahrscheinlichkeiten von Werten für einen Datensatz.

▼ Eine Fibonacci-Spirale, auch goldene Spirale, ist eine logarithmische Spirale mit Wachstumsfaktor φ, die in ein goldenes Rechteck passt.

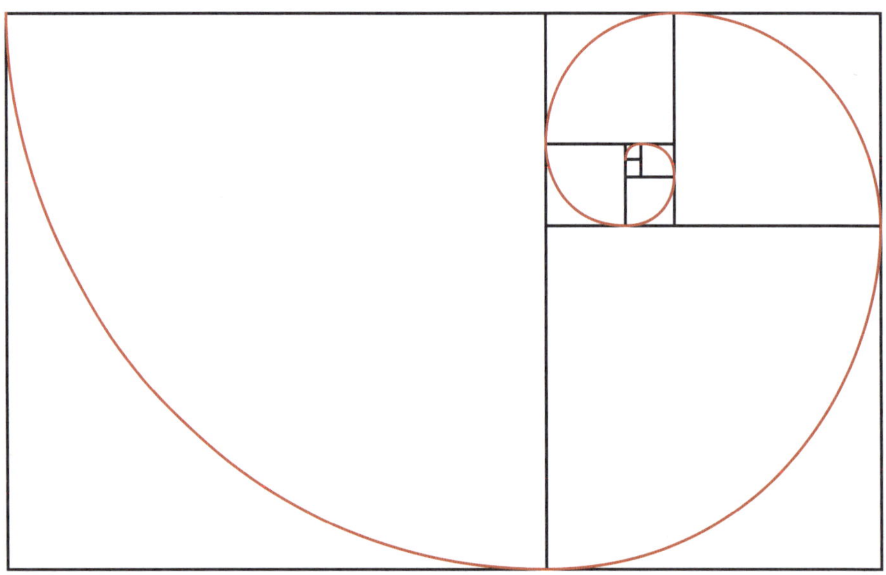

$X\chi$–$\Omega\omega$

Xχ Chi

In der Statistik und in wissenschaftlichen Experimenten gibt der griechische Buchstabe chi (χ) an, inwieweit eine Verteilung der experimentell beobachteten Werte mit der erwarteten Verteilung übereinstimmt. Mit dem Chi-Quadrat-Test (χ^2) wird analysiert, ob der Unterschied zwischen diesen Werten statistisch signifikant ist, was zur Bestätigung oder Widerlegung experimenteller Hypothesen benutzt wird.

Das Chi wird in der Mathematik auch für die Euler-Charakteristik eines Objekts oder Graphen verwendet. Sie wird berechnet als $\chi = V - E + F$: die Anzahl der Eckpunkte minus die Anzahl der Kanten plus die Anzahl der Flächen. Der Wert ist gleich 2 für einfache Objekte und planare Graphen auf einem flachen Stück Papier. Er verringert sich um zwei für jedes Loch, das einem Objekt hinzugefügt wird: für eine Kugel ist $\chi = 1$, für einen Torus ist $\chi = 0$. Für mehr Informationen über Graphen, s. S. 202.

▼ Für jede Form, die auf einer flachen Seite gezeichnet wird, gilt immer $V - E + F = 2$.

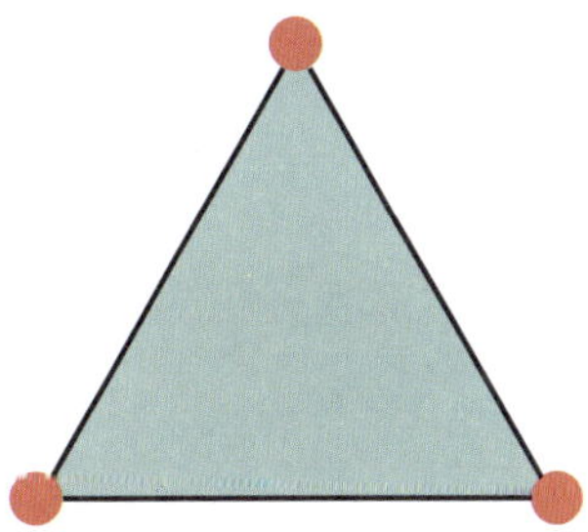

3 Scheitelpunkte,
3 Kanten,
1 Fläche

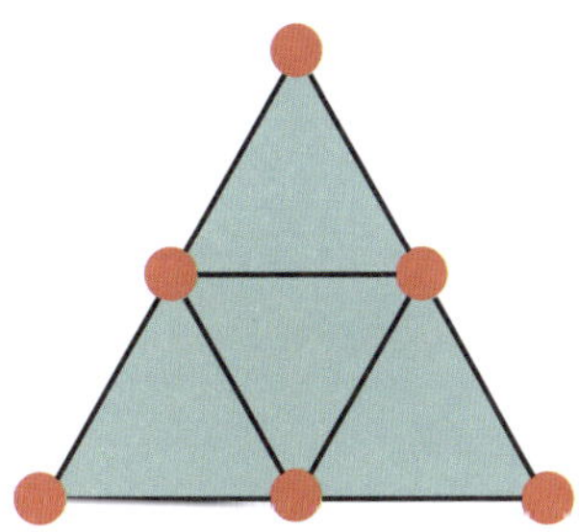

6 Scheitelpunkte,
9 Kanten,
4 Flächen

Ωω Omega

Großes Ω bezeichnet das Ohm, die Einheit des elektrischen Widerstands (s. R, S. 45). Es wurde benannt nach dem deutschen Physiker Georg Ohm. Ein Ohm ist gleich einem Kilogramm Quadratmeter pro Kubiksekunde pro Quadratampere ($kgm^2s^{-3}A^{-2}$).

Kleines ω bezeichnet die Winkelgeschwindigkeit, ein Maß für die Geschwindigkeit und Richtung, in der sich etwas dreht. Es wird in Einheiten von s^{-1} (pro Sekunde) gemessen. Positive Werte von ω geben üblicherweise eine Drehung im Uhrzeigersinn an, negative Werte eine Drehung gegen den Uhrzeigersinn.

Hebräische Buchstaben

Mit dem hebräischen Buchstaben Aleph (א) werden in der Mathematik Unendlichkeitsgrößen bezeichnet. Mehr zum Thema Unendlichkeit s. S. 100.

n

Zahlen

Ohne Zahlen gäbe es keine Mathematik und ohne Mathematik gäbe es keine Naturwissenschaft. Für das Schreiben von Zahlen gibt es von alters her unterschiedliche Systeme, die sich in verschiedenen Teilen der Welt im Laufe der Jahrhunderte entwickelt haben. Heutzutage ermöglicht die internationale Sprache der Zahlen die Kommunikation von Mengen und Messungen und die Beschreibung abstrakter Ideen. Neben dem Standard-Dezimalsystem gibt es auch andere Möglichkeiten zur Bezeichnung von sehr großen und sehr kleinen Zahlen und zur Kommunikation von Zahlen in verschiedenen Kontexten.

Hindu-arabisches Zahlensystem

Die vertrauten Ziffern, die wir zum Schreiben von Zahlen verwenden, gehören zum Hindu-Arabischen Zahlensystem.

▲ Im Dezimalsystem wird jeder Spalte eine Potenz von 10 zugeordnet.

Das hindu-arabische Zahlensystem wurde zwischen 400 und 100 v. Chr. von Mathematikern in Indien entwickelt und um 900 n. Chr. von arabischen Mathematikern übernommen. Durch die Schriften der persischen Mathematiker Al-Khwārizmī und Al-Kindi verbreitete es sich weltweit. Um 1000 n. Chr. etablierte sich das System in Europa, auch durch den Einfluss des Mathematikers Leonardo Fibonacci mit seinem Werk *Liber Abaci*.

Das neue Zahlensystem ersetzte nicht nur die römischen Ziffern durch die zehn Symbole 0–9, sondern änderte auch die Art, wie Zahlen geschrieben und geordnet werden. Wir benutzen Spalten für Einer, Zehner, Hunderter und Tausender-Einheiten und setzen die Ziffernsymbole an die richtige Stelle. Dieses „Stellenwertsystem“ bedeutet, dass, je nachdem wo eine Ziffer in einer Zahl vorkommt, sie einen anderen Wert hat. Eine 3 in der Zehnerspalte bedeutet 30, aber in der Hunderterspalte bedeutet sie 300 – anders als bei den römischen Ziffern, wo C einen Wert von 100 oder -100 hat, unabhängig davon wo die Zahl platziert ist.

Neben den sichtbaren Ziffern gibt es unendlich viele implizite unsichtbare Nullen, die sich links von jeder Zahl befinden, und die die nicht verwendeten Ziffernwerte angeben. Ähnlich können sich bei Zahlen mit einem Dezimalkomma unendlich viele Nullen oder Ziffern, die nicht Null sind, unendlich weit nach rechts erstrecken.

Die modernen Zahlen sind das Ergebnis einer jahrhundertelangen Entwicklung, obwohl man einige der Merkmale der modernen Zahlen schon in älteren Zahlensystemen sieht.

Die Entwicklung der hindu-arabischen Zahlen

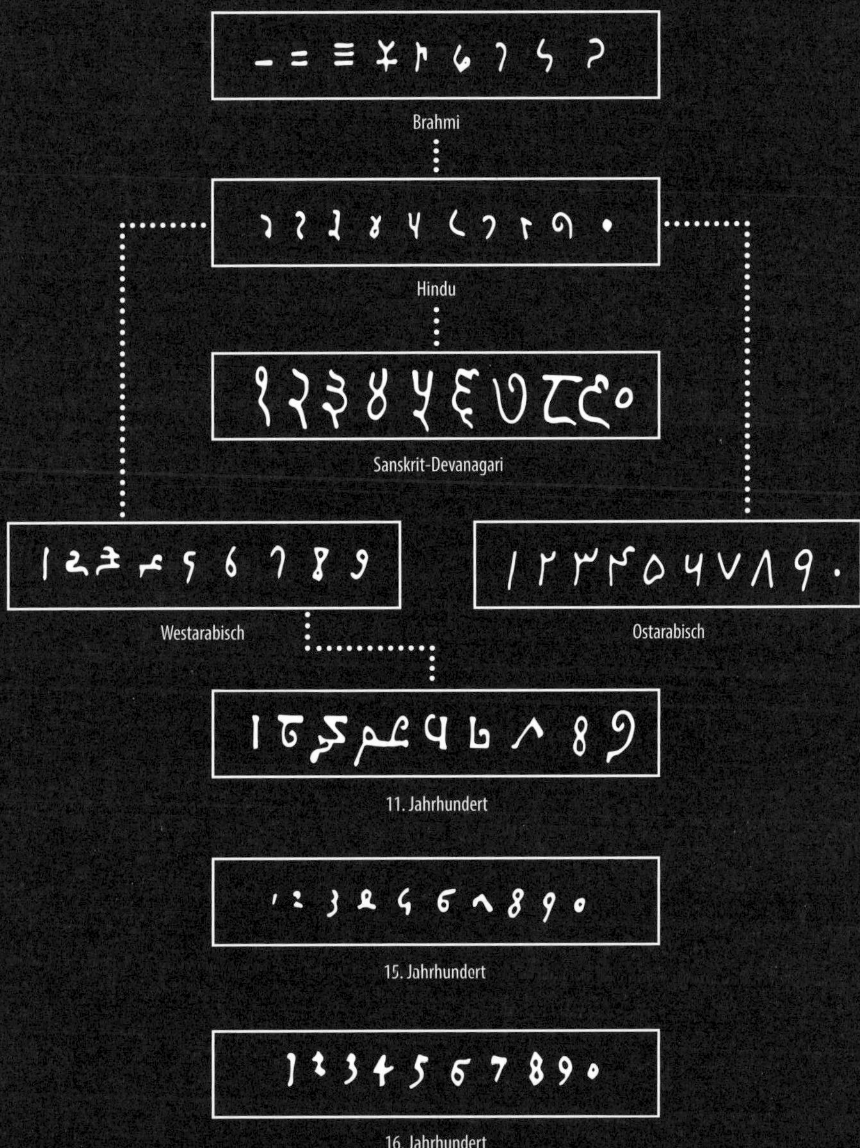

Zahlenbasen

Das weit verbreitete hindu-arabische Zahlensystem verwendet Dezimalzahlen, oder die Basis 10, um Zahlen auszudrücken. Das heißt, dass jede Spalte eine Ziffer von 0 bis 9 enthält und eine Potenz von 10 repräsentiert. Aber auch auf anderen Zahlenbasen beruhende Zahlensysteme sind in der Wissenschaft und Informatik weit verbreitet.

10110

Binäre Zahlen werden in einem Zahlensystem der Basis 2 geschrieben. Anstelle von Spalten für Einer, Zehner, Hunderter und Tausender (oder 10^0, 10^1, 10^2, 10^3) gibt es nur Zweierpotenzen: 1, 2, 4, 8, 16 .... Jede Spalte enthält entweder eine Null oder eine Eins, und jede Zahl wird als eindeutige Kombination aus 1en und 0en geschrieben. Solche Zahlen lassen sich mithilfe elektrischer Impulse mit hoher Geschwindigkeit übertragen.

#DD634B

#CFA916

#8BACA5

0123456789

ABCDEF

Ein weiteres häufig verwendetes System ist das Hexadezimalsystem, oder die Basis 16. Die Spalten stehen für Potenzen von 16 (1, 16, 256, 4096 ...), sodass sechzehn verschiedene Ziffern benötigt werden. Zusätzlich zu den Standardziffern 0–9 verwendet man die Buchstaben A bis F, um die Zahlen 10–15 zu bezeichnen.

Es ist dann alles möglich, was auch im Dezimalsystem möglich ist: ganze Zahlen und – mittels der Benutzung eines Punkts – Bruchteile von Zahlen, jetzt aber in 16teln, 256steln und so weiter. Die Basis 16 ermöglicht es, auf einfache Weise in und aus Binärsystemen zu konvertieren, denn 16 ist eine Potenz von 2 – die Zahl, die in der Informatik zum Speichern und Kodieren von Daten und zur Farbdarstellung verwendet wird, wie die Hex-Codes links zeigen.

Tiefgestellte Zahlen

Wenn man mit verschiedenen Zahlenbasen arbeitet, muss deutlich sein, in welcher Zahlenbasis eine Zahl geschrieben ist. Wenn man einfach „101“ schreibt, könnte Verwirrung entstehen, ob die Dezimalzahl einhundert und eins, die Binärzahl 5 oder 257 in hexadezimal gemeint ist. Um das zu klären, kann die Zahlenbasis am Ende einer Zahl klein und tiefgestellt angegeben werden.

$$3FD2_{16} = 16338_{10} = 11111111010010_2$$

$$1E240_{16} = 123456_{10} = 11110001001000000_2$$

$$57BBDF_{16} = 5749727_{10} = 10101111011101111011111_2$$

Duodezimale Zahlen

Manche plädieren für die Verwendung der Basis 12, da die 12 mehr Faktoren hat als 10 – sie ist durch 2, 3, 4 und 6 teilbar. Während man bei Dezimalzahlen leicht erkennen kann, ob eine Zahl durch 5 oder 10 teilbar ist, gibt es bei der Basis 12 mehr Faktoren, mit denen man spielen kann. Wir unterscheiden in unserem Zeitsystem immer noch 12 Stunden, wobei jede Stunde 60 Minuten von je 60 Sekunden enthält (s. S. 75). Zahlen wie 12 und 60 lassen sich auch einfacher in Viertel, Drittel und so weiter aufteilen.

Verschiedene offizielle Organisationen plädieren für die Verwendung der Basis 12 (auch Duodezimal- oder Dutzendbasis genannt), mit den üblichen Ziffern 0–9 und den zusätzlichen Symbolen X und Ɛ (US), ausgesprochen „dek“ und „el“, oder ↊ und Ɛ (UK), die für 10 und 11 stehen – wie auf diesem Dutzend-Ziffernblatt. Das System würde schnellere Berechnungen ermöglichen und Kindern das Rechnen erleichtern.

ANDERE ZAHLENSYSTEME, DIE AUF DEZIMALEN BERUHEN

Zahlen werden weltweit unterschiedlich ausgedrückt. In einigen Kulturen wurden Zahlensysteme entwickelt, die ebenfalls auf dem Dezimalsystem beruhen, aber andere Symbole für die Ziffern 0–9 haben.

Thailändische Ziffern

Von alters her wurden in Thailand untenstehende Ziffern (1–20) verwendet. Inzwischen benutzt man dort aber auch die hindu-arabischen Ziffern. Die Symbole ähneln stark den Khmer-Zahlen. Unten werden die Zahlen 1–20 gezeigt.

Bengalische Ziffern

Die Bengalischen Ziffern stammen vom indischen Subkontinent und werden in vielen Sprachen der Region, einschließlich Bengali, in einem dezimalen Stellenwertsystem anstelle der hindu-arabischen Ziffern verwendet.

Ziffer	Symbol	Aussprache
0	๐	sun
1	๑	nueng
2	๒	song
3	๓	sam
4	๔	si
5	๕	ha
6	๖	hok
7	๗	chet
8	๘	paet
9	๙	kao

Ziffer	Symbol	Aussprache
0	০	shunnô
1	১	ek
2	২	dui
3	৩	tin
4	৪	char
5	৫	păch
6	৬	chhôy
7	৭	shat
8	৮	aṭ
9	৯	nôy

๑	๒	๓	๔	๕	๖	๗	๘	๙	๑๐
1	2	3	4	5	6	7	8	9	10
๑๑	๑๒	๑๓	๑๔	๑๕	๑๖	๑๗	๑๘	๑๙	๒๐
11	12	13	14	15	16	17	18	19	20

Chinesische Ziffern

Mit dem Symbol 十 für 10, 百 für 100 und 千 für 1000 folgen chinesische Zahlen einem dezimalen Stellenwertsystem, wobei Vielfache der Potenzen von 10 durch Voranstellen des benötigten Symbols angegeben werden. Die Zahl 34 wird zum Beispiel als 三十四—geschrieben, also als drei Zehner und vier. Die chinesischen Ziffern für die Zahlen 1–25 sind in der Tabelle unten rechts dargestellt.

Für Finanztransaktionen gibt es eine komplexere Version der Symbole, damit verhindert wird, dass Zahlen durch Hinzufügen eines Strichs in eine andere Zahl verwandelt werden können.

Ziffer	Symbol	Aussprache
0	零/〇	líng
1	一	yī
2	二	èr
3	三	sān
4	四	sì
5	五	wǔ
6	六	liù
7	七	qī
8	八	bā
9	九	jiǔ

一 1	二 2	三 3	四 4	五 5
六 6	七 7	八 8	九 9	十 10
十一 11	十二 12	十三 13	十四 14	十五 15
十六 16	十七 17	十八 18	十九 19	二十 20
二十一 21	二十二 22	二十三 23	二十四 24	二十五 25

Ägyptische Ziffern

Das altägyptische Zahlensystem, das Hunderte Jahre älter ist als das hinduistisch-arabische, basierte ebenfalls auf Potenzen von 10. Anstatt getrennter Symbole für jede Potenz wiederholte man hier das jeweilige Symbol einfach so oft wie nötig.

Genau wie in der ägyptischen Hieroglyphenschrift sind die Symbole Zeichnungen von Gegenständen: 100 ist eine Spule Seil, 1000 ist eine Seerose und 10.000 ein gebogener Finger.

Zahlenwert	1	10	100	1000	10.000	100.000	1 Million, oder viele
Hieroglyphe	𓏺	𓎆	𓍢	𓆼	𓂭	𓆐	𓁨

ANDERE ZAHLENSYSTEME MIT UNTERSCHIEDLICHEN ZAHLENBASEN

In vielen historischen Zahlensystemen wurden keine Basis-10 Dezimalzahlen verwendet, sondern die Basis-20 und Basis-60, auch vigesimal und sexagesimal genannt. Der Einfluss dieser Systeme ist bis heute erkennbar.

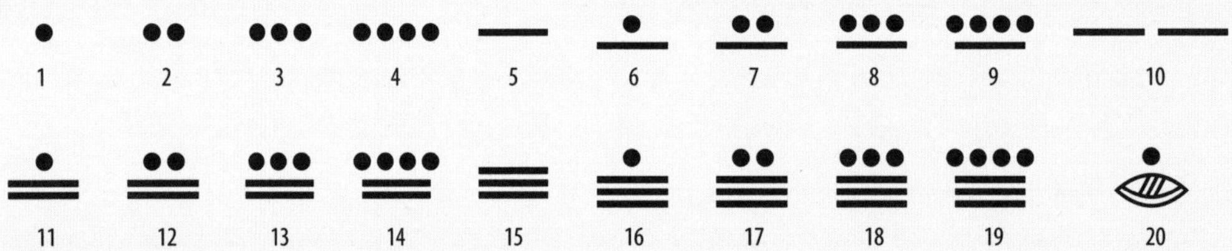

Maya-Zahlensystem

In der Region des heutigen Südmexikos, Belize und Honduras existierte von etwa 2000 v. Chr. bis ins 16. Jahrhundert die Maya-Zivilisation. Die Maya verfügten über ein ausgeklügeltes Schriftsystem und ein Zahlensystem zur Basis 20, mit Punkten (für 1) und Linien (für 5) als Symbole für die Zahlen 1–19. Für die Null steht eine Muschel. Die Zahlen 1–20 sind oben abgebildet.

Das Maya-Zahlensystem ist ein Stellenwertsystem, sodass die Zahlen über 19 aus zwei Ziffern bestehen: eine für die Anzahl der 20er und eine für die Anzahl der Einheiten. Diese wurden übereinander geschrieben. 45 wurde also als zwei 20er und eine 5 geschrieben: 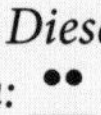

Für 400 (20x20) brauchte man drei Ziffern. „408“ wurde also geschrieben als ein einzelner Punkt für eine 400, eine Muschel für null 20er und dann das Symbol für 8 darunter.

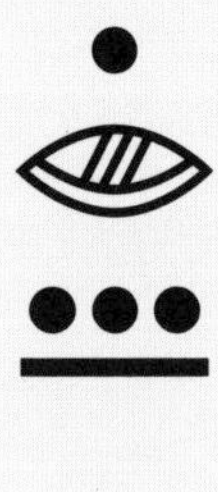

Babylonische Zahlen

Die Babylonier, die vom 18. bis zum 6. Jahrhundert v. Chr. das heutige Irak und die umliegende Region beherrschten, waren berühmt für ihre astronomischen Berechnungen und das von ihnen verwendete Zahlensystem zur Basis 60.

Die dreieckigen Formen der Keilschrift wurden mit einem Schilfrohr in Tontafeln gepresst. Das System hatte Symbole für Einheiten und 10er, die bis 60 kombiniert wurden. Dies war das erste Zahlensystem, bei dem die Position eines Symbols seinen Wert bestimmt. Die Zahlen 1–50 werden rechts dargestellt.

Dass die Zahl 60 viele Faktoren hat, vereinfacht Divisionen. Das Erbe dieses Systems hat in den Minuten und Sekunden der Uhrzeit und in den Gradzahlen, die zur Messung von Winkeln verwendet werden, überlebt.

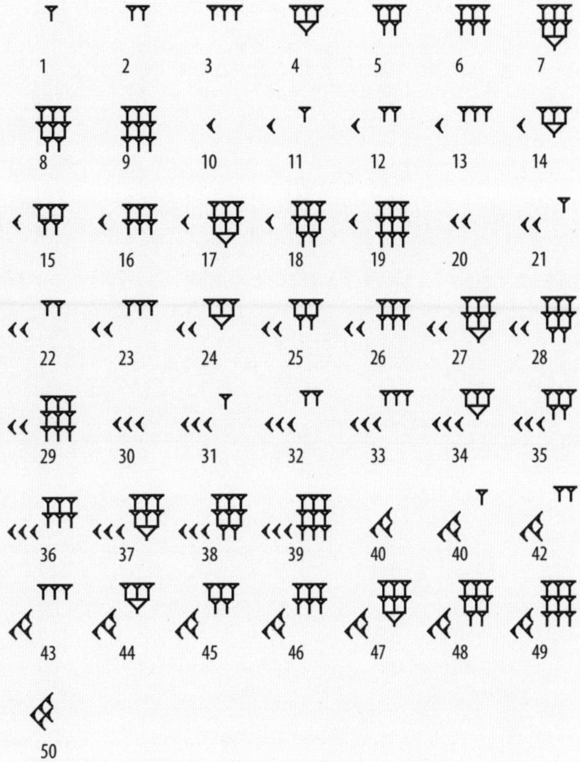

Kaktovisches Iñupiaq-Zahlensystem

Das Volk der Iñupiat lebt in Alaska und verwendet ein Zahlensystem zur Basis 20. Die rechts abgebildeten Symbole wurden in den 1990er Jahren entwickelt, als es einer Gruppe von Schulkindern deutlich wurde, dass die ursprünglichen Namen der Zahlen in ihrer Muttersprache zur Basis 20 organisiert waren und nicht zur Basis 10, wie sie im Unterricht lernten.

Die Symbole bestehen aus unterschiedlich angeordneten Strichen, die die Ziffern repräsentieren. Die 5 ist ein horizontaler Strich. Das System ist positional, d. h. Zahlen über 20 werden als eine Ziffer für Einheiten, eine Ziffer für 20er, eine Ziffer für 400er und so weiter geschrieben.

ANDERE ZAHLENSYSTEME: UNTERSCHIEDLICHE STRUKTUREN

Die bisher dargestellten Zahlensysteme sind „Stellenwertsysteme". Das heißt, dass die Position einer Ziffer innerhalb einer Zahl den Betrag dieser Zahl bestimmt. In der Vergangenheit gab es allerdings Zahlensysteme, die Werte auf eine andere Weise aufgezeichnet haben.

Römische Ziffern

Die römischen Ziffern stammen aus dem alten Rom und wurden in ganz Europa verwendet. Sie verwenden Symbole, die 1, 5, 10, 50, 100, 500 und 1000 repräsentieren. Beim Schreiben einer Zahl werden die Symbole in abnehmender Größe angeordnet. Wenn erforderlich werden Symbole wiederholt – bis maximal drei. Werden mehr als drei Symbole gebraucht, wird ein kleineres Symbol vor dem größeren geschrieben und subtrahiert – also IV statt IIII für 4 und XC anstelle von LXXXX für 90. Die größte Zahl, die in römischen Ziffern geschrieben werden kann, ist 3.999.

34 = XXXIV
165 = CLXV
1029 = MXXIX
2420 = MMCDXX

Symbol	Wert
I	1
V	5
X	10
L	50
C	100
D	500
M	1000

Die römische Zahlschrift ist kein Stellenwertsystem mit Spalten und deshalb für Berechnungen ungeeignet – es lassen sich nicht einfach Zahlen in Spalten addieren oder subtrahieren.

Obwohl die hindu-arabischen Ziffern und das Stellenwertsystem die römischen Ziffern ersetzt haben, sieht man sie noch auf Zifferblättern von Uhren, in Großbritannien werden sie auch noch für Jahreszahlen verwendet.

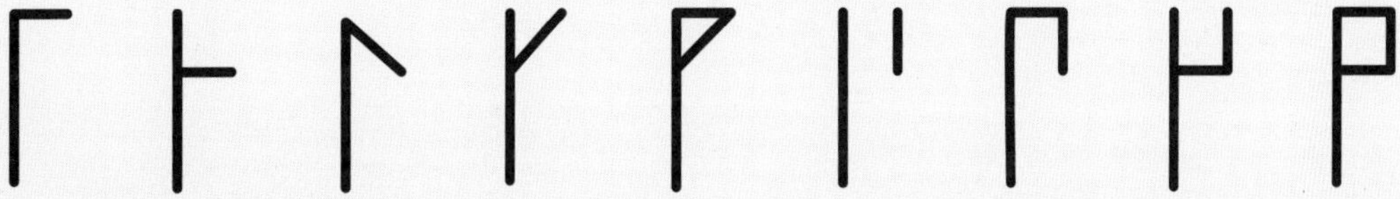

1 2 3 4 5 6 7 8 9

Zisterzienser

42 125 5344 1106 4948

Im frühen 13. Jahrhundert, etwa zu der Zeit, als sich die arabischen Ziffern in Europa verbreiteten, entwickelten Mönche in einem Zisterzienserkloster eine Variante. Sie basierte auf einem Rechteck, in dem Striche an einer vertikalen Linie (oder „Daube“) in der Mitte einer Figur angebracht wurden.

Der Strich oben rechts in der Daube gibt die Einheiten an, oben links den Zehnerwert, unten rechts den Hunderter und unten links den Tausender. Die dazugehörigen Ziffern wurden gespiegelt oder umgedreht. So konnten die Zahlen 1 bis 1999 in einer einzigen Figur abgebildet werden.

Kyrillische Ziffern

Kyrillische Ziffern wurden in Russland noch bis ins frühe18. Jahrhundert verwendet. Die Symbole sind Buchstaben des kyrillischen Alphabets. Ein Titlo (҃) über der Mitte eines Wortes bedeutete, dass es sich um eine Zahl handelte.

Anstatt des Stellenwertsystems hatten kyrillische Ziffern verschiedene Symbole für Vielfache von 10 und 100 und modifizierende Symbole für Tausend und mehr.

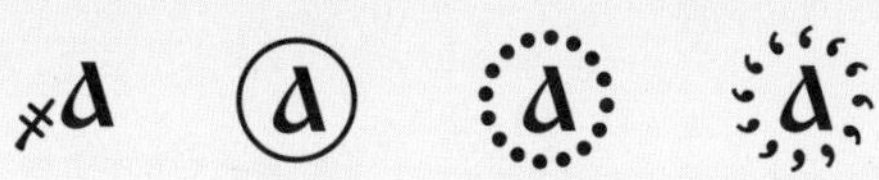

1000 10.000 100.000 1.000.000

10.000.000 100.000.000 1.000.000.000

Wert	Symbol	Wert	Symbol
1	А	60	Ѯ
2	В	70	О
3	Г	80	П
4	Д	90	Ч or Ҁ
5	Е	100	Р
6	Ѕ	200	С
7	З	300	Т
8	И	400	У or Ѵ
9	Ѳ	500	Ф
10	І	600	Ѯ
20	К	700	Х
30	Л	800	Ѡ̆
40	М	900	Ц or Ѧ
50	Н		

ZAHLEN IN CODESYSTEMEN

Codesysteme für sprachliche Kommunikation müssen meistens auch Zahlen übertragen können. Die Ziffern 0 bis 9 werden in verschiedenen Codes ganz unterschiedlich dargestellt.

Morsezeichen

Jede Ziffer besteht aus fünf Symbolen (Punkte oder Striche), wobei die Anzahl der Punkte bis zur Ziffer 5 der jeweiligen Ziffer entspricht. Von da an werden Striche benutzt, bis maximal 5. Ursprünglich entwickelte Samuel Morse nur Zahlencodes, die mithilfe eines Codebuches in Wörter und Buchstaben übersetzt wurden. Späteren Versionen des Codes wurden auch Buchstaben hinzugefügt.

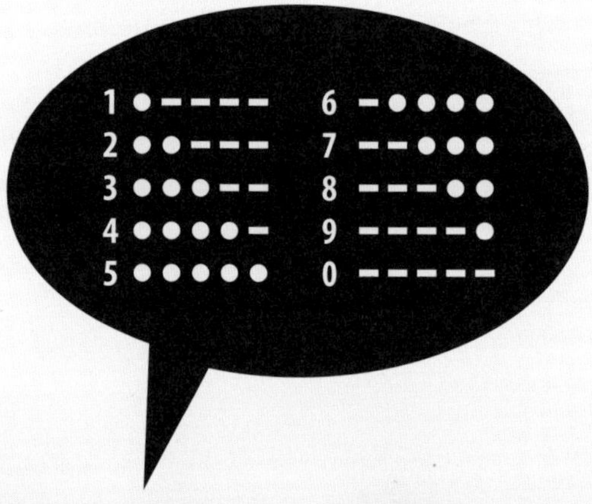

▼ Der Code wird übertragen als Abfolge von Strichen und Punkten, die durch lange und kurze Stromimpulse angezeigt werden. Die Punkte und Striche des Codes können als kurzer oder langer elektrischer Impuls übertragen werden.

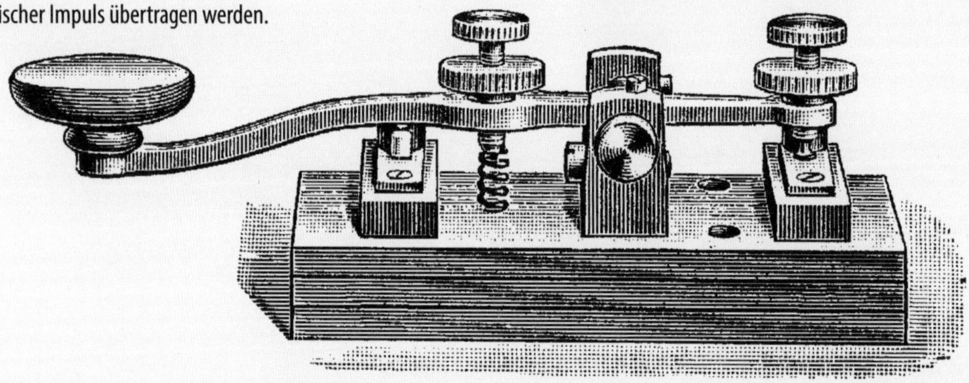

Brailleschrift

In der Brailleschrift entsprechen die Ziffern 0–9 den Buchstaben A–J. Ihnen geht das Zahlensymbol ⠼ voran.

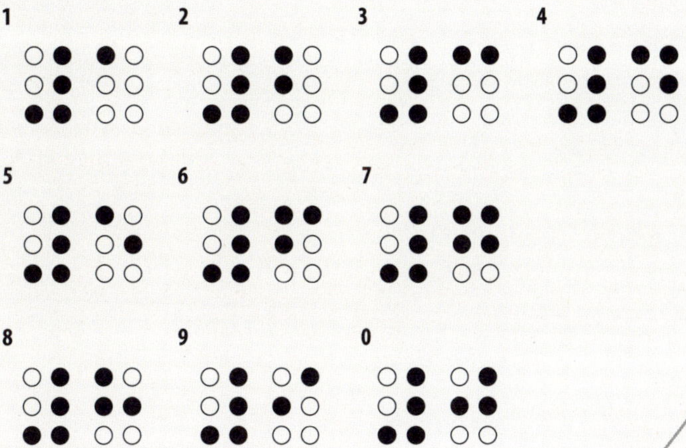

NATO-Maritime Signalflaggen

Bei Tageslicht können Schiffe mithilfe von Signalflaggen Signale aneinander senden, indem entlang einer Schiffsseite Flaggen auf eine bestimmte Weise positioniert werden.

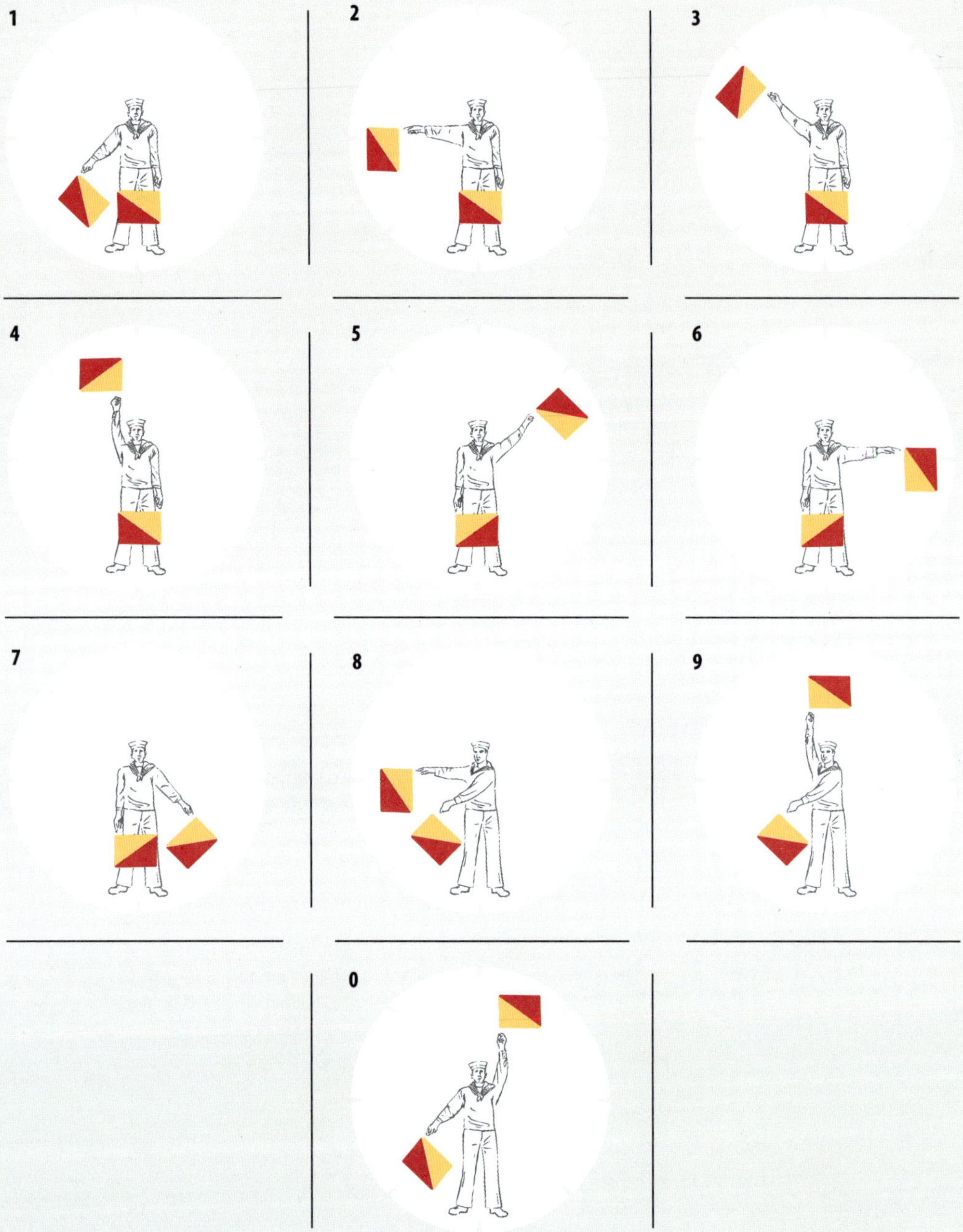

Semaphore

Mittels zweier asymmetrischer roter und gelber Flaggen dienen Semaphore der visuellen Kommunikation.

Zeichensprache (Winkeralphabet, Marine)

Für die Kommunikation von Zahlen mittels Zeichen gibt es verschiedene Systeme. Durch eine Kombination von Zeichen können außer den Ziffern 0–9 auch größere Zahlen, wie die Zahlen zwischen 10 und 20 und mehrstellige Zahlen, kommuniziert werden.

Allgemein

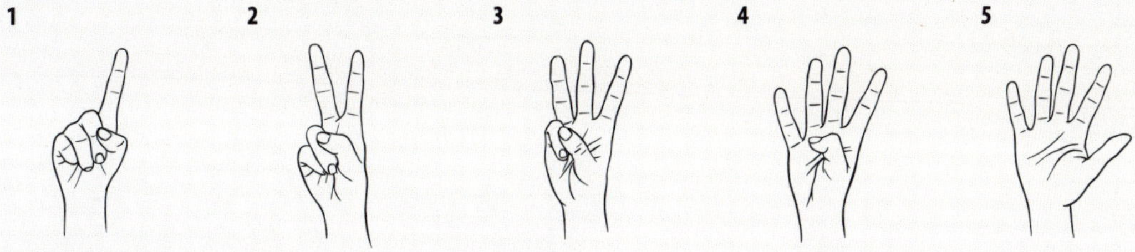

Verwendet in den USA

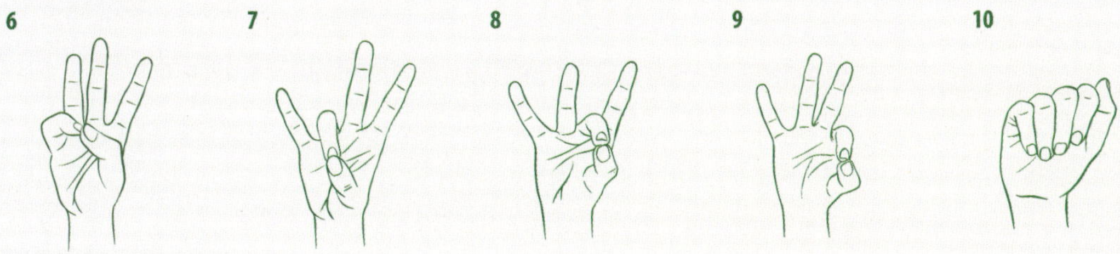

Verwendet in Großbritannien

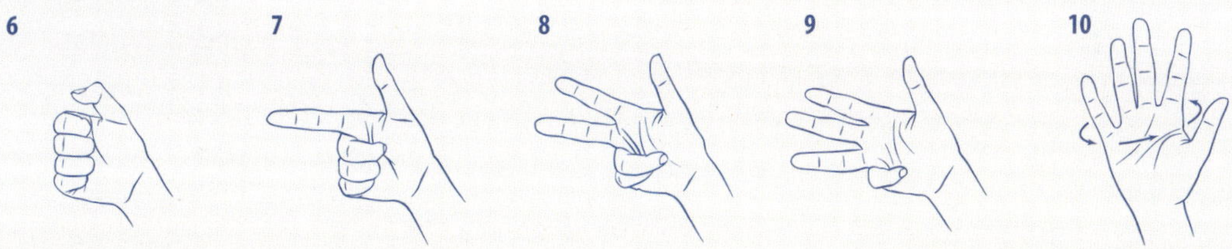

Verwendet in China

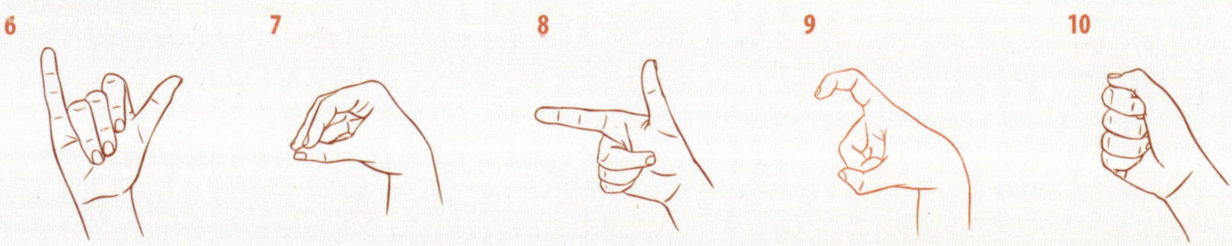

Große Zahlen

Außer den üblichen Methoden Zahlen zu schreiben, haben Mathematiker spezielle Methoden entwickelt, um auch schwindelerregend große Zahlen aufschreiben zu können.

$$2 \uparrow \uparrow \uparrow 4$$

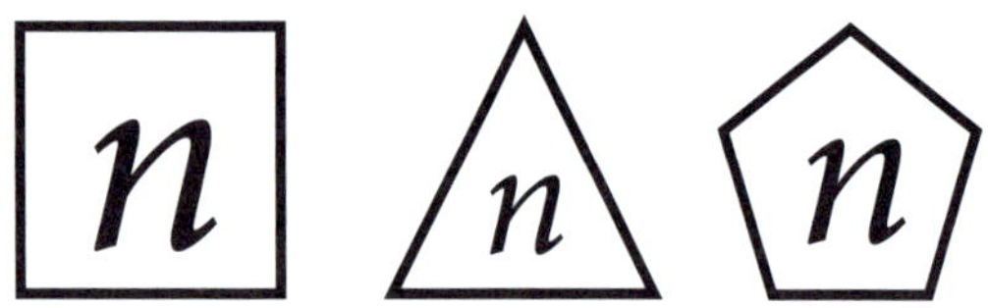

Das Schreiben einer Zahl in Hochstellung (in kleiner Schrift, oben in der Zeile) bedeutet, dass sie potenziert wird, also $2^4 = 2 \times 2 \times 2 \times 2$. (S. S. 190.)

Die „Pfeilschreibweise“ (oben) wurde vom Mathematiker Donald Knuth entwickelt und erweitert dieses Konzept. Ein einzelner Pfeil wird für gewöhnliche Potenzierung verwendet: $2 \uparrow 4$ bedeutet also 2^4; $2 \uparrow \uparrow 4$ bedeutet $2^{2^{2^2}}$ – ein Stapel von vier Zweiern, wobei jede 2 alles, was unter und links von ihr steht, zur Potenz 2 erhöht, sodass $2 \uparrow \uparrow 4 = 65.536$. Dies wird „Tetration“ genannt.

$2 \uparrow \uparrow \uparrow 4$ repräsentiert den nächsten Schritt in dieser Reihe, die „Pentation“: Der Prozess des vorherigen Vorgangs muss so oft wiederholt werden, wie die Zahl hinter dem Pfeil angibt. Also, $2 \uparrow \uparrow \uparrow 4 = 2 \uparrow \uparrow (2 \uparrow \uparrow (2 \uparrow \uparrow 2))$. Wenn $2 \uparrow \uparrow 2 = 2^2$ notiert ist (ein Stapel von zwei 2en), wäre dies ein Stapel von 2en der Höhe $2 \uparrow \uparrow 4$ oder 65.536, was eine 65.533-stellige Zahl ergibt.

Die Anzahl an Pfeilen kann beliebig erhöht werden, sodass man auf diese Weise sehr große Zahlen schreiben kann. Auch Leo Moser hat Wege entwickelt, um unvorstellbar große Zahlen aufzuschreiben. Die „Steinhaus-Moser-Notation“ basiert auf einem ähnlichen System, wie es Hugo Steinhaus im Jahr 1969 entwickelte. Die Zahl n in einem Dreieck steht für n^n, oder n hoch n. Also $\triangle(2) = 2^2 = 4$, $\triangle(3) = 3^3 = 27$, und $\triangle(12) = 12^{12} = 8.916.100.448.256$.

Die Zahl n in einem Quadrat bedeutet „n in n Dreiecken“. $\square(2)$ würde also 2 in 2 Dreiecken bedeuten, oder 2 in einem Dreieck in einem Dreieck, d. h. $4^4 = 256$. $\square(3)$ bedeutet jedoch „3 in 3 Dreiecken“, also 3 in einem Dreieck, in einem Dreieck, in einem Dreieck; oder $\triangle(3)^{\triangle(3)} = 27^{27}$, aber dann erhöht zur Potenz von 27^{27}. Das ergibt eine Zahl mit 17.137.024. 398.162.597.813.435.790.03 5.277.831.527.369 Ziffern.

Die Zahl n in einem Fünfeck bedeutet „n in n Quadraten“. Diese Zahlen werden also selbst für kleine Werte von n bereits sehr groß sein. Die Zahl ⬠(2) wird „mega“ genannt und ⬠(10) „Megiston“. Moser definierte auch die „Mosers Zahl“, die einer Zahl 2 in einem Megagon (eine Form mit einem Mega an Seiten) entspricht – also eine extrem große Zahl.

$O(x)$

Die „Big-O-Notation“ beschreibt, wie schnell ein Wert bei einer Eingabe x wächst. O(x) bedeutet, dass ein Wert bei steigendem x mit etwa der gleichen Geschwindigkeit wächst (zum Beispiel die Anzahl Pferdebeine bei einer zunehmenden Anzahl von Pferden). $O(x^2)$ bedeutet jedoch, dass der Wert mit dem Quadrat von x wächst, wie die Anzahl der Quadrate auf einem Schachbrett mit x Feldern entlang einer Seite. Die Notation wird oft verwendet, um zu beschreiben, wie lange eine Berechnung angesichts der Anzahl durchzuführender Berechnungen dauern wird.

Dezimalzahlen, Brüche und Prozentsätze

Es gibt viele Möglichkeiten, gebrochen rationale Zahlen, wie Dezimalzahlen, Brüche und Prozentsätze, zu schreiben. Abhängig vom Kontext und der auszudrückenden Zahl sind sie für unterschiedliche Zwecke geeignet.

1,5

$$\frac{a}{b}$$

Jede reelle Zahl kann als Dezimalzahl ausgedrückt werden, nämlich als ganzzahliger Wert, gefolgt von einem Punkt oder Radix, gefolgt von einer (möglicherweise unendlichen) Kette von Dezimalziffern.

- Wenn die zu schreibende Zahl eine ganze Zahl ist, sind alle Ziffern nach dem Dezimalkomma Null. Sie werden normalerweise weggelassen, es sei denn ein genauer Wert muss angegeben werden.
- Wenn die Zahl eine rationale Zahl ist, die als Bruch von zwei ganzen Zahlen geschrieben werden kann, wird ihre dezimale Erweiterung entweder enden (das Komma erreichen, hinter dem alle Ziffern Null sind) oder zu einer sich wiederholenden Schleife führen.
- Wenn die Zahl nicht als Bruch geschrieben werden kann, hat sie eine unendliche Dezimalentwicklung, die immer weitergeht und sich nie wiederholt.

Für weitere Informationen über Dezimalzahlen s. S. 72.

Ein Bruch ist ein Verhältnis zwischen zwei ganzen Zahlen, wobei die eine Zahl über der anderen geschrieben wird, getrennt durch eine Linie, den Bruchstrich. Die Zahl oberhalb der Linie wird Zähler genannt. Der Wert des Bruchs ist diese Zahl geteilt durch die Zahl unterhalb der Linie, den Nenner.

Ist der Zähler teilbar durch den Nenner, wie in 4/2, ergibt der Bruch eine ganze Zahl. Ist der Zähler größer als der Nenner, nennt man ihn einen unechten Bruch. Wenn Zähler und Nenner Primzahlen sind (ihr größter gemeinsamer Teiler ist 1), ist der Bruch nicht weiter teilbar.

Wenn man den oberen und unteren Teil eines Bruchs mit der gleichen positiven Zahl multipliziert oder dividiert, ändert sich der Wert des Gesamtbruchs nicht.

%

Das Prozentzeichen zeigt an, dass eine Zahl als Anteil von 100 dargestellt wird. Ein Wert von 25 % bedeutet also $^{25}/_{100}$ oder ¼. Eine Zahl kann von einer Dezimalzahl oder einem Bruch in Prozente umgewandelt werden, indem man sie mit 100 multipliziert:

½ = ½ × 100 % = 50 %

Der Begriff „Prozent" stammt aus dem Lateinischen *per centum*, was „pro Hundert" bedeutet. Es gibt ähnliche Symbole zur Darstellung von Teilen pro Tausend (‰, oder Promille) und pro Zehntausend (‱, oder pro Myriade – von altgriechisch *myrias* „unzählbare Menge"). Teile pro Zehntausend, also Hundertstel eines Prozents, werden im Finanzwesen zur Berechnung von Zinssatzänderungen verwendet. Man nennt sie dort Basispunkte (bps).

Kombinieren von Brüchen

Zwei Brüche können durch Multiplikation der Zähler und Nenner miteinander multipliziert werden.

$$\frac{a}{b} \times \frac{c}{d} = \frac{a \times c}{b \times d}$$

Wenn wir Brüche addieren wollen, müssen wir vorsichtiger sein. Die Summe von ½ und ⅓ist nicht ⅖. Man kann nur Brüche mit gleichem Nenner addieren.

$$\frac{a}{b} + \frac{c}{b} = \frac{a+c}{b}$$

Man kann einen gemeinsamen Nenner berechnen, indem man jeden Bruch oben und unten mit dem Nenner des anderen multipliziert. Die Brüche haben dann einen gleichen Nenner, während ihr Wert gleich bleibt.

$$\frac{a}{b} + \frac{c}{d} = \frac{ad}{bd} + \frac{cb}{db} = \frac{ad+cb}{bd}$$

ANDERE ARTEN BRÜCHE

Ein Bruch ist ein Verhältnis zwischen zwei ganzen Zahlen, aber es gibt auch andere Arten von Brüchen – und zusätzliche Arten, Brüche zu schreiben, die diese Idee erweitern.

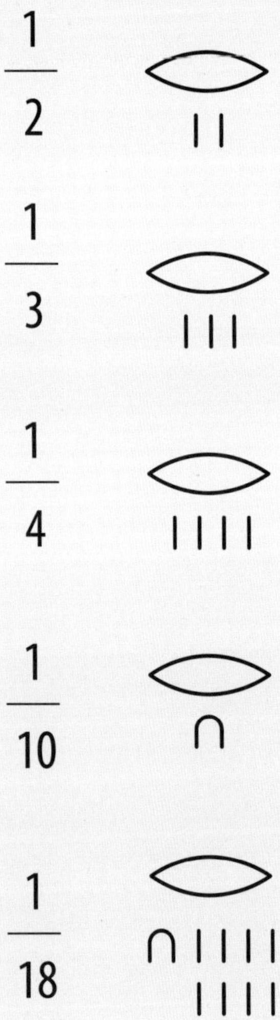

Ägyptische Brüche

Viele Elemente der Mathematik und Notation stammen aus dem alten Ägypten. Das System, das die Ägypter zum Schreiben von Zahlen und Brüchen verwendeten, war aber anders als unser heutiges System (s. S. 68).

Hat der Bruch eine 1 als Zähler (in der oberen Hälfte), handelt es sich um einen Einheitsbruch. Die Ägypter wussten, dass sich jeder Bruch als Summe unterschiedlicher Einheitsbrüche schreiben lässt, und haben sie entsprechend geschrieben. Anstatt von $\frac{3}{5}$ *schrieben sie zum Beispiel* $\frac{1}{2} + \frac{1}{10}$.

Die Hieroglyphe für den Buchstaben R, der für „Teil" steht, ähnelt einer flachen Linse. Sie bedeutete, dass die Zahlen unter ihr ein Bruch sind.

Ein bestimmter Bruch p/q *kann auch als Summe von Einheitsbrüchen ausgedrückt werden. Zum Beispiel ist* $\frac{3}{5}$ *auch* $\frac{1}{5} + \frac{1}{5} + \frac{1}{5}$. *Im Jahr 1202 entwickelte der Mathematiker Leonardo Fibonacci eine Formel, mit der er bewies, dass sich jeder Bruch als Summe von Einheitsbrüchen schreiben lässt. Er nahm zunächst den größten passenden Einheitsbruch und wiederholte dies mit immer kleineren Brüchen (*$\frac{1}{2}$, $\frac{1}{3}$, *und so weiter). Zum Beispiel:*

$\frac{11}{12} - \frac{1}{2} = \frac{5}{12}$;
also $\frac{5}{12} - \frac{1}{3} = \frac{1}{12}$;
also, $\frac{11}{12} = \frac{1}{2} + \frac{1}{3} + \frac{1}{12}$.

Kontinuierliche Brüche

In der Mathematik kann jeder Bruch auch als kontinuierlicher Bruch ausgedrückt werden: d.h. als ein Bruch, der Brüche von Brüchen verwendet, um die Zahl auf andere Weise zu schreiben. Zum Beispiel lässt sich die Zahl $\frac{5}{3}$ als $1 + \frac{2}{3}$ schreiben. Da $\frac{2}{3} = 1/(\frac{3}{2})$ ist, kann er auch als Einheitsbruch geschrieben werden, dessen Nenner ebenfalls durch Einheitsbrüche ausgedrückt wird.

$$\frac{2}{3} = \frac{1}{(1+\frac{1}{2})}$$

Das funktioniert, weil, wenn man in einem Bruch etwas unter eine 1 stellt, dies die Wirkung umkehrt: $\frac{2}{3} = 1/(\frac{3}{2})$. Wenn man die beiden Formeln kombiniert, ergibt sich Folgendes:

$$\frac{5}{3} = 1 + \frac{1}{1+\frac{1}{2}}$$

Dies ist ein Kettenbruch. Jede rationale Zahl wird beschrieben als ein Kettenbruch mit einer endlichen Anzahl an Stufen. Zahlen, die sich nicht als Bruch schreiben lassen und eine unendliche, sich nicht wiederholende dezimale Erweiterung haben, einschließlich irrationaler Zahlen wie π und e, haben unendliche Kettenbrüche.

$$\frac{124}{27} = 4 + \cfrac{1}{1+\cfrac{1}{1+\cfrac{1}{2+\cfrac{1}{5}}}}$$

Eine alternative Notation für Kettenbrüche listet einfach die Zahlen auf, die auf jeder Stufe hinzugefügt werden: 124/27 lässt sich auch als [4; 1, 1, 2, 5] schreiben.

Mathematische Symbole

Die Mathematik kennt sehr viele symbolische Notierungen. Die Herausforderung bei der Kommunikation einer mathematischen Idee besteht oft in ihrem genauen symbolischen Ausdruck. Zusätzlich zu den bekannten mathematischen Operationen wie + – × und ÷ lassen sich auch mathematische Strukturen wie Gleichungen, Mengen und Funktionen symbolisch darstellen. Es gibt noch viele andere Symbole, die in mathematischen Teildisziplinen ein Rolle spielen, wie in der Arithmetik, Statistik, Geometrie und Logik.

Unäre Operatoren

Viele mathematische Symbole stehen für Operatoren. Ihre Funktion ist es, eine oder mehrere Zahlen, Objekte oder mathematische Strukturen umzuwandeln oder zu kombinieren. Ein unärer Operator ist ein Operator, der nur einen einzelnen Operanden benötigt, d.h. er verwendet eine Funktion, um (möglicherweise) den Wert des Inputs zu ändern.

$\sqrt{x}$

Die Quadratwurzel ist ein Operator, der eine Zahl in ihre Quadratwurzel verwandelt. Multipliziert man diese mit sich selbst, ergibt sich wieder die ursprüngliche Zahl. Es kann mehr als einen Wert mit dieser Eigenschaft geben, zum Beispiel 5 × 5 = 25, aber auch (-5) × (-5) = 25. Der positive Wert (hier 5) wird Hauptquadratwurzel genannt und als √25 geschrieben. Die Schreibweise -√25 wird für die negative Wurzel verwendet und ±√25 für beide Werte zusammen.

Negative Zahlen haben keine Quadratwurzel in den reellen Zahlen. Es gibt keine Zahl, die man quadrieren kann, um -16 zu erhalten. Im Bereich der komplexen Zahlen hat diese Zahl allerdings eine Quadratwurzel (s. S. 113).

%

Das Prozentzeichen zeigt an, dass eine Zahl als Teil von 100 geschrieben ist. Ein Wert von 25 % bedeutet 25/100 oder ¼. Das Prozentzeichen funktioniert also als unärer Operator. Mit der Anwendung von % wird beispielsweise 25 in 0,25 umgewandelt. (Weitere Informationen s. S. 85.)

$|x|$

Eine Zahl x mit zwei senkrechten Linien auf beiden Seiten zeigt den Betrag oder absoluten Wert von x. Wenn x eine positive Zahl ist, dann ist $|x| = x$; aber wenn x eine negative Zahl ist, dann ist $|x|$ der Wert von x ohne Minuszeichen. Deshalb ist $|10| = 10$ und $|-10| = 10$. Wenn der Betrag von x auf einem Graphen gegen x geplottet wird, sieht das Diagramm aus wie rechts dargestellt.

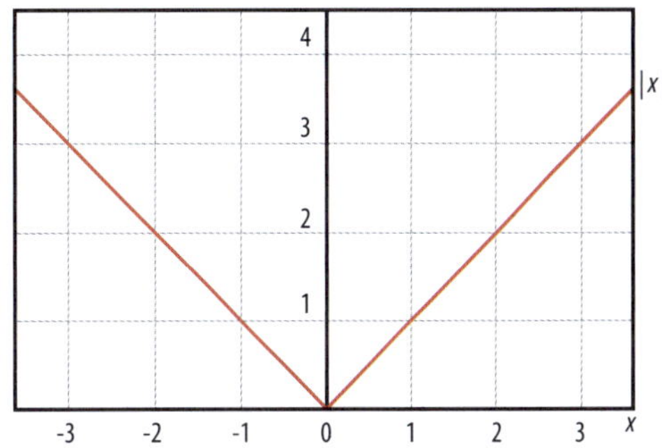

$$|x| = \begin{cases} x & \text{wenn } x \geq 0 \\ -x & \text{wenn } x < 0 \end{cases}$$

▲ Der Betrag verwandelt negative in positive Werte.

$\bar{z}$

Der Komplexe-Zahl-Operator wird durch einen Strich über einem Buchstaben bezeichnet. Er verwandelt eine konjugiert komplexe Zahl $z = a + bi$ in $a - bi$, was eine Spiegelung an der reellen Achse darstellt. Für mehr Informationen über komplexe Zahlen s. S. 113.

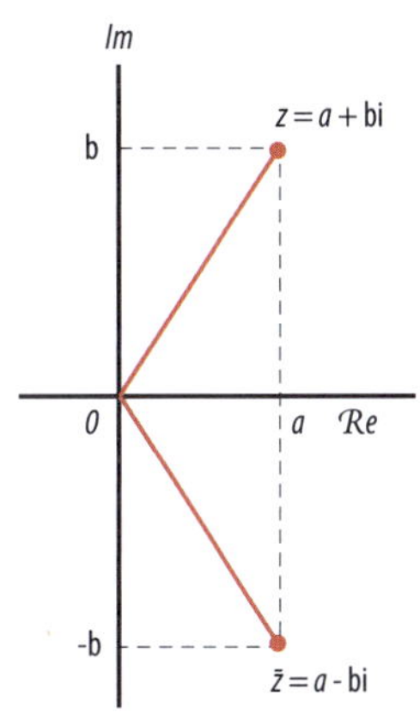

▲ Komplexe Konjugation, dargestellt durch einen Strich über einer Zahl, wird in der reellen Achse gespiegelt.

$n!$

Ein Ausrufezeichen oder Faktorsymbol nach einer ganzen Zahl bedeutet das Produkt aus dieser Zahl und allen kleineren Zahlen. Zum Beispiel: $5! = 5 \times 4 \times 3 \times 2 \times 1 = 120$. Dies ist relevant in der Kombinatorik, die sich mit der Ermittlung der Anzahl Möglichkeiten zum Kombinieren und Umordnen von Mengen beschäftigt.

Binäre Operatoren

Binäre Operatoren behandeln und kombinieren zwei Eingaben, um eine einzige Ausgabe zu erhalten.

$$+ \quad - \quad \times \quad \div$$

Die vier grundlegenden arithmetischen Operationen – Addition, Subtraktion, Multiplikation und Division – werden durch Plus–, Minus–, Kreuz- und Doppelpunkt dargestellt. Im Bereich der reellen Zahlen ist die Addition die Umkehrung der Subtraktion, während die Multiplikation die Umkehrung der Division ist.

Die Plus- und Minuszeichen können auch anzeigen, ob eine Zahl positiv oder negativ ist und ob sich ein Grenzwert einem Punkt von oben oder unten nähert (s. S. 100 für weitere Informationen über Unendlichkeiten und Grenzwerte).

In Norwegen und Dänemark wird das Symbol ÷ für die Subtraktion verwendet.

Das Symbol für Multiplikation ähnelt dem Buchstaben klein x, aber es ist symmetrischer: ein Kreuz, manchmal auch Saltire genannt. Es wird außer für die Multiplikation von Zahlen in der Geometrie für die Kreuzmultiplikation von Vektoren (s. S. 127), in der Mengenlehre für das kartesische Produkt zweier Mengen (s. S. 109) und für geometrische Maße verwendet, z. B. ein 3 Meter mal 4 Meter ($3m \times 4m$) großes Rechteck.

$$\otimes$$

Ein Multiplikationssymbol in einem Kreis bezeichnet ein Tensorprodukt, das zwei Vektorräume kombiniert. Es lässt sich außerdem auf verschiedene andere abstrakte mathematische Strukturen anwenden. Für mehr Informationen über Vektoren s. S. 126.

$$\pm \quad \mp$$

Die Symbole „Plus/Minus“ und „Minus/Plus“ werden verwendet, wenn eine Zahl mehrere Werte annehmen kann. Man kann zum Beispiel sagen, dass die Quadratwurzel von 4 ± 2 beträgt, da sowohl $2^2 = 4$ als auch $(-2)^2 = 4$ ist. Die beiden Versionen des Symbols können verwendet werden, wenn die Reihenfolge wichtig ist. Es kann ein binärer Operator in einer Berechnung sein oder einfach benutzt werden, um eine Zahl zu schreiben, die zwei Werte annehmen kann.

$$x^y$$

Das Erheben einer Zahl zu einer Potenz, Potenzierung, ist ebenfalls ein binärer Operator. Die groß geschrieben Zahl, *x*, wird y-mal mit sich selbst multipliziert. Also: $x^y = x \times x \times x \times ... \times x$, ist y fach x mit sich selbst multipliziert: $2^3 = 2 \times 2 \times 2 = 8$.

$$\binom{n}{k} \quad nCk \quad {}^nC_k \quad C(n,k)$$

Die Binomfunktion, oder „Auswahlfunktion", kennt viele verschiedene Notierungen, die aber alle dasselbe meinen: die Anzahl von Möglichkeiten, k Objekte aus einer Menge von n (ohne Berücksichtigung der Reihenfolge) zu wählen. Bei „3 wähle 2" ist dies zum Beispiel 3, da es drei Möglichkeiten gibt, 2 Dinge aus einer Menge von 3 auszuwählen. Ist die Menge der Dinge {A, B, C}, kann {A, B}, {A, C} oder {B, C} gewählt werden. Dieser Operator ist wichtig in der mathematischen Teildisziplin Kombinatorik, die sich beschäftigt mit der Anzahl an Möglichkeiten, Mengen zu kombinieren und neu anzuordnen.

Klammern

Klammern werden in der Schriftsprache zur Trennung von Nebensätzen verwendet. In der Mathematik werden Klammern oft verwendet und verschieden geformte Klammern haben verschiedene Bedeutungen.

$$(\;)$$

Die runde Klammer oder Parenthese gibt meistens die Reihenfolge an, in der mathematische Operationen durchgeführt werden sollen. Zum Beispiel: $(2 + 4) \times 5$ ist etwas anderes als $2 + (4 \times 5)$, s. S. 128.

Runde Klammern werden auch verwendet, um Gruppen von Werten, wie zum Beispiel bei Vektoren, zu Tupeln zusammenzufassen. (1, 1, 1) ist ein Vektor, der die Bewegung von 1 Einheit in jede der drei Koordinatenrichtungen beschreibt. Das Tupel kann auch auf den Punkt am Ende dieses Vektors verweisen und seine Koordinaten angeben.

Runde Klammern können auch ein offenes Intervall angeben: (0,5, 1,5) bezeichnet die Menge der Punkte auf der Zahlengerade zwischen 0,5 und 1,5. Die Punkte 0,5 und 1,5 sind nicht Teil des Intervalls.

$$a < x < b$$
$$x \in (a,b)$$

Offenes Intervall

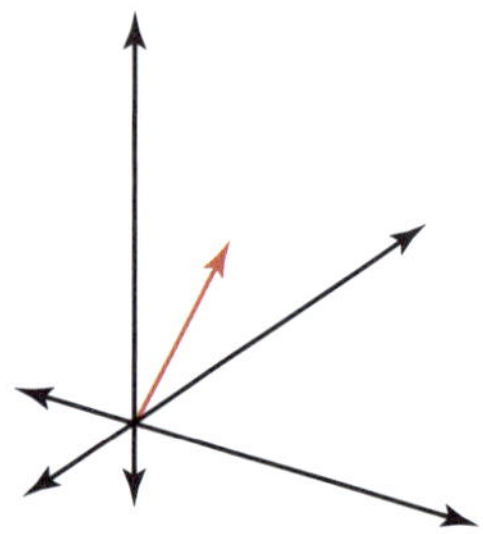

▲ Der Vektor (1,1,1) bezeichnet einen Punkt im dreidimensionalen Raum.

Runde Klammern bezeichnen außerdem:

- eine Funktion: $f(x)$ ist der Wert, wenn die Funktion f auf x angewendet wird,
- den Binomkoeffizienten, wenn sie auf ein übereinanderliegendes Wertepaar angewendet werden (s. S. 93 für weitere Informationen über die „Auswahl“-Funktion).

$$\binom{n}{k}$$

In der Chemie können runde Klammern sich wiederholende Substrukturen innerhalb eines Moleküls angeben, wie $HC(CH_3)_3$ (Isobutan).

[ ]

Eckige Klammern oder Kastenklammern bezeichnen geschlossene Intervalle auf der Zahlengeraden, einschließlich ihrer Endpunkte. [2,3] ist das Intervall zwischen 2 und 3, die Punkte 2 und 3 sind Teil des Intervalls. Ein halboffenes Intervall [0,1) schließt zum Beispiel einen Endpunkt ein, aber den anderen nicht.

Eckige Klammern bezeichnen auch Äquivalenzklassen innerhalb von Mengen, d. h. Klassen von Dingen mit ähnlichen Eigenschaften unter einer bestimmten Bedingung. Zum Beispiel könnte man die Menge der ganzen Zahlen in ungerade Zahlen und gerade Zahlen unterteilen und diese als Klassen [0] und [1] bezeichnen, wobei 0 und 1 die jeweilige Klasse angibt.

Außerdem wird [*x*] manchmal verwendet, um den ganzzahligen Teil einer nicht-ganzzahligen Zahl zu bezeichnen, indem die Ziffern nach dem Dezimalkomma abgekürzt werden, zum Beispiel [4,5] = 4.

{ }

Geschweifte Klammern werden in der Mengenlehre für Mengen verwendet (s. S. 106 für mehr Informationen über Mengenlehre).

< >

Einzelne spitze Klammern oder Winkelklammern bezeichnen Ungleichungen (s. S. 105). In der Mathematik bedeuten spitze Klammern das Erzeugen von Mengen: <a> enthält alle Vielfachen von a, egal in welchen algebraischen Strukturen man arbeitet. Beispiele sind Untergruppen von Gruppen (s. G, S. 24) und Spannweiten in Vektorräumen (s. V, S. 50).

Zwei oder mehr Elemente innerhalb der Klammern bezeichnen die Menge aller Objekte, die durch Multiplikation jeder beliebigen Kombination dieser Elemente erzeugt werden: <a,b> enthält a, b, ab, ba, ababbba und unendlich viele andere Elemente.

Eckige Klammern können auch das innere Produkt von zwei Vektoren bezeichnen (s. S. 127).

Kommas und Punkte

Kommas, Punkte und Doppelpunkte werden in der Schriftsprache als Interpunktion verwendet, aber haben auch eine Vielzahl von Bedeutungen und Anwendungen in der Mathematik.

4,25

$$x \cdot y$$

Im Dezimalsystem (Basis 10) wird der Dezimalpunkt verwendet, um ganze Zahlen von ihren nicht-ganzzahligen Teilen zu trennen. Die Zahlen rechts vom Punkt sind dann Zehntel, Hundertstel usw. nach dem Dezimalpunkt. Der Punkt wird auch mit anderen Zahlenbasen (Stellenwertsystemen) verwendet. In einigen Ländern verwendet man ein Komma anstelle eines Punktes.

Ein Punkt in der Mitte der Linie bedeutet Multiplikation und ersetzt das ×-Symbol. „Das Produkt von x und y" wird konventionell als „xy" geschrieben. Wenn der Kontext unklar ist, wird zusätzlich ein Punkt als Zeichen für Multiplikation verwendet: $x \cdot y$.

Sogenannte Punktprodukte oder Skalarprodukte sind definiert als mathematische Verknüpfungen von zwei Listen von Zahlen, die man paarweise multipliziert und die Ergebnisse addiert:

$$(1, 2, 3) \cdot (4, 5, 6)$$
$$= (1 \times 4) + (2 \times 5) + (3 \times 6) = 32$$

Punktprodukte (Skalarprodukte) von Vektoren geben die Anteile an, die in eine dritte, resultierende Richtung zeigen.

$\dot{x}$

Ein Punkt über einem Symbol hat unterschiedliche Bedeutungen. Er bezeichnet unter anderem die erste Ableitung einer Größe. S. S. 118 für weitere Informationen zur Notation in der Infinitesimalrechnung.

Der Punkt bezeichnet auch eine Kette sich unendlich wiederholender Ziffern. Der genaue Wert von ⅓, mit einer unendlichen Folge von Dreien am Ende, kann als 0,3333... geschrieben werden, oder kompakt, mit einem Punkt über der sich wiederholenden Ziffer: $0{,}\dot{3}$.

Ein Bruch kann auch komplizierter sein, zum Beispiel $\frac{1}{7} = 0{,}142857142857142857...$ mit einer sich endlos wiederholenden Kette der gleichen sechs Ziffern. Dies kann als $\overline{0{,}142857}$ geschrieben werden, wobei eine Linie über den zu wiederholenden Ziffern oder ein Punkt über der ersten und letzten Ziffer die Wiederholung angibt: $0{,}\dot{1}4285\dot{7}$.

:

Ein Doppelpunkt zeigt ein Verhältnis an: 2:1 bedeutet das Verhältnis von zwei zu eins, d. h. es gibt doppelt so viel von der einen Sache als von der anderen.

Mit dem Doppelpunkt-Symbol werden auch die Grenzen angegeben, zwischen denen sich eine Funktion bewegt: $f: X \longrightarrow Y$. Für weitere Informationen zu Funktionen s. S. 98.

In manchen Sprachen ist anstelle des Obelus ÷ ein Doppelpunkt das Geteiltzeichen.

...

Der Dreifachpunkt ist eine Reihe von drei Punkten, die anzeigt, dass eine Sequenz nicht beendet ist und sich fortsetzt – möglicherweise bis ins Unendliche. Während es dem Mathematiker nicht gefällt, wenn jemand $\pi = 3{,}14$ schreibt, würde er sich freuen 3,14... zu lesen. Der genaue Wert von π ist nämlich eine unendliche Dezimalentwicklung, die sich nie wiederholt.

,

Kommas werden in der Mathematik zur Trennung der Elemente von Mengen {a, b, c} oder von Listen $\{x^1, x^2, x^3\}$ verwendet.

Funktionen

In der Mathematik ist eine Funktion oder Abbildung eine Beziehung zwischen zwei Mengen, die jedem Element der einen Menge genau ein Element der anderen Menge zuordnet.

$$f$$

Eine allgemeine Funktion wird mit f bezeichnet, und wenn f Elemente aus einer Menge X einer Menge Y zuordnet, schreiben wir:

$$f: X \longrightarrow Y$$

Zum Beispiel: Bei $f: \mathbb{R} \longrightarrow \mathbb{R}_1$ werden reelle Zahlen reellen Zahlen zugeordnet, für $f(x) = 2x$ gibt die Funktion den doppelten Wert zurück, den man eingibt. Da diese Zahl auch reell ist, nennt man die Funktion wohldefiniert.

X wird als Definitionsbereich der Funktion bezeichnet, Y als Wertebereich. Die Menge f(X), d.h. die Punkte $f(x)$ für jedes x in X, wird Wertemenge der Funktion genannt.

Eine Funktion kann mehrere Eingaben und mehrere Ausgaben haben. Wenn jede Eingabe in X eine eindeutige Ausgabe in Y ergibt, wird dies eine 1-1-Funktion oder injektive Funktion genannt. Wenn jedes Element von Y durch etwas in X abgebildet wird, nennen wir die Funktion surjektiv. Wenn eine Funktion diese beiden Eigenschaften hat, nennen wir sie bijektiv.

$$\circ$$

Wollen wir Funktionen kombinieren, zeigt ein kleiner Kreis die Reihenfolge an, in der sie angewendet werden. Zum Beispiel die Funktionen f und $g: \mathbb{R} \longrightarrow \mathbb{R}_1$ definiert als $f(x) = 2x$ und $g(x) = x + 5$, können wir $f \circ g(x)$ schreiben, um anzugeben, dass man zuerst g (da es x am nächsten ist) und dann f auf das Ergebnis anwendet: $f(g(x)) = 2\,(x + 5)$.

$$f^{-1}$$

Die Umkehrfunktion ist eine Funktion, die das umgekehrt: wenn $f(x) = 2x$, dann $f^{-1}(x) = ½x$. Dabei ist $f \circ f^{-1}(x) = x$. Die Umkehrung kann nicht definiert sein, abhängig von der Funktion. Beispiel: Die konstante Funktion $f(x) = 7$ bildet jede Eingabe 7 ab und es gibt keine Möglichkeit, dies umzukehren. Funktionen die eine Umkehrung haben, werden umkehrbar genannt, sie sind bijektiv.

Einige berühmte Funktionen

Wir haben auf S. 90–93 bereits einige bekannte Beispiele für Funktionen gesehen, wie die unären und binären Operatoren.

sin, cos, tan

In der Trigonometrie gibt es die Funktionen Sinus, Kosinus und Tangens, die mit sin, cos, bzw. tan bezeichnet werden.

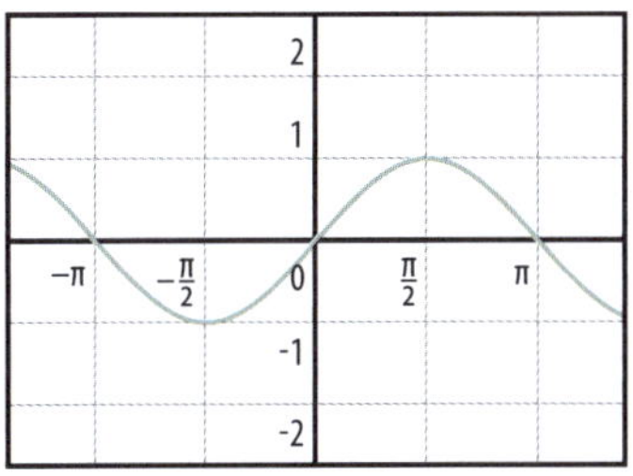

Sin

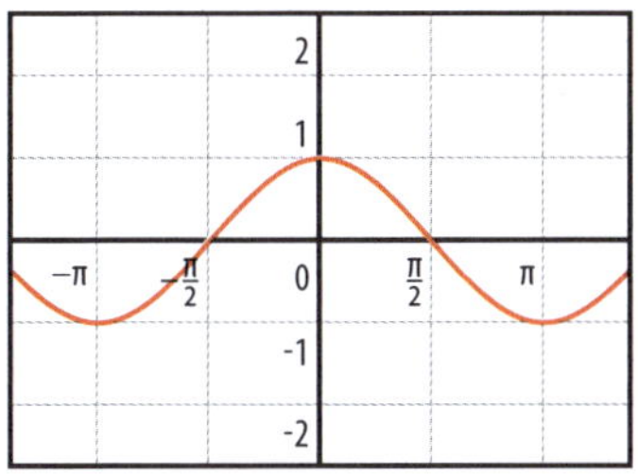

Cos

Tan

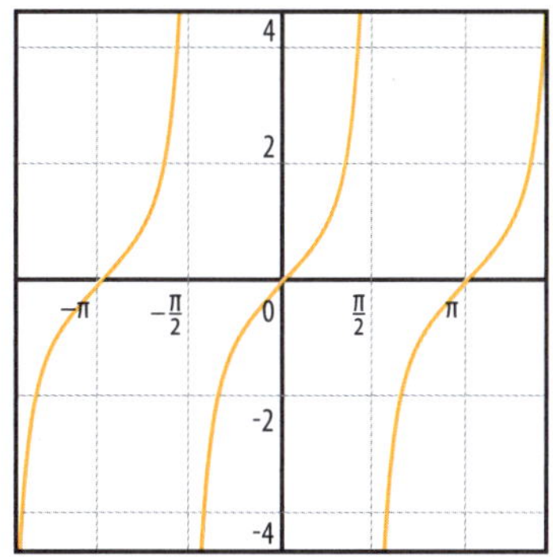

$$a_n x^n + a_{n-1} x^{n-1} + \ldots + a_2 x^2 + a_1 x + a_0$$

Eine Funktion $P(x)$, die aus einer Summe von Potenzen von x besteht, heißt Polynom. Jede Potenz von x wird mit einem Koeffizienten multipliziert (normalerweise eine reelle Zahl), hier mit a_n bezeichnet.

$$\log_b(x)$$

Der Logarithmus ist die Umkehrfunktion zur Potenzierung (s. S. 93). Wenn $x = b^a$, dann ist $a = \log_b(x)$. Zum Beispiel: $\log_2(16) = 4$, da $2^4 - 2 \times 2 \times 2 \times 2 = 16$. b ist die Basis des Logarithmus. Logarithmen kommen überall in Mathematik und Physik vor und verwenden häufig Basen wie $b = 10$ und $b = e$ (s. S. 18).

Unendlichkeiten und Grenzwerte

Mathematiker und Nicht-Mathematiker sind gleichermaßen fasziniert vom Konzept der Unendlichkeit: ein geheimnisvolles sich endlos fortsetzendes Kontinuum.

$$\infty$$

Die Unendlichkeit wird repräsentiert durch die sogenannte Lemniskate. Mathematiker bestehen darauf, dass die Unendlichkeit keine Zahl ist, aber manchmal ist eine Zahlandeutung trotzdem nützlich. Dieses Symbol steht für eine unendliche Menge, die größer ist als jede endliche Zahl.

$$\aleph$$

Der hebräische Buchstabe Aleph wird zur Bezeichnung von verschiedenen Arten von Unendlichkeit benutzt. Aleph-Null ($\aleph_0$) gibt an, dass, die Menge, obwohl unendlich, wohl abzählbar ist und dass jedes Element der unendlichen Liste also mit ganzen Zahlen aufgezählt werden kann, beginnend bei 1. Auch wenn es unendlich weitergehen kann, wird es immer wieder eine neue Zahl für jedes Element der Liste geben. Zu den aufzählbaren Unendlichkeiten gehören die ganzen Zahlen und die Brüche (rationale Zahlen).

$\aleph_1$ bezeichnet eine nicht abzählbare Unendlichkeit, wie die Menge der reellen Zahlen: unendliche Dezimalzahlen, die unendlich weitergehen und zwischen zwei beliebigen Punkten unendlich viele Punkte haben. Sie sind eine andere Dimension als ganze Zahlen und also nicht abzählbar.

$$\sum_{n=1}^{\infty} \frac{1}{2^n}$$

Der große griechische Buchstabe Sigma bezeichnet eine Summe von Zahlen (s. S. 62). Wenn sich diese Reihe bis ins Unendliche fortsetzt, wird anstelle des Endwertes von n das Unendlich-Symbol über der Reihe geschrieben.

Die Formel oben definiert eine Reihe von Brüchen der Form $\frac{1}{2^n}$, die, wenn sie sich bis ins Unendliche fortsetzt, eine Summe von genau 2 ergibt. Dies sieht man, wenn man zwei Quadrate zeichnet, und Teile der Quadrate mit der Fläche $\frac{1}{2^n}$ für aufeinanderfolgende Werte von n: 1, ½, ¼ und so weiter verschieden einfärbt (s. oben auf der nächsten Seite).

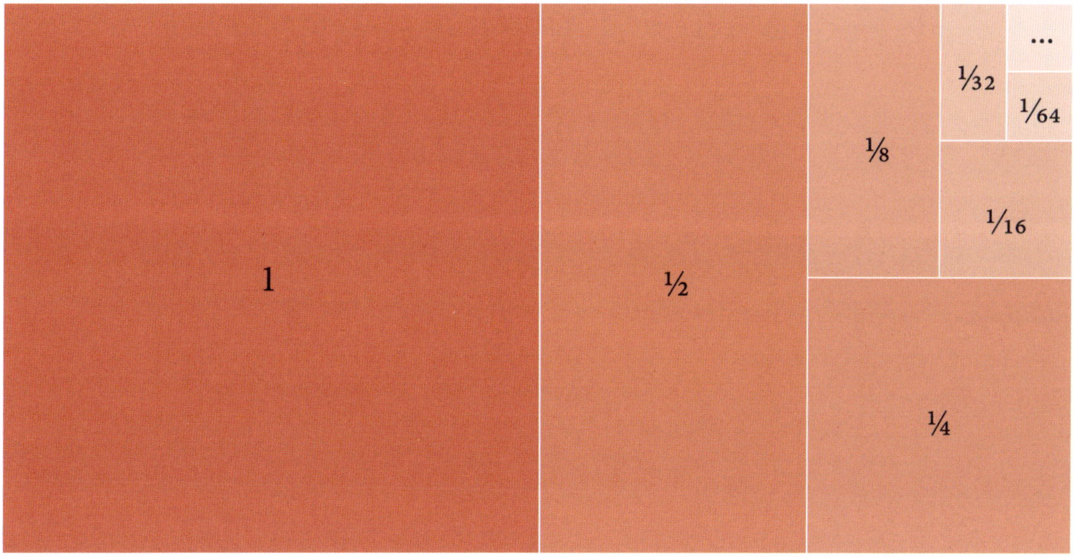

Das Unendlichkeitssymbol wird in der Mathematik auch für Grenzwerte verwendet. Anstatt von einer Unendlichkeit auszugehen, könnten wir auch fragen, welcher Zahl sich der Wert einer Formel annähert, wenn wir den Wert von n erhöhen. Zum Beispiel zeigt die Linie in der Grafik unten, dass der Wert von $1/n$, bei zunehmendem Wert von n sich immer mehr der Null nähert.

▼ Obwohl das Diagramm zeigt, dass sich der Wert von $1/n$ immer mehr Null nähert, wird es Null bei einem endlichen Wert von n niemals erreichen.

▲ Jeder Bereich ist halb so groß wie der vorherige und nimmt die Hälfte der verbleibenden Fläche ein.

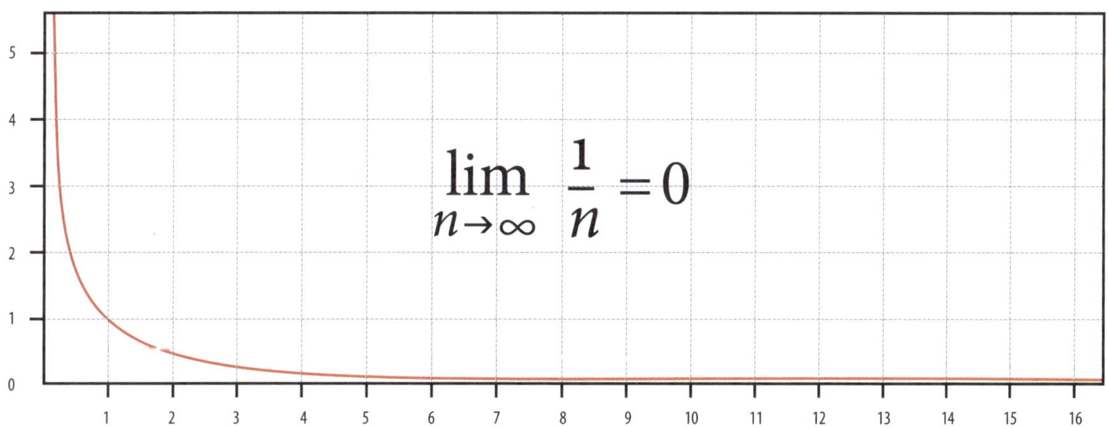

Gleichheiten und Ungleichheiten

Das Gleichheitszeichen ist zweifelsohne eines der bekanntesten Symbole in der Mathematik. Es gehört zu einer Familie von Symbolen, die zeigen, wie sich zwei Dinge zueinander verhalten.

$$=$$

Das Gleichheitszeichen wird für einfache wahrheitsgemäße Aussagen verwendet ($1 + 3 = 4$) oder für eine Beziehung zwischen unbekannten Werten ($2x + 4 = 10$). Zwei Terme, die durch ein Gleichheitszeichen verbunden sind, nennt man eine Gleichung. Das Symbol $\neq$ bedeutet, dass zwei Dinge nicht gleich sind.

Mit einer Gleichung, die zwei Terme verbindet, kann man Ableitungen bilden, indem man die gleiche Operation auf beiden Seiten der Gleichung durchführt. Bei $2x + 4 = 10$ kann man beide Seiten durch 2 dividieren, woraus sich ergibt dass $x + 2 = 5$. Subtrahiert man an beiden Seiten 2, ergibt sich $x = 3$. Diese Art der Umformung ist ein wichtiges Instrument zum Verständnis der Beziehungen zwischen algebraischen Variablen.

$$\propto$$

Das Symbol oben bezeichnet eine proportionale Beziehung zwischen zwei Werten. Wenn zum Beispiel $x \propto y$, bedeutet dies, dass x proportional zu y ist. Wird x größer, steigt also auch der Wert von y. Diese Art der Beziehung wird als direkte Proportionalität bezeichnet; ist $x \propto 1/y$, handelt es sich um eine umgekehrte Proportionalität.

$$\approx$$

Das geschwungene Gleichheitszeichen bedeutet, dass zwei Zahlen ungefähr gleich sind. Da der genaue Wert von π eine unendliche Dezimalzahl ist, können wir $\pi \approx 3{,}14$ schreiben.

Dieses Symbol bedeutet, dass zwei Zahlen äquivalent sind. Es wird vor allem in der modularen Arithmetik verwendet. Der Operator Modulo ergibt die Zahl, die nach der Division als „Rest" übrigbleibt (im Dezimalsystem die Ziffer nach dem Komma). Bei Modulo 5 werden alle Zahlen nach Teilung durch 5 auf ihren Rest reduziert. Es heißt $16 \equiv 1 \bmod 5$, weil von 16 drei ganze Kopien von 5 abgezogen werden können, was einen Rest von 1 ergibt. Das dreizeilige Gleichheitszeichen zeigt modulare Äquivalenz an, denn es wäre falsch $16 = 1$ zu schreiben. Man kann auch Gleichungen damit schreiben, aber es gibt dann mehrere Lösungen: Wenn $x \equiv 2 \bmod 5$ ist, gibt es unendlich viele Lösungen, da $x = 2, 7, 12, 17, \ldots$, die alle richtig sind.

Sie sind sicher gewohnt, Modulo 12 zu arbeiten, denn die Stunden auf einer Uhr werden Modulo 12 angezeigt und bei Umrechnung von der 24-Stunden- in die 12-Stunden-Uhr weiß man, dass $23 \equiv 11 \bmod 12$. Außerdem ist vier Stunden nach 11 Uhr gleich $11 + 4 \equiv 3 \bmod 12$. Die modulare Arithmetik wird vor allem in der Mathematik und Informatik und bei der Analyse algebraischer Strukturen verwendet, wie zum Beispiel von Gruppen.

$\sim$

Dieses Symbol zeigt an, dass zwei Objekte unter einer Äquivalenzrelation äquivalent sind. Der Buchstabe R bezeichnet die Äquivalenzrelation, d. h. eine von beiden geteilte definierte Eigenschaft, (d.h. unter der Bedingung einer Reihe von Regeln, die eine gültige Beziehung definiert). Gleichheit ist eine Äquivalenzrelation, wie „äquivalent Modulo n“ (s. S. 103) oder „die gleiche Augenfarbe“.

Sobald eine Relation definiert ist, kann man eine Menge in Äquivalenzklassen unterteilen (s. S. 95). Wir könnten zum Beispiel aus der Menge Wörter R definieren als die Relation „hat die gleiche Anzahl von Buchstaben“; dann ist Hallo $\sim_R$ Olive (da sie beide fünf Buchstaben haben), aber Fisch $\nsim_R$ Hummer (da die beiden Wörter unterschiedlich lang sind). Die Klassen würden jeweils durch ein Wort mit der gleichen Länge aller Wörter dieser Klasse repräsentiert werden, zum Beispiel, $[a]_R$, $[du]_R$, $[See]_R$, $[Tier]_R$, $[Hallo]_R$, und so weiter.

$\cong$

Dieses Symbol bedeutet Isomorphismus. Dies ist eine Form der Gleichheit für algebraische Objekte wie Gruppen oder Mengen. Sie ist eine Abbildung zwischen zwei mathematischen Strukturen, durch die Teile einer Struktur auf bedeutungsgleiche Teile einer anderen Struktur umkehrbar eindeutig abgebildet werden. Die Gruppe der Symmetrien für die drei Ecken eines Dreiecks, das auf verschiedene Weise gedreht und gewendet wird, ist isomorph zur Anzahl an Möglichkeiten einen Stapel von drei Karten zu mischen.

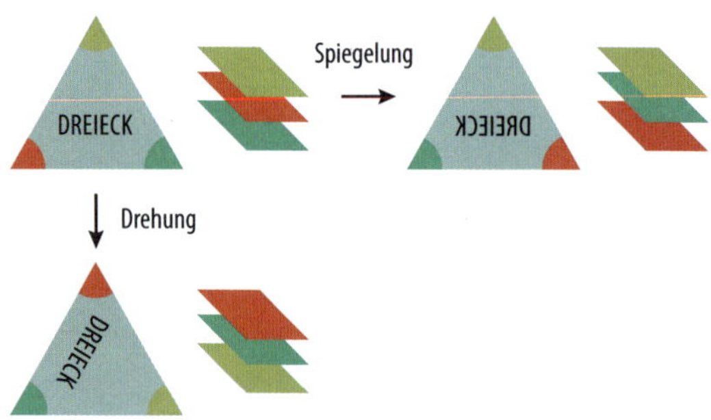

Ungleichheit

Einzelne spitze Klammern bedeuten, dass zwei Ausdrücke ungleich sind. Man nennt dies eine Ungleichung. Dabei kann es sich um einfache Tatsachenbehauptungen ($2 < 4$) oder um Wertebereiche ($x \geq 5$; $0 < y < 4$) handeln. Der nach links zeigende Pfeil bedeutet „kleiner als“ und der nach rechts zeigende Pfeil „größer als“. Die Aussagen werden von links nach rechts gelesen („$x>5$“ bedeutet „x größer 5“). Als Gedächtnisstütze ist es nützlich sich zu merken, dass der Pfeil in beiden Fällen auf den kleineren Wert zeigt.

Das gleiche Symbol mit einem zusätzlichen Strich darunter bedeutet „kleiner gleich“ und „größer gleich“. Das heißt, dass es auch möglich ist, dass beide Seiten gleich sind. Mathematiker verwenden manchmal die Formulierung „kleiner als“, wenn sie dies meinen, und „streng kleiner als“, wenn die beiden Werte nicht gleich sein können, die sogenannte strenge Ungleichung.

Die gleichen Operationen, die für Gleichungen durchgeführt werden, können auch für Ungleichungen durchgeführt werden. Es ändert sich allerdings die Richtung des Ungleichheitszeichens, wenn beide Seiten mit einer negativen Zahl multipliziert oder dividiert werden.

Mengen

Eine Menge ist eine mathematische Struktur, die endlich oder unendlich viele Objekte enthält: die Elemente. Eine Menge kann nur ein Exemplar eines jeden Elements enthalten – keine Duplikate. Das Konzept der Mengen ist von großer Bedeutung, es liegt vielen mathematischen Strukturen zugrunde und erfordert viel Fachnotation.

$\{\}$

Mengen werden mit Klammern oder geschweiften Klammern beschrieben. Man notiert sie als Listen von Elementen, die durch Kommas getrennt werden: $\{1, 2, 3\}$. Sie können auch über eine Eigenschaft definiert werden: $\{x \in \mathbb{Z} : 5 \mid x\}$ ist Kurzform für „die Menge der ganzen Zahlen x, wobei x durch 5 teilbar ist" und ergibt die unendliche Menge $\{5, 10, 15, 20, \ldots\}$. Der Dreipunkt (...) gibt an, dass eine bestimmte Liste von Elementen unendlich ist.

Mengen können auch in anderen Mengen enthalten sein: $\{\{1, 2\},\{3, 4\}\}$ sind Teilmengen einer Menge.

$\in$

Dieses Symbol bedeutet „ist ein Element von" und zeigt an, dass ein einzelnes Objekt ein Element einer Menge ist.

$2 \in \{1, 2, 3\}$ $\qquad$ $4 \notin \{1, 2, 3\}$

$\subset \quad \supset \qquad \subseteq \quad \supseteq$

Diese Symbole zeigen an, dass eine Menge in einer anderen enthalten ist. Die kleinere Menge ist die Teilmenge (Untermenge) der Menge, in der sie enthalten ist, die größere Menge ist eine Obermenge der Teilmenge, die sie umfasst.

Es gibt zwei Versionen dieser Symbole. Das Symbol ohne zusätzlichen unteren Strich zeigt eine echte Teilmenge an, d.h. eine Teilmenge, die der größeren Menge nicht gleich ist. Die Version mit einem zusätzlichen Strich wird verwendet, wenn beide Mengen auch gleich sein können, ähnlich wie der Unterschied zwischen „kleiner“ und „kleiner gleich“ (s. S. 105).

$\{2, 3\} \subset \{1, 2, 3, 4\}$ $\qquad$ $\{A, B, C\} \supset \{A, C\}$

Wichtig: Eine Teilmenge ist etwas anderes als eine kleinere Menge aus Elementen, die ein Element der größeren Menge ist: $\{1, 2\} \in \{\{1, 2\}, \{1, 3\}\}$, aber $\{1, 2\} \not\subset \{\{1, 2\},\{1, 3\}\}$ (wobei das Symbol $\not\subset$ bedeutet „ist keine Teilmenge von“). Es handelt sich nicht um eine Teilmenge, obwohl die Menge, welche $\{1, 2\}$ enthält und $\{\{1, 2\}\}$ geschrieben wird, eine Teilmenge von $\not\subset \{\{1, 2\}, \{1, 3\}\}$ ist.

Ø

Dieses Symbol steht für die leere Menge Ø = { }.

Mengen sind endlich oder unendlich. Bei einer endlichen Menge können die Elemente einer Liste ausgeschrieben werden. Unendliche Mengen werden durch eine Regel definiert oder haben ein sich unendlich fortsetzendes Muster. Ein Beispiel für eine unendliche Menge sind die ganzen Zahlen mit der Formel $\mathbb{Z} = \{1, 2, 3, 4, \ldots\}$.

WISSENSWERT

Die Grundlagen der Mengenlehre wurden von dem Mathematiker Georg Cantor in seinem 1874 veröffentlichten Aufsatz „Über eine Eigenschaft der Sammlung aller reellen algebraischen Zahlen“ dargestellt.

Kombination von Mengen

Wenn wir Mengen definiert haben, können wir sie auf verschiedene Weise kombinieren. Jede mathematische Aussage lässt sich durch die Sprache und Struktur von Mengen formalisieren. Die Mengenlehre liegt vielen mathematischen Logiken und Beweisen zugrunde.

$$\cup$$

Wenn wir zwei Mengen haben, können wir die Vereinigungsmenge bilden: $A \cup B$ enthält alle Elemente aus Menge A und alle Elemente aus Menge B, ohne Duplikate.

$$\{1, 2, 3\} \cup \{2, 4, 6\} = \{1, 2, 3, 4, 6\}$$

$$\cap$$

Die Schnittmenge von zwei Mengen enthält alle Elemente, die in jeder der beiden Mengen enthalten sind.

$$\{1, 2, 3\} \cap \{2, 4, 6\} = \{2\}$$

$$\setminus$$

Ein Schrägstrich bezeichnet die Differenzmenge. Die Differenzmenge $A \setminus B$ ist die Menge aller Elemente, die in A und nicht in B vorhanden sind (manchmal „A ohne B“ genannt).

$$\{1, 2, 3\} \setminus \{1, 4\} = \{2, 3\}$$

$$\times$$

Das Kartesische Produkt von A und B, geschrieben $A \times B$, ist die Menge geordneter Paare (a, b), wobei a ein Element von A und b ein Element von B ist.

$$\{1, 2\} \times \{x, y\} = \{(1, x), (1, y), (2, x), (2, y)\}$$

$$B^c$$

Wenn eine Menge Teilmenge einer größeren Menge A ist, nennen wir die Differenz zwischen der Menge und der größeren Menge, die sie enthält, das Komplement von B (in A), geschrieben B^c.

$$\mathcal{P}(A)$$

P(A) bezeichnet die Potenzmenge von A, also die Menge aller möglichen Teilmengen von A beliebiger Größe.

$$P(\{1, 2\}) = \{ \{\}, \{1\}, \{2\}, \{1, 2\} \}$$

$$\triangle$$

$A \triangle B$ (oder manchmal $A \ominus B$) bezeichnet die symmetrische Differenz zweier Mengen. Sie enthält alle diejenigen Elemente, die in nur einer der beiden Mengen enthalten sind

$$\{1, 2, 3\} \triangle \{2, 3, 4\} = \{1, 4\}$$

Sie kann auch folgendermaßen geschrieben oder berechnet werden: $A \triangle B = (A \cup B) \setminus (A \cap B)$.

Für weitere Möglichkeiten zur Visualisierung von Mengenkombinationen, s. S. 188, Venn-Diagramme.

Logik und Beweis

Mathematische Logik ist eine Methode zum Formalisieren von Aussagen und Definieren von Beziehungen; sie enthält Mengenlehre, Beweistheorie und formale Semantik. Symbole können logische Aussagen beschreiben und Beweise strukturieren.

Aussagen in der Logik werden „Prädikate“ genannt und können auf verschiedene Weise kombiniert werden. Wenn wir bei einer Menge von Objekten die Objekte mit x bezeichnen, können wir das Prädikat rot(x) definieren, was bedeutet „x ist rot“.

$\forall$

Das umgedrehte A-Symbol bedeutet „für alle“. Es erlaubt uns Aussagen wie $\forall x$ rot(x), „für alle x, x ist rot“ oder „alle Objekte sind rot“.

$\exists$

Dieses Symbol bedeutet „es existiert“ und erlaubt uns Aussagen wie $\exists x$ rot(x): „Es gibt ein x, für das x = rot gilt“ oder „Es gibt mindestens ein x, das rot ist.“ Wir verwenden $\nexists$, um zu sagen, „Es existiert kein“.

Beweise

In mathematischen Beweisen verwenden wir manchmal Symbole, um Aussagen miteinander zu verbinden oder zu verdeutlichen. Zu den üblichen Symbolen gehören:

$\therefore$ deshalb

$\because$ weil

↯ oder ⨳

Die letzten beiden Symbole zeigen einen Widerspruch an, was bedeutet, dass eine frühere Annahme falsch sein muss.

■

Das q.e.d.- oder „Grabstein"-Symbol steht oft am Ende eines Beweises und schließt die Beweisführung ab.

☡

Das Symbol für „gefährliche Wendung" wurde von Bourbaki eingeführt, um anzugeben, dass der nächste Schritt eines Beweises schwierig ist.

$$\neg$$

Dieses Symbol (und manchmal auch ~ oder !) bedeutet „nicht", und negiert den Wahrheitswert einer Aussage, z. B. $\forall x \neg \text{rot}(x)$, „für alle x gilt x ist nicht rot", oder „alle Objekte sind nicht rot".

$$\wedge \vee$$

Diese Symbole werden für logische Konjunktionen und Disjunktionen verwendet – sie stehen für „und" und „oder". Also bedeutet $\forall x\ (\text{rot}(x) \vee \text{blau}(x))$ „für alle x, x ist rot oder x ist blau", oder „Alle Objekte sind entweder rot oder blau".

$$\Rightarrow$$

Doppellinienpfeile zeigen an, dass eine Aussage eine andere logisch impliziert. $\forall x\ \text{rot}(x) \Rightarrow \exists x\ \text{rot}(x)$ bedeutet: „Wenn alle Objekte rot sind, dann gibt es mindestens ein rotes Objekt." Wenn die Implikation in beide Richtungen funktioniert, hat der Pfeil zwei Enden, bekannt als „wenn und nur wenn" ($\Leftrightarrow$).

$$\top \bot$$

Diese Symbole bezeichnen eine Tautologie ($\top$, manchmal auch 1 oder T): etwas, was definitiv wahr ist, und einen Widerspruch ($\bot$, auch als 0 oder F bezeichnet): etwas, was definitiv falsch ist.

Arten von Zahlen

In der Mathematik werden viele Arten Zahlen erforscht. Einige sind bekannt, wie die im Alltag verwendeten Zahlen, andere reichen in den vierdimensionalen Raum. Zahlentypen werden in den meisten Schriftarten mit „doublestruck“, „blackboard bold“ und den Großbuchstaben des Alphabets notiert.

$$\mathbb{N}$$

Die Menge der natürlichen Zahlen, d. h. der ganzen positiven Zahlen, die zum Zählen verwendet werden, wird mit $\mathbb{N}$ bezeichnet. Die Null wird nicht zu den natürlichen Zahlen gezählt. Natürliche Zahlen sind eine abzählbar unendliche Menge.

$$\mathbb{Z}$$

Die Menge der ganzen Zahlen wird mit $\mathbb{Z}$ bezeichnet und umfasst sowohl positive als auch negative ganze Zahlen und 0. Sie ist eine abzählbar unendliche Menge.

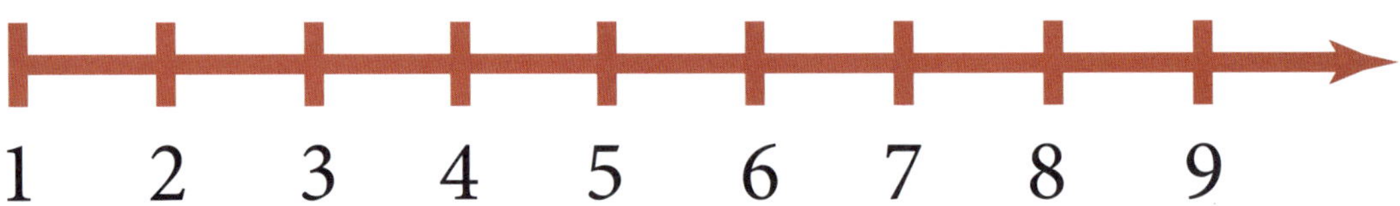

$\mathbb{Q}$

Die Menge der rationalen Zahlen die als Bruch ausgedrückt werden können, wird mit $\mathbb{Q}$ bezeichnet. Sie umfasst alle ganzen Zahlen und alles, was sich als Bruch mit einer ganzen Zahl oben und unten schreiben lässt. Sie ist eine abzählbar unendliche Menge.

$\mathbb{R}$

$\mathbb{R}$ bezeichnet die Menge der reellen Zahlen. Die reellen Zahlen liegen auf einer unendlichen Zahlengeraden und umfassen die ganzen Zahlen, Brüche und alles, was dazwischen liegt. $\mathbb{R}$ ist eine nicht abzählbare unendliche Menge, jedes Intervall von $\mathbb{R}$ ist von endlicher Länge, wie zum Beispiel (0,1).

$\mathbb{C}$

Die Menge der komplexen Zahlen wird mit $\mathbb{C}$ bezeichnet. Komplexe Zahlen sind eine Erweiterung der reellen Zahlen in eine zweidimensionale Ebene, unter Verwendung der komplexen Einheit i (s. S. 30). Jede komplexe Zahl hat einen Realteil – einfach eine reelle Zahl – und einen Imaginärteil, eine reelle Zahl multipliziert mit i.

Die Zahlen in $\mathbb{C}$ haben die Form a + bi, wobei a und b reelle Zahlen sind. Sie lassen sich wie reelle Zahlen mit der zusätzlichen Regel $i^2 = -1$ addieren und multiplizieren. Zum Beispiel:

$(2+3i) + (4-5i) = 2 + 4 + 3i - 5i = 6 - 2i$

$(3+4i) \times (1+i) = 3 + 4i + 3i + 4i^2 = 3 + 7i - 4 = 7i - 1.$

Einige Gleichungen, wie z. B. $x^2 + 1 = 0$, haben keine Lösungen in den reellen Zahlen, können aber in der komplexen Ebene gelöst werden. Komplexe Zahlen werden vor allem in der Technik, Physik und Elektrotechnik verwendet.

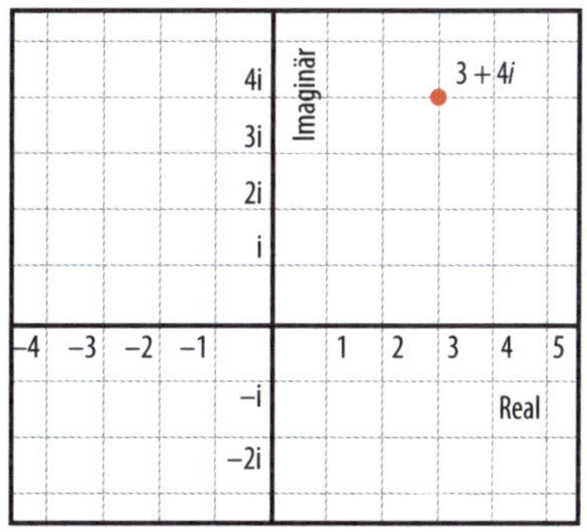

▲ Die komplexe Ebene ist zweidimensional, mit reellen Zahlen auf der horizontalen Achse und imaginären Zahlen (Vielfache von i) auf der vertikalen Achse.

$\mathbb{H}$

Quaternionen werden mit $\mathbb{H}$ bezeichnet. Sie können den Zahlenbereich der reellen Zahlen erweitern, dieses Mal in den vierdimensionalen Raum.

Die drei grundlegenden Quaternionen sind i, j und k. Quaternionen werden geschrieben: a + bi + cj + dk, mit den Regeln $i^2 = j^2 = k^2 = ijk = -1$. Daraus lassen sich weitere Regeln ableiten, wie zum Beispiel ij = k und ji = -k. Quaternionen werden vor allem für Berechnungen von Rotationen im dreidimensionalen Raum verwendet (s. S. 208).

Statistik

Die Statistik beschäftigt sich mit dem Erfassen und Auswerten von Daten und ermöglicht es, dass die Ergebnisse einer Analyse kleiner Gruppen auf größere Populationen übertragen werden. Die Statistik wird auch zur Analyse experimenteller Ergebnisse verwendet, sie hat ihre eigene spezielle Notation und Symbole.

μ

Der griechische Buchstabe μ (mü) bezeichnet den Mittelwert eines Datensatzes. Er wird berechnet, indem alle Werte aus einem Datensatz addiert und durch die Anzahl der Werte geteilt werden.

Der Mittelwert der Werte 2, 3, 3, 4, 8 und 10 ist also die Summe dieser Werte (2 + 3 + 3 + 4 + 8 +10 = 30) geteilt durch die Anzahl Werte (6), also 30 ÷ 6 = 5.

Der Mittelwert ist ein Indikator für die „Mitte“ eines Datensatzes, obwohl Datensätze auch extreme Werte enthalten können, die weit vom Mittelwert entfernt sind. Der Mittelwert einer Stichprobe einer größeren Grundgesamtheit wird mit x („$\bar{x}$ quer“) bezeichnet, im Gegensatz zum „wahren Mittelwert“ der Grundgesamtheit.

σ

Der griechische Buchstabe σ (Sigma), oder SD, bezeichnet die Standardabweichung eines Datensatzes. Er wird ermittelt durch Berechnung der Abstände der einzelnen Datenpunkte zum Mittelwert, Quadrierung der Werte, Addition und Mittelwertbildung sowie zuletzt Quadratwurzelbildung. Ein Beispiel mit demselben Datensatz wie zuvor:

Wert	**Abstand zum Mittelwert**	**Quadratwurzel dieses Wertes**
2	3	9
3	2	4
3	2	4
4	1	1
8	3	9
10	5	25

Summe der Quadrate der Abstände: 52

Quadratischer Mittelwert der Abstände: 52 ÷ 6 ≈ 8,66

Standardabweichung: $\sqrt{8{,}66} \approx 2{,}94$

Die Standardabweichung dieser Menge beträgt $\sqrt{8{,}66}$, etwa 2,94. Die Standardabweichung zeigt die Streuung in einem Datensatz an. Wenn die Werte nahe am Mittelwert liegen, ist sie kleiner als bei breiterer Wertestreuung.

Wie beim Mittelwert wird auch hier zwischen der wahren Standardabweichung eines Datensatzes σ und der Standardabweichung einer Stichprobenmenge klein s unterschieden.

$$\mathcal{N}(\mu, \sigma^2)$$

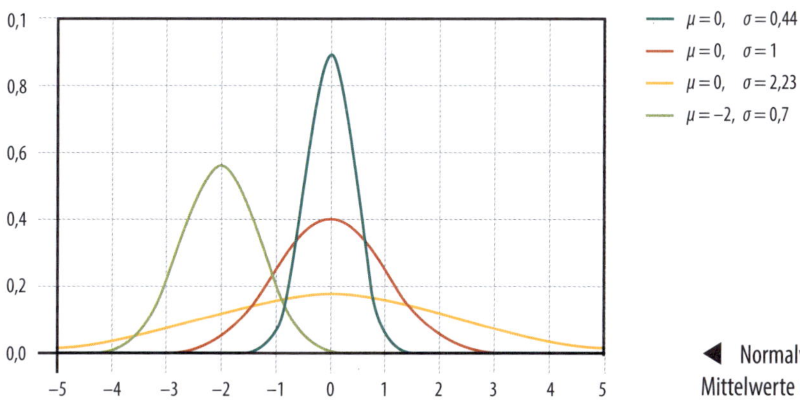

◀ Normalverteilung für verschiedene Mittelwerte und Standardabweichung

Die Normalverteilung wird mit N bezeichnet und zeigt die erwartete Verteilung von Werten in einem Datensatz. Viele Arten von Daten folgen dieser Verteilung, zum Beispiel Messungen natürlicher Größen wie Große oder Blutdruck, die Dicke von Baumrinde, aber auch zufällige Prozesse wie die Position von Teilchen bei Diffusionsprozessen. Die Normalverteilung kann für statistische Prognosen verwendet werden.

Die Normalverteilung hat die Form einer Glockenkurve. Der Mittelwert ist der höchste Punkt und die Standardabweichung bestimmt die Ausdehnung der Fläche unter der Kurve.

Die Standardnormalverteilung, die dicke rote Linie im obigen Diagramm, hat $\mu = 0$ und $\sigma = 1$.

Geometrie

Die Geometrie ist die Wissenschaft der Formen und eines der ältesten Teilgebiete der Mathematik. Grundlegende Begriffe der Geometrie sind Punkte, Linien, Ebenen, Abstände und Winkel. Für geometrische Konstruktionen und Objekte werden spezielle Zeichen verwendet.

$\triangle$

Dieses Symbol bezeichnet ein Dreieck. Es wird oft gefolgt von drei Punkten, die die Ecken des Dreiecks bilden. Ein Dreieck mit den Punkten A, B und C wird als $\triangle$ABC bezeichnet.

$\overline{AB}$

Die Linie zwischen den Punkten A und B wird als $\overline{AB}$. geschrieben. Die Länge dieser Linie nennt man den Abstand AB.

$\angle$

Ein Winkel kann durch drei Punkte definiert werden: den Punkt, an dem der Winkel liegt und zwei Punkte auf den vom Winkel ausgehenden Linien. Wenn zum Beispiel eine Linie von A nach B und dann durch einen Winkel nach C verläuft, wird sie wie folgt dargestellt: $\angle$ABC, oder $\hat{B}$ (B Hut).

$\perp \parallel$

Mit diesen Symbolen werden zwei Linien bezeichnet, die senkrecht (im rechten Winkel zueinander) oder parallel zueinander stehen. Wir schreiben $\overline{AB} \perp \overline{CD}$ um anzugeben, dass die Linie zwischen A und B senkrecht auf der Linie zwischen C und D steht – und $\overline{AB} \parallel \overline{CD}$ um anzugeben, dass diese beiden Linien parallel verlaufen.

°

Der kleine hochgestellte Kreis ist nicht nur das Symbol für Grad auf einer Temperaturskala, sondern kann auch Winkel in Grad angeben. Eine volle Drehung beträgt 360°, ein rechter Winkel 90°. Der Winkelgrad ist jedoch nicht der mathematische Standard, die SI-Einheit für Winkel ist der Radiant, abgekürzt rad oder ein nachgestelltes „c“ (^{c}). Der Radiant ist der Winkel eines Kreissegments, der durch die Länge des entsprechenden Kreisbogens im Einheitskreis angegeben wird. Ein π^c beträgt 180° und eine volle Umdrehung sind $2\pi^c$.

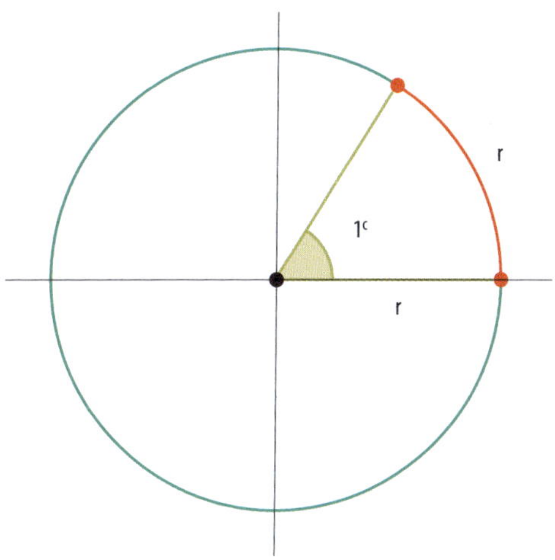

▲ Ein Radiant ist der Winkel eines Kreissegments mit einer Bogenlänge gleich dem Radius.

∟

Dieses Symbol und seine Variationen stellen einen rechten Winkel dar (90°, oder ${}^{\pi}\!/_{2}{}^{c}$).

≅

In der Geometrie bedeutet dieses Symbol, dass zwei Formen kongruent sind (sie haben die gleiche Form und Größe). Das gleiche Symbol steht für Isomorphie (s. S. 104).

~

In der Geometrie bezieht sich die Tilde (~) auf die Ähnlichkeit zweier Formen. Sie haben die gleiche Form, aber eine unterschiedliche Größe. Dafür müssen sie nach Operationen wie Spiegelung, Drehung usw. durch Streckung mit demselben Maßstab in alle Richtungen ineinander überführbar sein.

Infinitesimalrechnung

Die Infinitesimalrechnung ist die mathematische Analyse von Veränderungen. In der Mathematik, Physik und Technik dient sie dazu, physikalische Systeme zu verstehen und zu modellieren. Sie basiert auf zwei grundlegenden Operationen: Differenzierung, d. h. die Bestimmung der Geschwindigkeit eines Prozesses, und Integration, die Umkehrung dieses Prozesses.

Die Ausgangspunkte der Infinitesimalrechnung wurden unabhängig voneinander etwa gleichzeitig von verschiedenen Wissenschaftlern entwickelt, darunter Isaac Newton, Joseph-Louis Lagrange, Leonhard Euler und Gottfried Leibniz. Dadurch gibt es mehrere Versionen der Notation, die an verschiedenen Orten und in verschiedenen Kontexten benutzt werden.

Differenzierung

Bei einer Funktion f ergibt deren Ableitung die Änderungsrate der Funktion in jedem Punkt. In einem Diagramm kann dies als die Steigung einer Tangente an diesem Punkt des Graphen interpretiert werden.

▼ Die Ableitung an einem Punkt ist die Steigung einer Tangente, die die Kurve an diesem Punkt berührt.

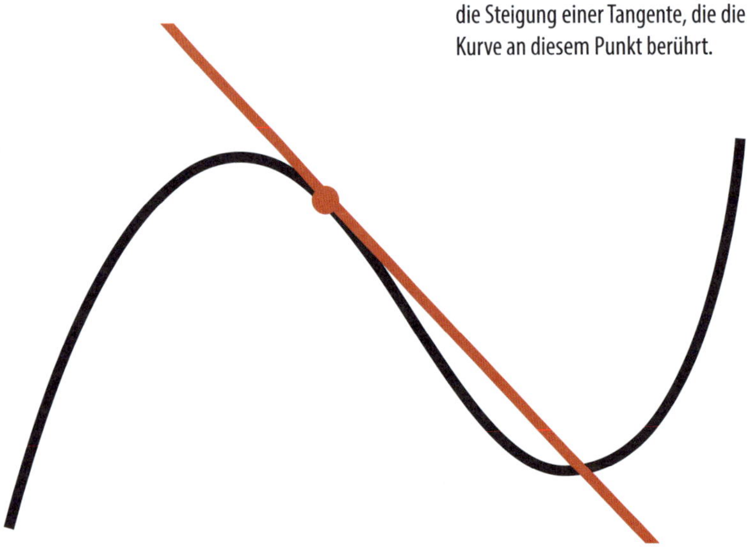

$$f'(x) \quad {}^{\mathrm{d}f}/_{\mathrm{d}x} \quad \dot{f}(x) \quad \mathrm{D}f(x)$$

Für eine Funktion f(x) kann die Ableitung auf verschiedene Weise notiert werden.

Notierung	Ausgesprochen	Nach	Ableitung	Verwendung
$f'(x)$	„f-Strich von x"	Lagrange	f'' (zweite) f'''. usw., bis $f^{(n)}(x)$	Eine der üblichsten Notierungen,
$\mathrm{d}f/\mathrm{d}x$	„df durch dx"	Leibniz	Potenzen von d und x ${}^{\mathrm{d}^2f}/_{\mathrm{d}x^2}$ und so weiter	Ermöglicht die Spezifikation der Variable nach der differenziert wird, was für die partielle Differenzierung von mehrdimensionalen Funktionen nützlich ist, um die Steigung in nur einer Richtung zu ermitteln.
$\dot{f}(x)$	„f Punkt"	Newton	Mehr Punkte, $\ddot{f}(x)$, und so weiter	Diese Notation wird meistens verwendet, wenn f eine Zeitfunktion ist, wie bei der Modellierung physikalischer Systeme.
$\mathrm{D}f(x)$	„Df"	Euler	Potenzen von D: $\mathrm{D}^2f(x)$, und so weiter	Sehr nützlich bei der Formulierung und Lösung linearer Differentialgleichungen, da sie die Differenzierung als Operator behandelt.

Für einfache Polynomfunktionen mit einer einzigen Variablen kann die Differenzierung durchgeführt werden, indem man die Potenz, auf die ein Term angehoben wird, mit dieser Potenz multipliziert und dann um 1 reduziert.

$$f(x) = 3x^4 \Rightarrow \frac{\mathrm{d}f}{\mathrm{d}x} = 12x^3$$

Dies kann Term für Term angewendet werden, wenn die Funktion aus einer Summe mehrerer Potenzen von x besteht.

$$f(x) = ax^m + cx^n \Rightarrow \frac{\mathrm{d}f}{\mathrm{d}x} = amx^{m-1} + cnx^{n-1}$$

Wenn die Potenz von x bereits 0 ist, verschwindet der Term. Dieses Verfahren lässt sich durch besondere Regeln und Methoden auf jede differenzierbare Funktion erweitern, einschließlich Funktionen, die keine Polynome sind.

Integration

Die Umkehrung der Differenzierung ist die Integration, manchmal auch Antidifferenzierung genannt. Das Integral einer Funktion zwischen zwei Grenzwerten ergibt die Fläche unter dem Graphen der Funktion zwischen diesen beiden Grenzwerten.

Die Standardschreibweise für die Integration ist ein verlängertes S, das noch von Leibniz stammt und das der Funktion mit der Integrationsvariablen vorangestellt wird.

$$\int_a^b f(x)\,dx$$

Grundsätzlich kann man sich Integration als Aufteilung der Fläche unterhalb der Kurve in vertikale Streifen und die Messung der Höhe der Kurve in der Mitte eines jeden Streifens vorstellen. Die Fläche wird durch Addition der Flächen der Rechtecke ermittelt. Mit dem Integral wird die Fläche in unendlich viele Rechtecke mit der Breite Null aufgeteilt, was die genaue Fläche ergibt.

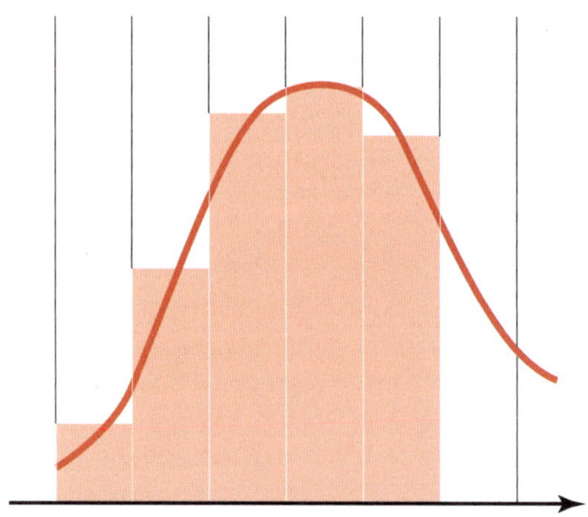

Hier sehen wir zwischen a und b das Integral von $f(\boldsymbol{x})$ in Bezug auf x, den schattierten Bereich im Diagramm unten.

Diese Notation wurde sowohl von Leibniz als auch von Lagrange verwendet, obwohl die Lagrange-Notation auch mit negativen Potenzen in Klammern arbeitet: $f^{(-1)}(x)$ und so weiter. Euler verwendete negative Potenzen von D, um Integration anzugeben: $D^{-1}f(x)$.

▼ Der schattierte Bereich unterhalb der Kurve ist das Integral von $f(\boldsymbol{x})$ zwischen a und b.

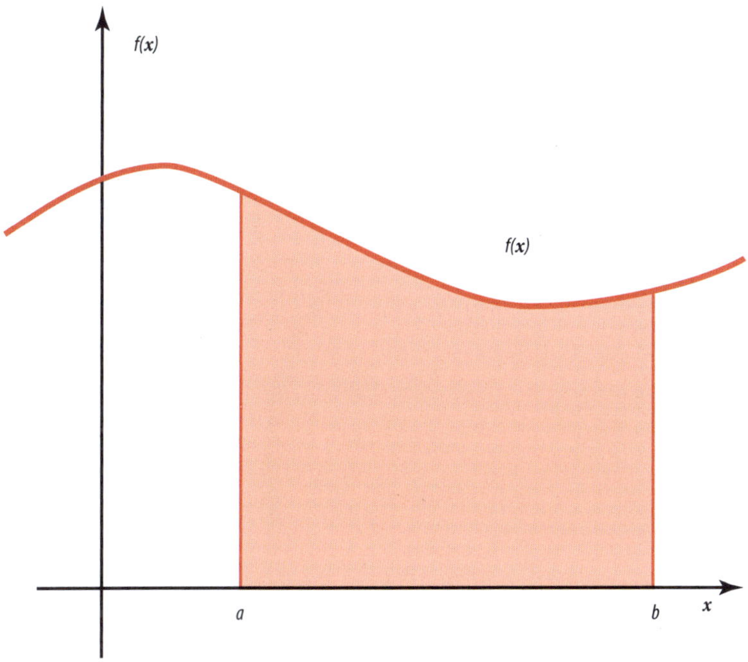

Newton hatte mit einem Markierungsstrich über der Funktion anstelle eines Punktes eine eigene Notation für Integrale. Diese Notation hat sich aber nicht allgemein durchgesetzt.

$$\acute{f}\,(x)$$

Die Integration eines Polynoms ist einfach. Man addiert eins zur Potenz, dann dividiert man den Koeffizienten durch die neue Potenz. In den meisten Fällen muss eine Konstante (C) hinzugefügt werden, da jeder konstante Term beim Differenzieren verschwindet.

$$\int 6x^2\,dx = 2x^3 + C$$

Matrizen

Eine Matrix ist eine wichtige Tabellenform. Matrizen sind Gitternetze mit in Zeilen und Spalten angeordneten Zahlen, die ein mathematisches Objekt, eine Transformation oder eine Struktur darstellen können. Matrizen finden vielfältige Anwendung in der Mathematik und werden in einer standardisierten Form notiert.

$$A = \begin{pmatrix} a_{11} & a_{12} & \cdots & a_{1n} \\ a_{21} & a_{22} & \cdots & a_{2n} \\ \vdots & \vdots & \ddots & \vdots \\ a_{m1} & a_{m2} & \cdots & a_{mn} \end{pmatrix}$$

Die Anatomie einer Matrix

Matrizen bestehen aus in Zeilen und Spalten angeordneten Zahlen, die in der Regel mit großen eckigen oder runden Klammern dargestellt werden. Eine Matrix mit *m* Zeilen und *n* Spalten wird m-mal-n (oder m×n)-Matrix genannt, die Einträge werden mit ihrer Zeilen- und Spaltennummer, meistens *i* und *j*, bezeichnet.

Das Symbol für eine Matrix ist meistens ein M oder A, die Einträge innerhalb einer Matrix M werden als m[i,j] oder m_{ij} bezeichnet. Ein Eintrag in der dritten Zeile und zweiten Spalte der Matrix M wird $m_{3,2}$ geschrieben (mit einem Komma um die Trennung zwischen den Zahlen anzugeben).

Wenn Matrizen gleich groß sind, können die Einträge aus zwei Matrizen addiert werden. Eine Matrix wird durch eine reelle Zahl *n* skaliert, indem alle Einträge mit *n* multipliziert werden. Das Produkt von zwei Matrizen A und B wird als AB bezeichnet, die Matrixmultiplikation ist wie folgt definiert (für eine 2 x 2-Matrix):

$$\begin{pmatrix} a & b \\ c & d \end{pmatrix} \begin{pmatrix} e & f \\ g & h \end{pmatrix} = \begin{pmatrix} ae + bg & af + bh \\ ce + dg & cf + dh \end{pmatrix}$$

Um den Wert in der n-ten Zeile und m-ten Spalte zu ermitteln, werden die Werte der n-ten Zeile der ersten Matrix mit der m-ten Spalte der zweiten Matrix kombiniert. Will man also in diesem 2-mal-2-Beispiel den Wert in der ersten Zeile und ersten Spalte errechnen, kombiniert man die erste Zeile (a,b) mit der ersten Spalte (e,g) und erhält ae + bg.

Bei einer Matrixmultiplikation muss die Zeilenzahl in der ersten Matrix genau so groß sein wie die Spaltenzahl in der zweiten Matrix.

Die Matrixmultiplikation ist nicht kommutativ, d.h., die Reihenfolge der Matrizen darf bei der Produktbildung nicht vertauscht werden. Bei zwei Matrizen A und B ist die Regel $AB \neq BA$.

Typen von Matrizen

Eine Matrix mit nur einer Zeile oder Spalte wird Vektor genannt. Eine m-mal-1-Matrix nennt man einen Spaltenvektor, eine 1-mal-n-Matrix einen Zeilenvektor. Für weitere Informationen über Vektoren s. S. 126.

$$\begin{pmatrix} 2 & 7 & 2 \end{pmatrix} \qquad \begin{pmatrix} 4 \\ 1 \\ 8 \end{pmatrix}$$

Eine quadratische Matrix hat die gleiche Anzahl Zeilen und Spalten: Bei einer m-mal-n-Matrix ist also m = n

$$I_n$$

Eines großes I, manchmal mit einer tiefgestellten Zahl, bezeichnet die Einheitsmatrix, die aus einer quadratischen Matrix von Nullen und Einsen entlang der Diagonalen besteht. Dies hat die gleiche Funktion wie die 1 in den reellen Zahlen, also MI = IM = M.

$$I_2 = \begin{pmatrix} 1 & 0 \\ 0 & 1 \end{pmatrix}$$

$$M^T$$

Eine n-mal-m-Matrix M kann in eine transponierte M^T transportiert werden, indem man die Zeilen der Matrix M als Spalten schreibt, sodass eine m-mal-n-Matrix entsteht.

$$\begin{pmatrix} 4 & 1 & 8 \\ 0 & -6 & 7 \end{pmatrix}^T = \begin{pmatrix} 4 & 0 \\ 1 & -6 \\ 8 & 7 \end{pmatrix}$$

Eigenschaften von Matrizen

$$\det(A)$$

Die Determinante einer Matrix, det(A), ist eine Zahl, die aus ihren Einträgen berechnet werden kann. Sie wird wie folgt berechnet:

$$\det \begin{pmatrix} a & b \\ c & d \end{pmatrix} = ad - bc$$

Diese Definition kann auch auf größere Matrizen ausgeweitet werden.

$$M^{-1}$$

Die Inverse einer quadratischen Matrix M (M^{-1}) ist eine quadratische Matrix, die mit der Ausgangsmatrix multipliziert die Einheitsmatrix ergibt, d. h. $MM^{-1} = I$. Für eine 2-x-2-Matrix A ist die Berechnung:

$$A = \begin{pmatrix} a & b \\ c & d \end{pmatrix} \Rightarrow A^{-1} = \frac{1}{det(A)} \begin{pmatrix} d & -b \\ -c & a \end{pmatrix}$$

Diese Methode lässt sich auf größere quadratische Matrizen erweitern. Die Inverse einer Matrix ist nur dann wohl definiert, wenn die Determinante der Matrix nicht Null ist, sonst ergibt 1/det(A) keinen sinnvollen Wert.

Matrizen als geometrische Transformationen

Ein Punkt im n-dimensionalen Raum, geschrieben als n-mal-1-Spaltenvektor, kann links mit einer Matrix multipliziert werden. Damit kann eine Transformation auf den Punkt angewendet werden. Wenn wir zum Beispiel die Matrix M $=\begin{pmatrix} 2 & 0 \\ 0 & 2 \end{pmatrix}$ auf den Punkt $p = \begin{pmatrix} 1 \\ 2 \end{pmatrix}$ im zweidimensionalen Raum, anwenden, erhalten wir:

$$\begin{pmatrix} 2 & 0 \\ 0 & 2 \end{pmatrix} \begin{pmatrix} 1 \\ 2 \end{pmatrix} = \begin{pmatrix} 2 \\ 4 \end{pmatrix}$$

Die Matrix M skaliert die Ebene und verdoppelt den Abstand eines jeden Punktes vom Ursprung, womit man den Punkt $\begin{pmatrix} 2 \\ 4 \end{pmatrix}$ erhält.

Auch komplexere Transformationen, einschließlich Streckung und Scherung, lassen sich mithilfe von Matrizen definieren. Die in der rechten Abbildung gezeigte Transformation wird durch diese Matrix erzeugt:

$$\begin{pmatrix} 2 & 1 \\ 1 & 1 \end{pmatrix}$$

Eigenwerte und Eigenvektoren

Eigenwerte und Eigenvektoren beschreiben, wie sich eine Matrix als geometrische Transformation verhält. Die Eigenvektoren geben die beiden Hauptrichtungen an, in die sich die Matrix ausdehnt, wie in der Abbildung unten dargestellt. Die Eigenwerte, bezeichnet durch den griechischen Buchstaben Lambda (λ), geben an, wie weit sie sich in jede dieser beiden Richtungen streckt.

Die Eigenwerte für die Matrix $\begin{pmatrix} 2 & 1 \\ 1 & 1 \end{pmatrix}$ betragen $\frac{1}{2}(3 \pm \sqrt{5})$ – ungefähr 2,61803 (nach oben und rechts) und 0,381966 (nach unten und nach rechts). Ein Wert kleiner als 1 bedeutet Quetschung statt Streckung.

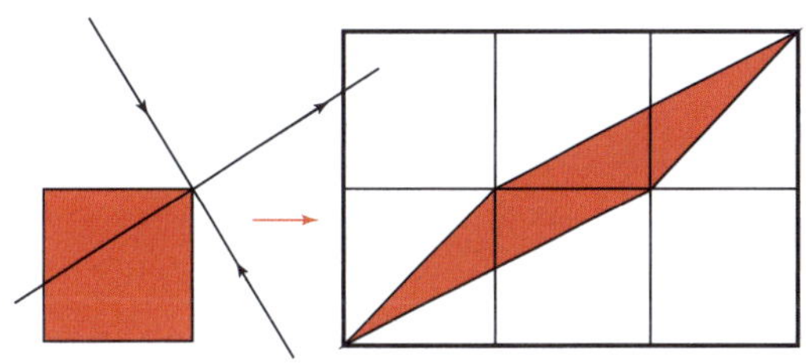

Vektoren

Vektoren sind ein wichtiges Konzept in Mathematik und Physik. Ein Vektor ist wie ein Pfeil im n-dimensionalen Raum, der mit einer bestimmten Länge in eine Richtung zeigt. Es gibt verschiedene Notierungsweisen für Vektoren und verschiedene Arten, sie zu kombinieren.

$$(1, 0, 0) \quad \begin{pmatrix} 1 \\ 2 \end{pmatrix}$$

Vektornotation
Zur Beschreibung von Vektoren notiert man einfach den Betrag ihrer Bewegung in jeder der Koordinatenrichtungen. Vektoren lassen sich als eine einzelne Zeile oder einzelne Spalte schreiben, abhängig vom Kontext. Die Anzahl an Einträgen im Vektor entspricht der Anzahl an Dimensionen des Raumes.

$$\mathbf{V} \quad \vec{V} \quad \underline{V}$$

Um zu zeigen, dass ein Buchstabe einen Vektor symbolisiert, wird der Buchstabe fett gedruckt oder auf der Oberseite mit einem Pfeil versehen. In der handgeschriebenen Mathematik werden Vektoren auch oft durch eine Unterstreichung gekennzeichnet.

$$\hat{\mathbf{V}}$$

Ein Caret-Symbol, genannt „Dach“, bezeichnet einen Einheitsvektor mit der Länge 1.

$$\hat{\mathbf{i}} = (1, 0, 0) \quad \hat{\mathbf{j}} = (0, 1, 0) \quad \hat{\mathbf{k}} = (0, 0, 1)$$

In drei Dimensionen werden die Einheitsvektoren, die entlang jeder der drei Koordinatenachsen zeigen, als Basisvektoren bezeichnet. Keiner von ihnen ist ein Vielfaches eines anderen, und alle anderen Vektoren lassen sich als Kombination dieser Vektoren ausdrücken. Zum Beispiel: $(2, 3, 0) = 2\hat{\mathbf{i}} + 3\hat{\mathbf{j}}$.

$$\vec{0}$$

Der Nullvektor hat den Wert (0, 0, ..., 0) und entspricht einer nicht stattfindenden Bewegung.

Operationen mit Vektoren

$$a\vec{u}$$

Beim Arbeiten mit Vektoren wird ein einzelner reeller numerischer Wert als Skalar bezeichnet. Dieser kann mittels Skalarmultiplikation mit einem Vektor kombiniert werden. Dazu wird jeder Eintrag im Vektor mit dem Skalar multipliziert.

$$\langle \vec{u}, \vec{v} \rangle = \vec{u} \cdot \vec{v}$$

Das innere Produkt von zwei Vektoren, auch Punktprodukt genannt, liefert einen Skalarwert. Dieser stellt den Grad dar, in dem die beiden Vektoren in dieselbe Richtung zeigen. Wenn zwei Vektoren im rechten Winkel zueinander stehen, ist ihr inneres Produkt gleich Null.

Dies wird durch Multiplikation jedes Paars von Elementen aus den beiden Vektoren errechnet, das Ergebnis wird addiert:
$(1, 2, 3) \cdot (4, 5, 6)$
$= (1 \times 4) + (2 \times 5) + (3 \times 6) = 32$

$$\vec{u} \times \vec{v} \qquad \vec{u} \wedge \vec{v}$$

Das Kreuzprodukt zweier Vektoren im dreidimensionalen Raum ist ein Vektor, der im rechten Winkel zu beiden Vektoren steht (das ist senkrecht zur Ebene, die von den beiden Vektoren definiert wird), und dessen Länge der Fläche des Parallelogramms zwischen den beiden Vektoren, die durch die zwei Seitenlängen bestimmt wird, entspricht.

In der Physik und für Vektoren in mehr als drei Dimensionen wird anstelle eines Kreuzes das „Keil"-Produktsymbol verwendet (manchmal auch äußeres Produkt genannt).

Tangentenvektoren und Normalenvektoren

Bei einer Kurve oder Fläche kann man einen Tangentenvektor an einem Punkt p so definieren, dass er die Richtung der Kurven zu diesem Punkt zeigt.

Der Normalenvektor steht an diesem Punkt senkrecht zum Tangentenvektor. Auf einer dreidimensionalen Fläche gibt es an jedem Punkt eine Tangentialebene, die mehrere Vektoren, aber nur einen Normalenvektor enthält.

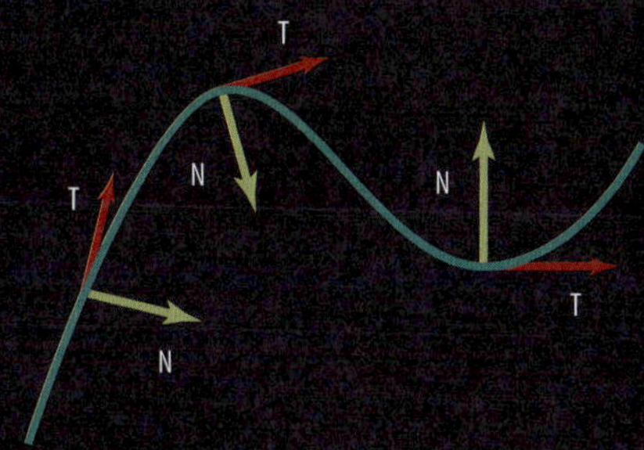

▲ Bei einer Kurve C können wir an jedem Punkt einen Tangenten- und einen Normalenvektor definieren.

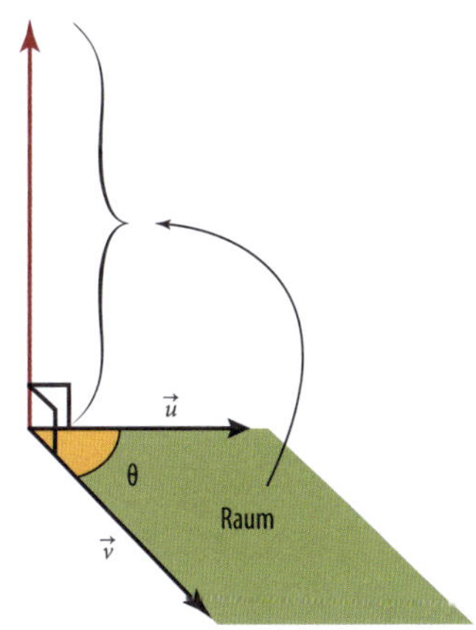

▲ Das Kreuzprodukt, Keilprodukt oder das äußere Produkt von zwei Vektoren.

Reihenfolge von Operationen

In der Arithmetik ist es üblich, mehrere mathematische Operationen innerhalb derselben Berechnung anzuwenden – zum Beispiel beim Addieren und Multiplizieren. Es gibt Konventionen für die Reihenfolge, in der Operationen durchgeführt werden, für die es eine Vielzahl verschiedener Notationen gibt.

Operationen

Im Folgenden werden die wichtigsten Operationen und ihre Symbole dargestellt.

Addition	A
Multiplikation	M
Subtraktion	S
Division	D
Exponentation	E,O („Ordnung" oder I (Index)
Klammern	B oder P Klammern („Parenthesen")

Mit diesen Symbolen kann die Reihenfolge der Operationen als Abkürzung angegeben werden, wobei in verschiedenen englischsprachigen Ländern verschiedene Konventionen gelten.

PEMDAS (Paranthesis, Exponentiation, Multiplication, Division, Addition, Subtraction). Verwendet in den USA.

BEDMAS (Brackets, Exponentiation, Division, Multiplication, Addition, Subtraction). Verwendet in Kanada und Neuseeland.

BODMAS (Brackets, Order, Division, Multiplication, Addition, Subtraction)
und
BIDMAS (Brackets, Indices, Division, Multiplication, Addition, Subtraction). Verwendet in Großbritannien, Pakistan, Indien, Bangladesch, Australien, Nigeria und Westafrika.

Das Akronym definiert die Reihenfolge der Operationen. Die Operationen, die in Klammern gruppiert sind, müssen zuerst durchgeführt werden, danach werden die Operationen außerhalb der Klammer auf das Ergebnis angewandt. Anschließend Potenzierungen, Index- oder Ordnungsoperationen.

In vielen Akronymen werden Division und Multiplikation in verschiedener Reihenfolge angeben, obwohl die beiden Operationen als

Einheit zu betrachten sind, wie auch Addition und Subtraktion. Dies bedeutet, dass das Akronym PEMDAS streng genommen PE(MD)(AS) lautet. Sind Addition und Subtraktion in einer Berechnung enthalten, sind sie von links nach rechts durchzuführen. $2 + 3 - 4$ wird also berechnet $(2 + 3) - 4 = 1$, und nicht $2 + (3 - 4) = 3$. Ähnlich verhält es sich bei Multiplikation und Division, diese sind auch von links nach rechts durchzuführen. Jede Teilung oder Multiplikation muss abgeschlossen sein, bevor addiert oder subtrahiert wird. $2 + 3 \times 5$ sollte also nicht gerechnet werden als $(2 + 3) \times 5 = 5 \times 5 = 25$, sondern als $2 + (3 \times 5) = 2 + 15 = 17$, denn Multiplikation hat Vorrang vor Addition (sie „bindet fester"). In der höheren Mathematik werden Akronyme selten verwendet. Um Mehrdeutigkeit auszuschließen, werden hier in allen Formeln Klammern verwendet.

$$36 \div 6 \times 3 + 2^2 - (3 + 5)$$

$= 36 \div 6 \times 3 + 2^2 - 8$	Klammern: $(3 + 5)$
$= 36 \div 6 \times 3 + 4 - 8$	Ordnung: 2^2
$= 6 \times 3 + 4 - 8$	Teilung: $36 \div 6$
$= 18 + 4 - 8$	Multiplikation: 6×3
$= 22 - 8$	Addition: $18 + 4$
$= 14$	Subtraktion: $22 - 8$

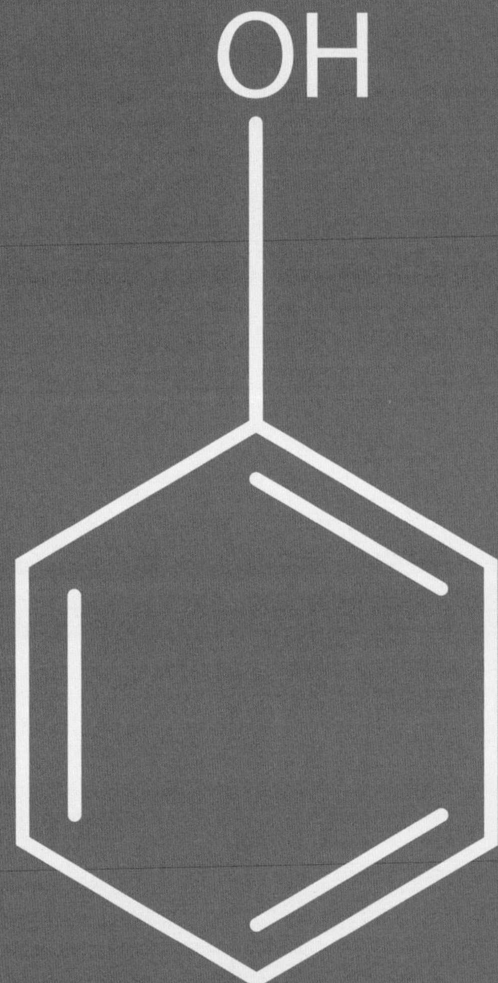
OH

Wissenschaftliche Symbole

Wissenschaftler verwenden Symbole zum Notieren, Interpretieren und Kommunizieren ihrer Ergebnisse und Entdeckungen. In der Chemie stellen Symbole die chemischen Elemente und ihre Reaktionen dar, in der Biologie die grundlegenden Bausteine des Lebens und in der Physik schreibt man mit ihnen die Gleichungen, die das Funktionieren und den Zusammenhalt des Universums darstellen. Auch in der Informatik, der Elektronik und in anderen wissenschaftlichen Disziplinen sind Symbole, Diagramme und Kurzschrift unentbehrlich.

Chemie

Die Chemie ist die Lehre von der Materie: Chemiker versuchen die Eigenschaften und das Verhalten der physikalischen Materie zu verstehen. Chemikalien, Stoffe, Atome, Elemente – all dies ist „Materie“. Ihre Eigenschaften müssen definiert, sortiert, erforscht und ausgewertet werden, damit neue und aufregende Chemikalien und Materialien geschaffen werden können.

Zur Kommunikation mit anderen Wissenschaftlern verwenden Chemiker Symbole. Die berühmtesten Symbole in der Chemie sind die Buchstaben des lateinischen Alphabets. Im Periodensystem (s. S. 134) wird jedes bekannte Element mittels Buchstaben nach der Anzahl der Protonen in seinem Kern, seinen physikalischen Eigenschaften und seiner Reaktivität systematisch angeordnet.

Wenn Chemiker Elemente und Moleküle mischen, kommt es zu Reaktionen. Mit Elementsymbolen und Pfeilen erstellen sie die chemischen Formeln, die die Herstellung neuer Stoffe beschreiben. Die Elemente und andere Eigenschaften von Reaktionen (s. S. 136) werden mit lateinischen und griechischen Symbolen mit Hoch- und Tiefstellungen dargestellt.

Experimente werden in einem Labor mit unter anderem Bechergläsern, Glaskolben und Bunsenbrennern durchgeführt. Dank internationalen Symbolen für Laborgeräte sind die in Fachzeitschriften oder Lehrbüchern beschriebenen Experimente (s. S. 138) in der Wissenschaft weltweit verständlich und nachvollziehbar.

Das Labor voller giftiger Chemikalien, radioaktiver Isotope, Explosionsrisiken und anderer Gefahren kann zu einem gefährlichen Ort werden. Die Vereinten Nationen haben Gefahrensymbole entwickelt, um die Menschen vor den Risiken der Verwendung bestimmter Stoffe zu warnen (s. S. 140) und dafür zu sorgen, dass entsprechende Vorschriften für Transport und das Arbeiten mit Gefahrstoffen eingehalten werden.

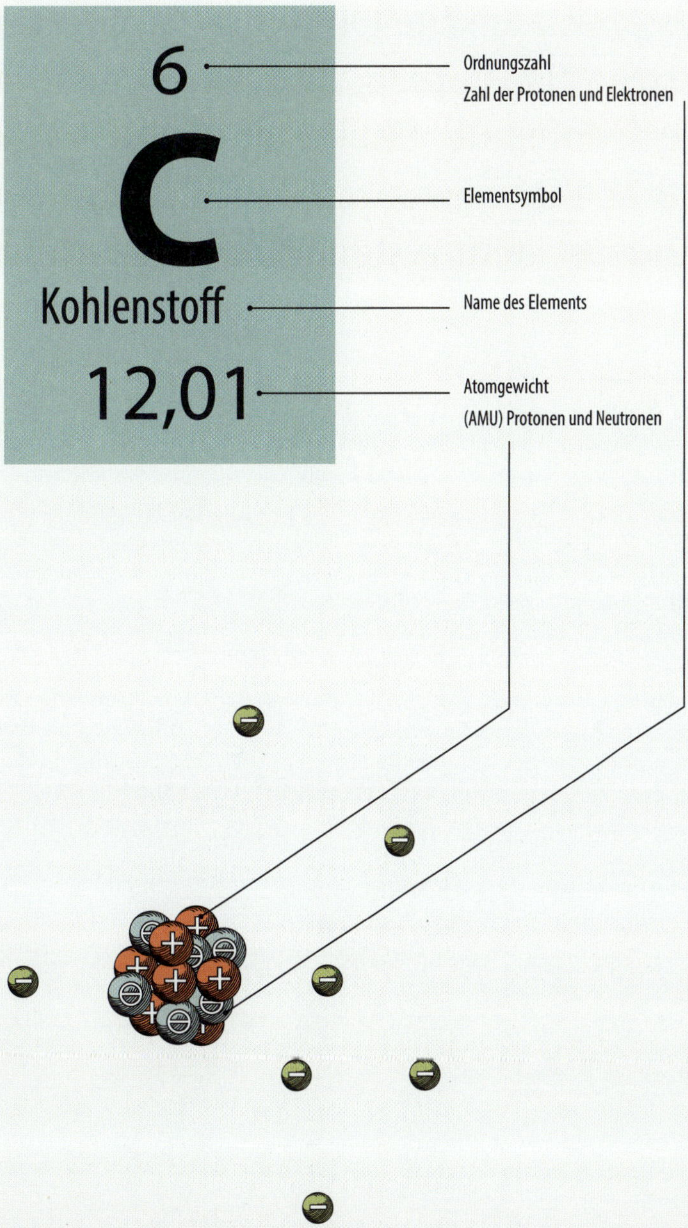
6
C
Kohlenstoff
12,01
Ordnungszahl
Zahl der Protonen und Elektronen
Elementsymbol
Name des Elements
Atomgewicht
(AMU) Protonen und Neutronen

Das Periodensystem

Jedes physikalische Objekt im Universum besteht aus winzigen Bausteinen, den Elementen. Die Elemente bilden Moleküle, Chemikalien und Objekte, also alle Materie. Bisher wurden 118 Elemente entdeckt, die im Periodensystem systematisch angeordnet sind.

Im Periodensystem werden die Elemente nach ihrer Ordnungszahl, also der Zahl der Protonen im Atomkern geordnet. Die entsprechende Zahl steht normalerweise über dem Element. Manchmal hat das Element eine zweite Zahl, die nicht unbedingt eine ganze Zahl ist: das Atomgewicht. Sie gibt an, wie viel $6{,}022 \times 10^{23}$ Atome des jeweiligen Elements wiegen (s. Avogadro-Zahl, S. 40).

Jedes Element hat einen Namen und ein Symbol, das aus einem oder zwei Buchstaben besteht. Zum Beispiel ist Sauerstoff O, Kohlenstoff C, und Magnesium Mg. Die Symbole sind Abkürzungen für englische, lateinische oder griechische Namen der Elemente. Zum Beispiel ist *Natrium* Na die Abkürzung von Natrium, Pb ist die Abkürzung von *Plumbum* (Blei).

Einige neue Elemente wurden ursprünglich mit Symbolen aus drei Buchstaben bezeichnet, die von ihrer Ordnungszahl abgeleitet wurden. Zum Beispiel war Ununbium (Uub) der ursprüngliche Name für das 1996 entdeckte Element 112, das 2010 in Copernicium umbenannt wurde.

Innerhalb der Tabelle sind die Elemente auf zwei Arten angeordnet: In den Zeilen von links nach rechts nach steigender Ordnungszahl (Masse) und in den Spalten nach ähnlichen chemischen Eigenschaften, wie zum Beispiel Reaktivität oder Metalle bzw. Nichtmetalle.

1 **H** Wasserstoff 1,0																	2 **He** Helium 4,0
3 **Li** Lithium 6,9	4 **Be** Beryllium 9,0											5 **B** Bor 10,8	6 **C** Kohlenstoff 12,0	7 **N** Stickstoff 14,0	8 **O** Sauerstoff 15,9	9 **F** Fluor 18,9	10 **Ne** Neon 20,1
11 **Na** Natrium 22,9	12 **Mg** Magnesium 24,3											13 **Al** Aluminium 26,9	14 **Si** Silicium 28,0	15 **P** Phosphor 30,9	16 **S** Schwefel 32,0	17 **Cl** Chlor 35,4	18 **Ar** Argon 39,9
19 **K** Kalium 39,0	20 **Ca** Calcium 40,0	21 **Sc** Scandium 44,9	22 **Ti** Titan 47,8	23 **V** Vanadium 50,9	24 **Cr** Chrom 51,9	25 **Mn** Mangan 54,9	26 **Fe** Eisen 55,8	27 **Co** Kobalt 58,9	28 **Ni** Nickel 58,6	29 **Cu** Kupfer 63,5	30 **Zn** Zink 65,3	31 **Ga** Gallium 69,7	32 **Ge** Germanium 72,6	33 **As** Arsen 74,9	34 **Se** Selen 78,9	35 **Br** Brom 79,9	36 **Kr** Krypton 83,7
37 **Rb** Rubidium 85,4	38 **Sr** Strontium 87,6	39 **Y** Yttrium 88,9	40 **Zr** Zirkonium 91,2	41 **Nb** Niob 92,9	42 **Mo** Molybdän 95,9	43 **Tc** Technetium 98	44 **Ru** Ruthenium 101,0	45 **Rh** Rhodium 102,9	46 **Pd** Palladium 106,42	47 **Ag** Silber 107,8	48 **Cd** Cadmium 112,4	49 **In** Indium 114,8	50 **Sn** Zinn 118,7	51 **Sb** Antimon 121,7	52 **Te** Tellur 127,6	53 **I** Jod 126,9	54 **Xe** Xenon 131,2
55 **Cs** Caesium 132,9	56 **Ba** Barium 137,3	57 **La** Lanthan 138,9	72 **Hf** Hafnium 178,4	73 **Ta** Tantal 180,9	74 **W** Wolfram 183,8	75 **Re** Rhenium 186,2	76 **Os** Osmium 190,2	77 **Ir** Iridium 192,2	78 **Pt** Platin 195,0	79 **Au** Gold 196,9	80 **Hg** Quecksilber 200,5	81 **Tl** Thallium 204,3	82 **Pb** Blei 207,2	83 **Bi** Bismut 208,9	84 **Po** Polonium 209	85 **At** Astat 210	86 **Rn** Radon 222
87 **Fr** Francium 223,0	88 **Ra** Radium 226,0	89 **Ac** Actinium 227	104 **Rf** Rutherfordium 261	105 **Db** Dubnium 262	106 **Sg** Seaborgium 269	107 **Bh** Bohrium 264	108 **Hs** Hassium 269	109 **Mt** Meitnerium 278	110 **Ds** Darmstadtium 281	111 **Rg** Röntgenium 282	112 **Cn** Copernicium 285	113 **Nh** Nihonium 286	114 **Fl** Flerovium 289	115 **Mc** Moscovium 289	116 **Lv** Livermorium 293	117 **Ts** Tenessium 294	118 **Og** Oganesson 294
		58 **Ce** Cer 140,1	59 **Pr** Praseodym 140,9	60 **Nd** Neodym 144,2	61 **Pm** Promethium 145	62 **Sm** Samarium 150,3	63 **Eu** Europium 151,9	64 **Gd** Gadolinium 157,2	65 **Tb** Terbium 158,9	66 **Dy** Dysprosium 162,5	67 **Ho** Holmium 164,9	68 **Er** Erbium 167,2	69 **Tm** Thulium 168,9	70 **Yb** Ytterbium 173,0	71 **Lu** Lutetium 174,9		
		90 **Th** Thorium 232	91 **Pa** Protactinium 231,0	92 **U** Uran 238,0	93 **Np** Neptunium 237,0	94 **Pu** Plutonium 244	95 **Am** Amercium 243	96 **Cm** Curium 247	97 **Bk** Berkelium 247	98 **Cf** Californium 251	99 **Es** Einsteinium 252	100 **Fm** Fermium 257	101 **Md** Mendelevium 258	102 **No** Nobelium 259	103 **Lr** Lawrentium 262		

Alkalimetalle	Erdalkali-metalle	Übergangs-metalle	Metalle	Halbmetalle	reaktive Nichtmetalle	Edelgase	Lanthanoide	Actinoide	unbekannt

Chemische Formeln

Eine chemische Formel ist etwas anderes als eine mathematische Gleichung, da man in der Chemie eine spezifische Notation für die Beschreibung von Reaktionsabläufen braucht. Hier sehen wir ein einfaches Beispiel: die Verbrennung von Papier.

$$C_6H_{12}O_{6(s)} + 6O_{2(g)} \xrightarrow{\Delta} 6CO_{2(g)} + 5H_2O_{(l)}$$

In Worten lautet die Reaktionsgleichung wie folgt:

Papier plus Sauerstoff in Gegenwart von Hitze wird zu Kohlendioxidgas und flüssigem Wasser.

Papier wird aus einer Chemikalie namens Zellulose hergestellt, die aus den Elementen Kohlenstoff (C), Wasserstoff (H) und Sauerstoff (O) besteht. Seine Zusammensetzung ist $C_6 H_{12} O_6$. Wasser ist H_2O und Kohlendioxid ist CO_2.

Die Gleichung enthält außer der Formel eine ganze Reihe weiterer Informationen. Auf der linken Seite stehen die Ausgangsstoffe der chemischen Reaktion, die Reaktanten. Rechts hinter dem Reaktionspfeil stehen die Produkte.

Die Zahlen vor den Chemikalien geben die Gesamtzahl der benötigten Moleküle an. Für ein Molekül Zellulose braucht man also 6 Moleküle Sauerstoff. Die Buchstaben nach der chemischen Formel geben ihren Zustand an: s steht für fest, l für flüssig und g für Gas. Der Pfeil zeigt die Richtung der Reaktion an (gesprochen als „ergibt“ oder „erzeugt“). Bei der Papierverbrennung verläuft der Prozess nur in eine Richtung, deshalb zeigt auch der Pfeil nur in eine Richtung. Bei manchen Reaktionen werden Doppelpfeile verwendet (s. nächste Seite).

Über und unter dem Pfeil wird auch angegeben, was für den Ablauf der Reaktion außerdem erforderlich ist. Zum Verbrennen von Papier wird Feuer gebraucht (oder wissenschaftlich ausgedrückt: Wärme, hier mit dem Symbol Δ angegeben). Manchmal wird ein Katalysator verwendet (ein Stoff, der die Reaktion beschleunigt, aber nicht verbraucht wird). Mathematische Symbole beschreiben die Geschwindigkeit der Reaktion. Auf der nächsten Seite werden die wichtigsten Symbole in chemischen Gleichungen und ihre Bedeutung dargestellt.

$+$

Trennt ein Produkt oder einen Reaktanten von anderen.

$\longrightarrow$

Der Reaktionspfeil zeigt von den Reaktanten auf die Produkte.

$\rightleftharpoons$

Der Gleichgewichtspfeil gibt an, dass Reaktionen in beiden Richtungen ablaufen.

$\rightharpoonup$

Vorwiegend nach rechts verlaufendes Gleichgewicht: Die Reaktion verläuft hauptsächlich zu einer Seite, aber auch in die andere Richtung.

(g)

Gasförmige Substanz

$\uparrow$

Eine alternative Möglichkeit der Darstellung einer entweichenden gasförmigen Substanz als Produkt (Gasentwicklung).

(s)

Gibt an, dass ein Stoff sich in festem Zustand befindet.

$\downarrow$

Eine alternative Möglichkeit der Darstellung eines unlöslichen Stoffs in festem Zustand als Produkt (Niederschlag).

(aq)

Stoff ist in Wasser gelöst – „aq“ ist die Abkürzung für „Wasser“.

$\xrightarrow{\Delta}$

Wärme wird zugeführt, um die Reaktion in Gang zu bringen.

Laborgeräte

Für wissenschaftliche Experimente im Labor sind komplexe Apparaturen, die aus präzise zusammengesetzten Teilen bestehen, erforderlich. Gängige Präzisionsgeräte haben Zeichensymbole, damit einfach beschrieben werden kann, welche Geräte wie benutzt und wie sie zusammengesetzt werden.

1. Ein Becherglas ist ein nach oben offenes Gefäß mit breitem Rand, das für das Mischen von Lösungen aus Chemikalien verwendet wird. Dieses Symbol bezeichnet Bechergläser aller Größe, von 5 ml bis 20 Liter oder mehr.

2. Das Reagenzglas ist ein schmales Glasröhrchen für Experimente in kleinem Maßstab. Etwas breitere Röhren nennt man Sjederöhrchen.

3. Der Erlenmeyerkolben ist ein Glasgefäß mit einem nach oben hin enger werdenden Hals. Er wird häufig beim Titrieren oder zum Züchten von Zellen in einem Inkubator verwendet und kann mit einem Stopfen verschlossen werden.

4. Der Dreifuß ist ein Drahtgestell, auf das Bechergläser oder andere Kolben mit flachem Boden gestellt werden. Oft wird darunter ein Bunsenbrenner zum Erhitzen aufgestellt.

5. Ein Bunsenbrenner wird zum Erhitzen von Flüssigkeiten und Feststoffen verwendet. Das Symbol wird manchmal vereinfacht zu einem nach oben gerichteten Pfeil mit darunter „ERHITZEN".

6. Durch die flache Form der Verdampfungsschale verdampft Flüssigkeit schnell aus einer erhitzten Lösung. Der feste Niederschlag kann dann weiter analysiert werden.

7. Der Messzylinder ist ein hohes, schmales Rohr mit eingravierten Markierungen (gewöhnlich in Milliliter), die das Volumen der Lösung angeben. Er ist für das Abmessen von genauen Mengen ungeeignet.

8. Ein Messkolben hat einen flachen Boden und eine Ringmarke am Hals. Wenn der Kolben gefüllt ist und die Oberfläche der Flüssigkeit von der Linie tangiert wird, ermöglicht dies ein sehr präzises Herstellen oder Mischen von Lösungen.

9. Der Rundkolben, der vor allem im organisch-chemischen Labor verwendet wird, lässt sich mit Wärmequellen wie einem Ölbad oder elektrischem Heizelement einfach aufheizen.

10. Der Liebigkühler wird vor allem in der organischen Chemie zum Kondensieren und Kühlen verdampfter Flüssigkeiten verwendet. Er kühlt Dämpfe, zum Beispiel aus dem Rundkolben, und lässt sie in den Kolben zurücktropfen,

sodass dieser nicht austrocknet (Rückflusskühler). Bei der Destillation kann er auch zum Kondensieren heißer Dämpfe und Ableiten der Flüssigkeit in ein anderes Gefäß verwendet werden.

11. In einem Retortenständer werden Gegenstände mit einer Klemme frei aufgehängt, damit sie einfach (zum Beispiel mit einem Bunsenbrenner) erhitzt werden können. Auf diese Weise lässt sich auch ein Kondensator an einem Rundkolben befestigen.

12. Ein Trichter wird verwendet, um größere Mengen Flüssigkeit oder Feststoffe in ein enghalsiges Gefäß zu gießen. Wird ein Stück Filterpapier eingelegt, können damit Lösungen gefiltert werden.

13. Der Büchner-Trichter bietet eine effizientere Art der Filtration. Dazu wird ein Stück Filterpapier, manchmal auch etwas Sand, in den Trichter gebracht und die Flüssigkeit durch Anlegen eines Vakuums angesaugt, sodass die festen Partikel im Filter haften bleiben. Er wird meistens zusammen mit einem Erlenmeyerkolben mit seitlichem Anschluss verwendet.

14. Der Erlenmeyerkolben mit seitlichem Anschluss für den Vakuumschlauch kann zum Filtrieren mit einem Büchner-Trichter oder zum Abscheiden von Flüssigkeit aus einem Gasstrom verwendet werden.

15. Wenn das Kolbensymbol ein Rührersymbol enthält, bedeutet dies, dass die Lösung mechanisch gemischt werden muss. Niedrig viskose Lösungen kann man auch mit extern angetriebenen Magnetrührstäben mischen.

16. Eine Chromatographie-Säule wird verwendet, um aus Lösungen mittels der unterschiedlichen Eigenschaften dieser Moleküle, wie Größe, Ladung oder Verhalten in Wasser, die erwünschten Moleküle abzutrennen oder die Lösung von unerwünschten Molekülen zu reinigen.

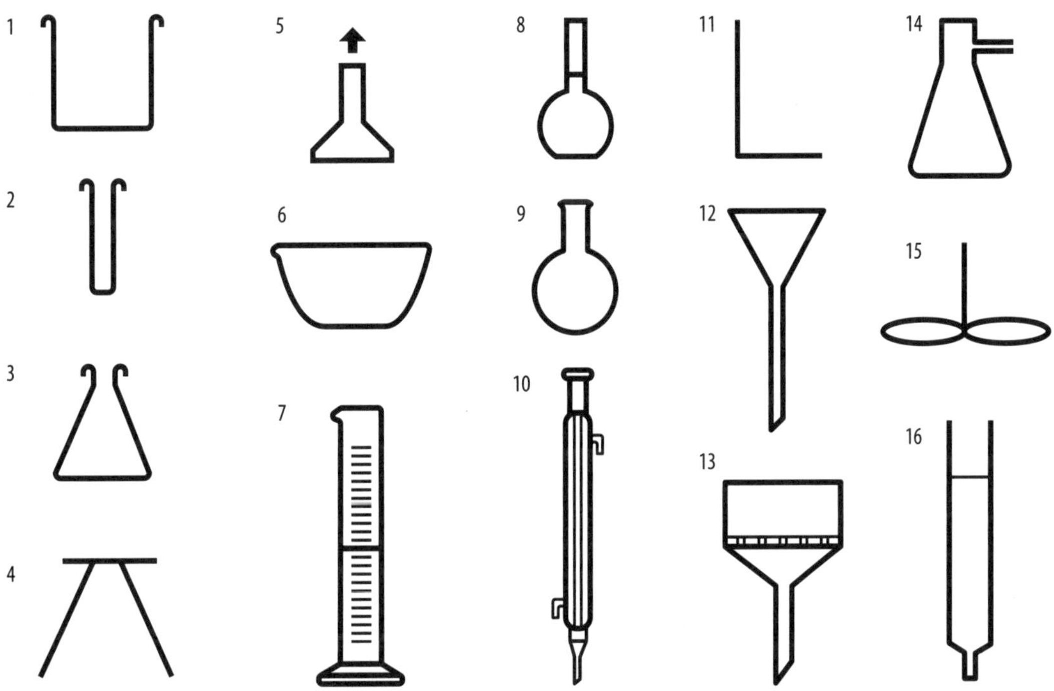

GEFAHRENPIKTOGRAMME FÜR CHEMIKALIEN

Chemie kann gefährlich werden und Chemiker müssen vorsichtig mit den Chemikalien umgehen, um Unfälle zu vermeiden. Ein international anerkanntes System von Piktogrammen warnt vor den Gefahren der Stoffe, mit denen im Labor gearbeitet wird.

Umweltgefährlich

Stoffe mit dieser Kennzeichnung sind giftig für die Umwelt und können sie akut oder langfristig verunreinigen. Sie müssen ordnungsgemäß entsorgt werden.

Explosionsgefährlich

Explosionsgefahr bei Hitze oder plötzlichen Erschütterungen. Von Feuer fernhalten und vorsichtig transportieren.

Hochentzündlich, Leichtentzündlich

Feste, flüssige oder gasförmige Stoffe, die bei Einwirkung von Feuer, Hitze oder Funken leicht brennbar sind, sich unter Lufteinfluss entzünden oder bei Kontakt mit Wasser brennbare Gase entwickeln.

Brandfördernd

Bei Reaktionen mit brennbaren Stoffen wird die Verbrennung intensiviert, was die Brandgefahr erhöht.

Gase unter Druck

Behälter mit komprimiertem oder verflüssigtem Gas unter hohem Druck von mehr als zwei Atmosphären (Bar). Bei unsachgemäßer Behandlung können diese Behälter sowie der Inhalt sehr gefährlich sein.

Ätzend

Verursacht Hautverbrennungen und Augenschäden und kann Metalle beschädigen und zerstören.

Giftige Stoffe

Dies sind extrem giftige Stoffe, bei denen schon Kontakt mit der Haut, einatmen oder verschlucken, zu Gesundheitsschäden oder zum Tod führen kann.

Gesundheitsschädliche und reizende Stoffe

Stoffe, die die Augen, die Haut oder die Atemwege reizen. Sie sind potenziell giftig beim Verschlucken und können zu Schläfrigkeit und Benommenheit führen.

Gefahr für die Gesundheit

Dies sind Chemikalien, die zum Beispiel Krebs, Organschäden, oder Schäden bei ungeborenen Kindern verursachen können.

Weitere Gefahrensymbole in Laboren und Krankenhäusern:

Biogefährdung

In Einrichtungen oder Laboren, die mit biologischem Material wie Blut, Körperflüssigkeiten, Bakterien oder Viren arbeiten, muss angemessene Schutzkleidung getragen werden.

Hochspannung

Gefahr von elektrischem Schlag durch Hochspannung oder andere Stromquellen.

Hochleistungslaser

Kann Augenschäden, Erblindung oder andere Verletzungen verursachen.

Tiefe Temperaturen

Können Erfrierungen und Kälteverbrennungen verursachen.

Ionisierende Strahlung

Gefährliche Strahlungsquellen können kurz- oder langfristige Schäden im Körper verursachen.

Physik

Die Physik will das Zusammenwirken von Materie und Energie erklären. Damit soll letztlich nichts Geringeres als die Natur des Universums enthüllt werden. Dank ihrer raffinierten Experimente und hochentwickelten Theorien gilt die Physik als die grundlegendste wissenschaftliche Disziplin.

Für ihre mathematischen Beschreibungen des Universums verwendet die Physik eine Symbolsprache, die unter anderem die lateinischen und griechischen Buchstaben (SI-Einheiten, s. S. 144) enthält. Darüber hinaus wurden in einigen Teildisziplinen der Physik eigene Diagramme und Symbole entwickelt, um das Universum in seinen Dimensionen beschreiben zu können. Zur genauen Messung und Beschreibung physikalischer Phänomene wurde das Internationale Einheitensystem (SI-Einheiten, s. S. 144) entwickelt, das jede Form von Materie oder Energie in Basiseinheiten beschreibt.

Die physikalische Materie ist aus Atomen aufgebaut. Als man im 20. Jahrhundert immer mehr über atomare Strukturen entdeckte, wurden visuelle Modelle entwickelt, um ihr Verhalten zu beschreiben und zu erklären (s. S. 146). Auch komplexere Stoffe, die aus einer Vielzahl von Atomen bestehen, müssen visuell dargestellt werden. Physiker und Chemiker verwenden hierzu ein einheitliches Modell, das von der „International Union of Pure and Applied Chemistry" (Internationale Union für reine und angewandte Chemie) entwickelt wurde und sicherstellen soll, dass Wissenschaftler sich der gleichen wissenschaftlichen Sprache bedienen (s. S. 148).

Atome setzen sich aus noch kleineren subatomaren Teilchen zusammen. Das „Standardmodell der Teilchenphysik" (s. S. 158) ist eine Theorie, die Elementarteilchen, wie Fermionen und Leptonen – die Grundbausteine der Materie – und Bosonen, die das Universum zusammenhalten, beschreibt. Das Verhalten dieser Teilchen wird im Feynman-Diagramm dargestellt (s. S. 152).

Lichtstrahldiagramme (s. S. 154) erläutern mit Pfeilen, wie sichtbare Energie mit dem physikalischen Universum interagiert, von Linsen bis zu Spiegeln. Pfeile beschreiben auch die Kräfte, die auf Objekte wirken (s. S. 150).

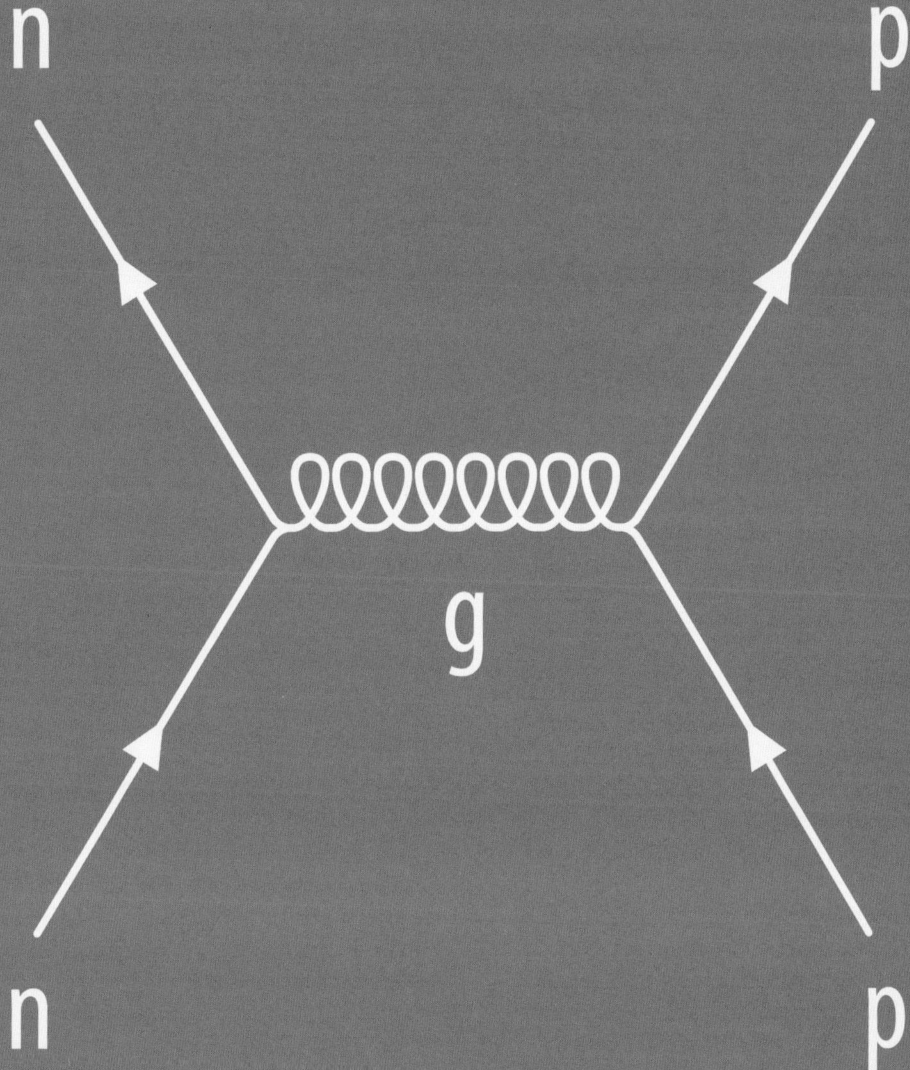

▲ Ein Feynman-Diagramm, das das Verhalten und die Interaktion subatomarer Teilchen darstellt.

Das Internationale Einheitensystem

Das Internationale Einheitensystem (SI-Einheiten) bietet eine einheitliche Methode zur Messung aller Phänomene im Universum und gewährleistet Konsistenz bei der Angabe von Messwerten. Es wird seit den 60er Jahren des 20. Jahrhunderts weltweit fast überall benutzt.

Die Basiseinheiten

Das SI-System unterscheidet sieben Basiseinheiten, die als SI-Einheiten definiert sind und in Wissenschaft, Technik, Industrie und Handel verwendet werden. Die Einheiten folgen alle dem metrischen System. Früher wurden SI-Einheiten relativ zu physikalisch messbaren Objekten definiert, seit 2019 basieren die Definitionen auf universellen Konstanten. Diese Einheiten werden durch Kleinbuchstaben des lateinischen Alphabets bezeichnet, manchmal wurden sie nach berühmten Wissenschaftlern benannt.

s **Sekunde, die SI-Einheit der Zeit (T)**

Ursprünglich basierte die Definition einer Sekunde auf der Unterteilung eines Sonnentags in 24 Stunden, dann in 60 Minuten und jede Minute wiederum in 60 Sekunden. Jetzt ist sie definiert durch die Zustandsänderung des Cäsium0133 Atoms von 9.192.631.770 Schwingungen pro Sekunde.

m **Meter, die SI-Einheit der Länge (L)**

Ursprünglich wurde der Meter definiert als 1/10.000.000 der Entfernung vom Äquator zum Nordpol. Jetzt ist er auf der Lichtgeschwindigkeit im einem Vakuum *c* (s. S. 14) bezogen.

kg **Kilogramm, die SI-Einheit der Masse (M)**

Ein Kilogramm ist die Masse von einem Liter Wasser. Vor 2019 wurde das Kilogramm durch ein golfballgroßes Objekt aus einer Platin-Iridium-Legierung definiert, das in einem Tresor in Saint-Cloud in Frankreich liegt. Das Kilogramm basiert nun auf der Planck Konstante *h* (s. S. 28).

A **Ampere, die SI-Einheit für den elektrischen Strom (I)**

Das Ampere ist benannt nach André-Marie Ampère, dem Entdecker des Elektromagnetismus. Das Ampere wurde ursprünglich auf einer elektrochemischen Reaktion basiert: die Strommenge, die für das Abscheiden von 1,118 Milligramm Silber pro Sekunde aus einer Silbernitratlösung an einer Elektrode erforderlich ist. Heute basiert es auf der Elementarladung *e* (s. S. 18).

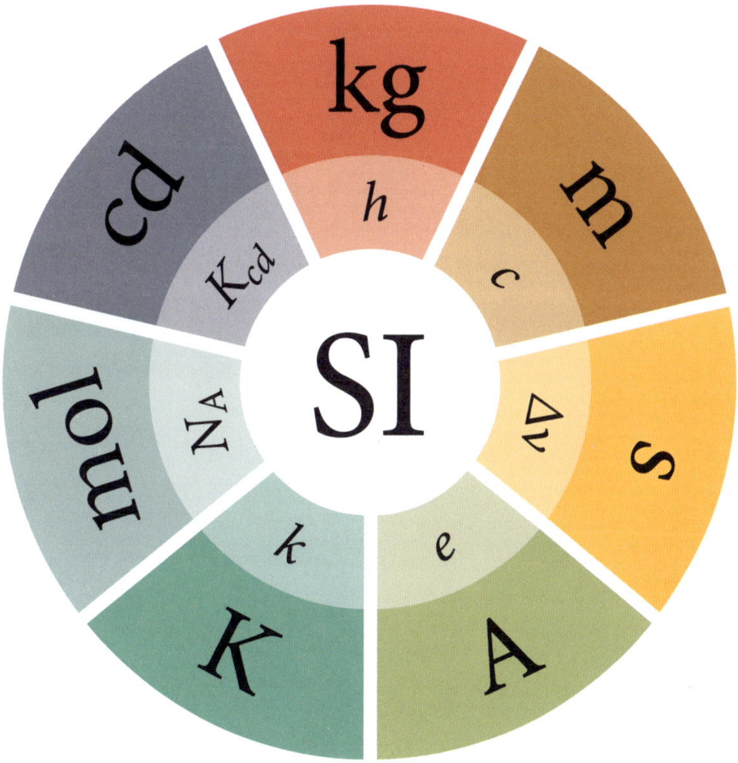

K Kelvin, die SI-Einheit der Temperatur (T)

Basiert auf der Celsius-Skala, aber während 0 °C die Gefriertemperatur von Wasser ist, ist 0 K der absolute Nullpunkt (Atome schwingen nicht mehr). Das Kelvin ist definiert im Verhältnis zur Boltzmann-Konstante *k* (s. S. 35).

mol Mol, die SI-Einheit der Stoffmenge (N)

Ein Mol ist die Zahl der Atome oder Moleküle einer Substanz. Sie wird berechnet durch Division der physikalischen Masse einer Substanz durch ihr Atom- oder Molekulargewicht. Ein Mol enthält genau $6{,}02214076 \times 10^{23}$ Teilchen (Atome, Moleküle, Ionen usw.).

cd Candela, die SI-Einheit der Strahlstärke (J)

Die Candela wurde ursprünglich definiert als die Lichtmenge einer normal brennenden Kerze. Candela wird heute durch die visuelle Intensität (W/sr) von monochromatischem grünem Licht in Watt (W) in einer bestimmten Richtung (Raumwinkel) definiert.

DIE STRUKTUR DER ATOME

Ein Atom ist das kleinstmögliche Teilchen eines chemischen Elements. Alle Materie ist aus Atomen aufgebaut. Atome schließen sich in Gruppen zu Molekülen und Verbindungen zusammen. Atome werden meistens durch die zwei im Folgenden beschriebenen Modelle veranschaulicht.

Kernmodell eines Atoms

Es gibt viele Möglichkeiten, ein Atom darzustellen. Im Kernmodell wird das Atom als ein Planet mit ihn umkreisenden Satelliten dargestellt. Dieses Modell ist nicht ganz korrekt, denn es gibt die Anordnung der Teilchen nur ungenau wieder. Das Zentrum eines Atoms nennt man den Kern, er besteht aus zwei Arten von Teilchen: Protonen und Neutronen. Protonen sind positiv geladen, Neutronen sind, wie der Name schon sagt, neutral. Sie sind der „Klebstoff", der die positiv geladenen Protonen im Kern zusammenhält. In der Atomhülle wirbeln die negativ geladenen Elektronen um den Kern herum. Dieses Modell ist ganz nützlich, aber es gibt ein besseres Modell.

Das Orbitalmodell

Für die Darstellung von Molekülen ist das Orbitalmodell am besten geeignet. Darin besteht das Atom aus einem zentralen positiven Atomkern und negativ geladenen Elektronen, die auf Elektronenschalen oder Orbitalen in verschiedenen Formen „verschmiert" (nach Aufenthaltswahrscheinlichkeiten verteilt) sind. Die nächstgelegene Schale zum Kern enthält zwei Elektronen, die als Punkte dargestellt sind, die nächste Schale hat maximal acht Elektronen.

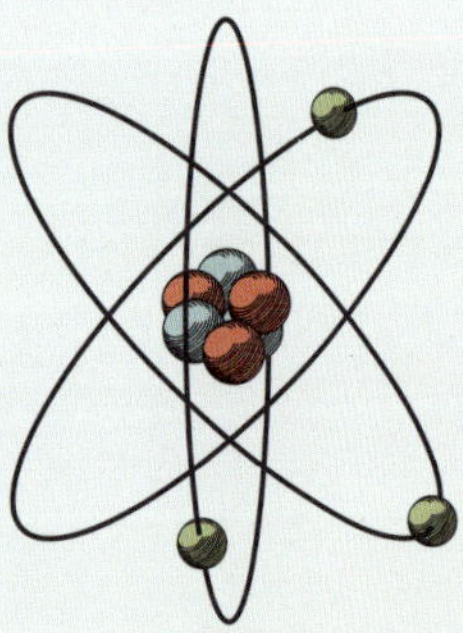

▲ Eine übliche, aber ungenaue Darstellung eines Atoms.

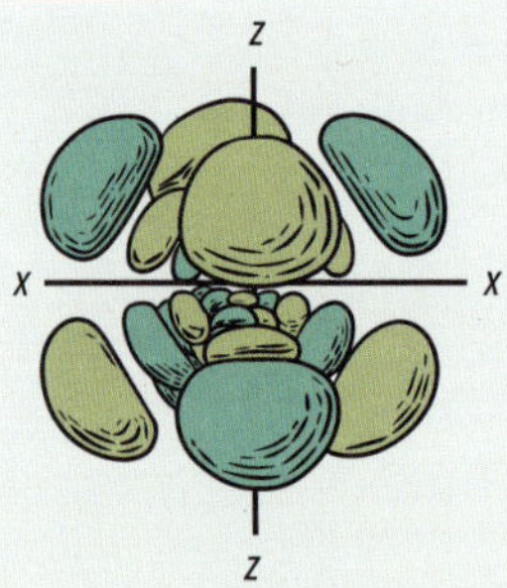

▲ Eine visuelle Darstellung, wie Elektronen den Atomkern tatsächlich umgeben (Orbitalmodell).

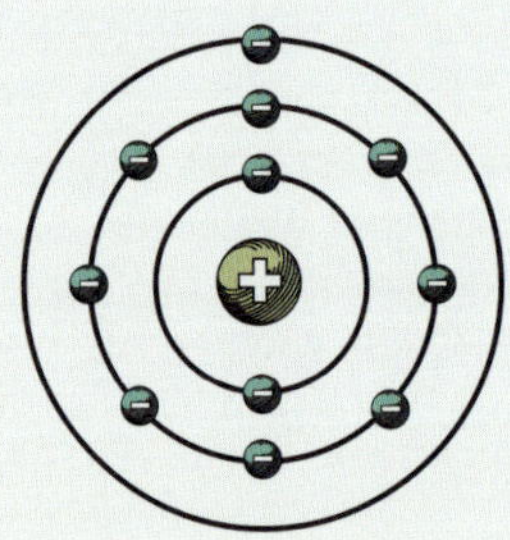

▲ Das Bohrsche oder planetarische Atommodell.

Bindungen zwischen Atomen

Atome sind am stabilsten, wenn die äußerste Umlaufbahn (Schale) mit Elektronen gefüllt ist. Dafür können Atome Elektronen abgeben oder teilen. Gibt ein Atom ein Elektron ab, nennt man das eine Ionenbindung. Ein einfaches Beispiel ist Kochsalz, Natriumchlorid. Hier hat Natrium (Na) ein einzelnes Elektron in seiner äußeren Schale, das es abgeben kann. Chlor (Cl) hat sieben Elektronen in seiner äußeren Schale und braucht ein zusätzliches Elektron. Natrium spendet sein einzelnes Elektron an Chlor, sodass beide nun acht Elektronen in ihren äußeren Schalen haben. Die durch den Transfer der Elektronen abgegebene bzw. aufgenommene Ladung wird durch ein Minus- bzw. Pluszeichen beim jeweiligen Zentralatom symbolisiert.

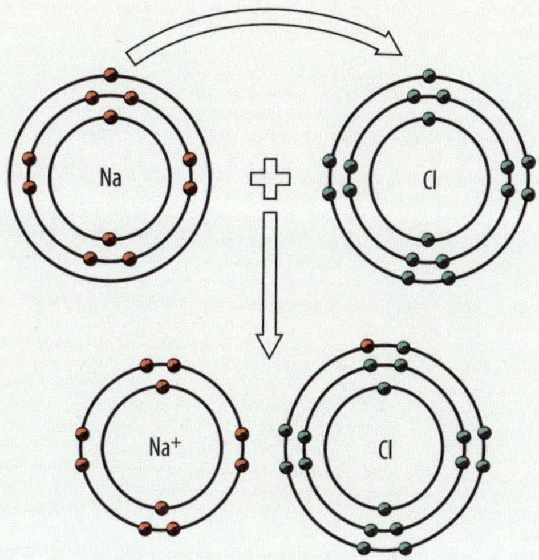

▲ Die ionische Bindung zwischen Natrium und Chlor.

Die zweite Art von Bindung ist die sogenannte „kovalente Bindung", bei der Atome sich Elektronen teilen. Ein schönes Beispiel ist Wasser. Wasser besteht aus Wasserstoff und Sauerstoff. Sauerstoff hat sechs Elektronen in seiner äußeren Schale und muss also zwei weitere dazugewinnen. Wasserstoff hat nur ein Elektron, sodass jedes Wasserstoffatom ein weiteres Elektron benötigt. In einer kovalenten Bindung teilen sich Sauerstoff und Wasserstoff Elektronen, um ihre äußeren Schalen aufzufüllen.

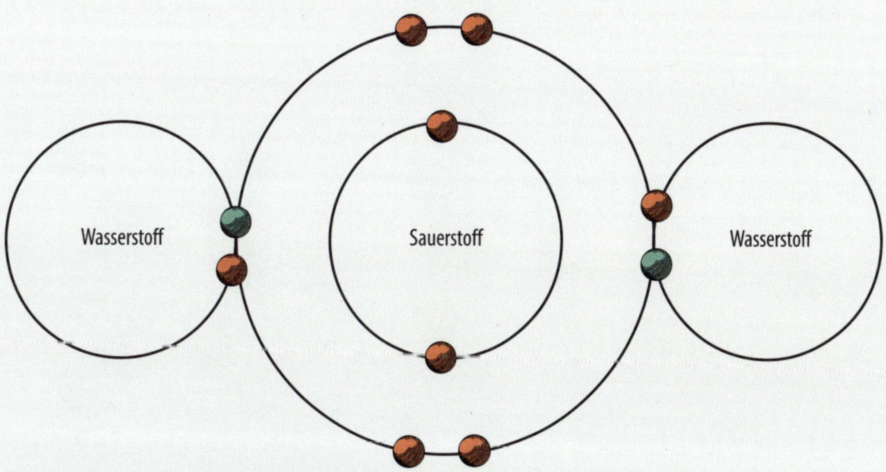

▲ Ein Bohr-Diagramm der kovalenten Bindungen, aus denen Wasser besteht.

MOLEKULARE STRUKTUREN

Ein Molekül ist eine Kombination aus zwei oder mehr Atomen derselben oder verschiedener Elemente. Es kann winzig sein, wie ein Wasserstoffmolekül aus 2 Wasserstoffatomen, oder gigantisch groß. Das größte synthetische Molekül enthält 17 Millionen Atome. Wissenschaftler verwenden eine gemeinsame symbolische Sprache, um die physikalische Struktur von Molekülen zu visualisieren.

Vereinfachung chemischer Strukturen

Eine nahe liegende Methode zur Darstellung chemischer Strukturen besteht darin, alle vorhandenen Atome als Kugeln darzustellen. Bei einem Methanmolekül (unten) zum Beispiel, das nur ein Kohlenstoffatom und vier Wasserstoffatome enthält, ist das einfach. Es wird allerdings komplizierter, wenn die Zahl der Atome größer ist. Schon ein Diagramm von Ethan mit nur zwei Kohlenstoff- und sechs Wasserstoffatomen wird dann schwer erkennbar (Mitte, unten), denn manche Atome sind hinter anderen versteckt. Bei komplexeren Bindungen und anderen Atomen aus dem Periodensystem wird dies noch schwieriger.

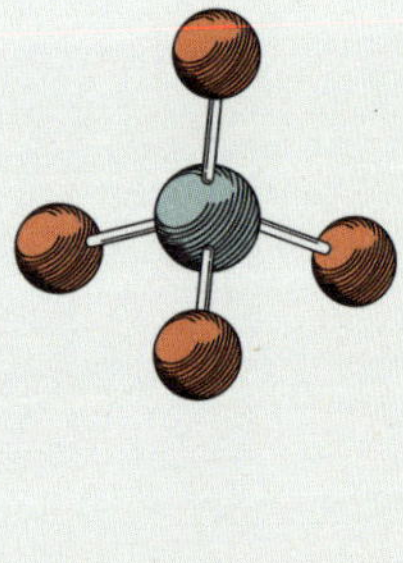

▲ Methan, CH_4: In der Mitte befindet sich ein Kohlenstoffatom, das von vier roten Wasserstoffatomen umgeben ist.

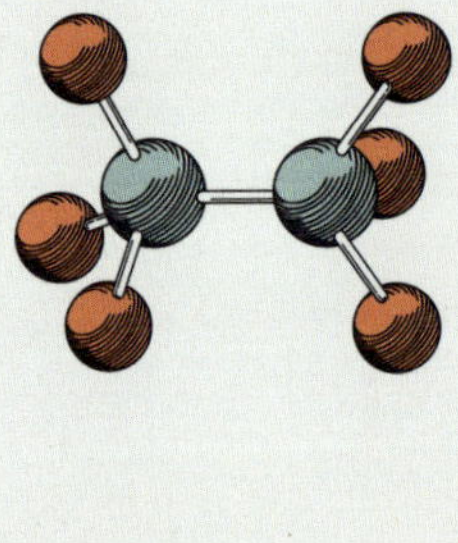

▲ Ethan, C_2H_6

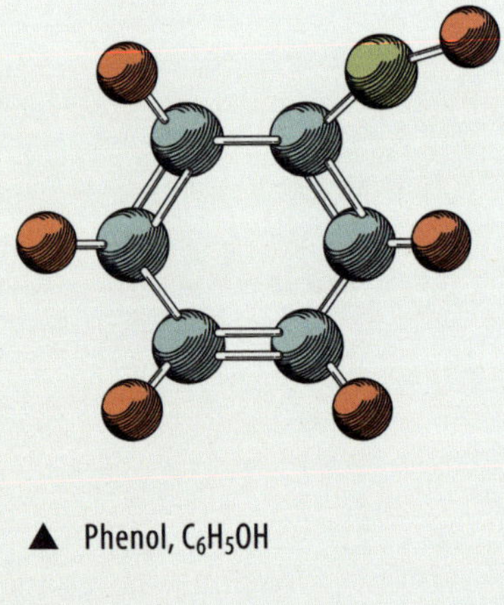

▲ Phenol, C_6H_5OH

Kohlenstoff (C), der Grundbaustein aller organischen Moleküle, ist das wichtigste Element in der Chemie. Wenn am Ende einer Linie einer gezeichneten Molekularstruktur kein Buchstabe steht, geht man davon aus, dass es sich um Kohlenstoff handelt. Ethan lässt sich so zum Beispiel als eine gerade Linie darstellen:

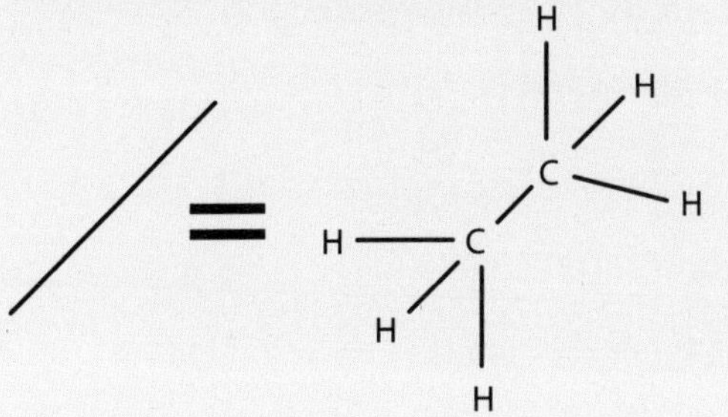

▲ Ein Diagramm der Molekularstruktur von Ethan, C_2H_6

Jedes Ende der Linie steht für ein Kohlenstoffatom.

Die angehängten Wasserstoffatome (H) werden nicht dargestellt. Kohlenstoff kann normalerweise vier Bindungen eingehen. Organische Chemiker entnehmen diesem Diagramm, dass an jedes Kohlenstoffatom drei Wasserstoffatome gebunden sind. Sind die Kohlenstoffatome „doppelt" aneinander gebunden, wie in Ethen, ist die Molekularstruktur wie folgt:

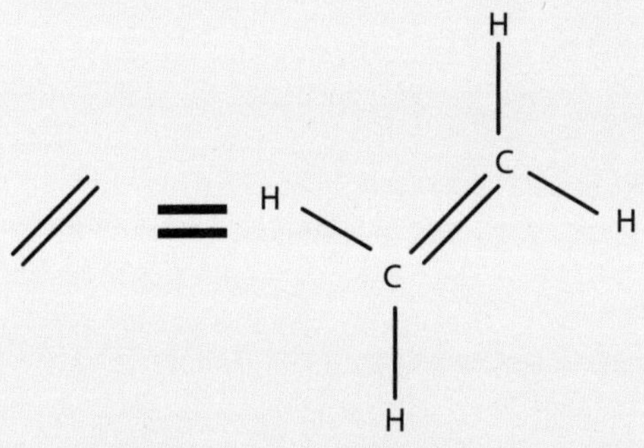

▲ Die Molekularstruktur von Ethen, C_2H_4

Die Doppelbindung erlaubt an jedem Ende nur zwei Bindungen für Wasserstoff. Bei anderen Elementen als Kohlenstoff oder Wasserstoff werden die jeweiligen Atome durch ihr Symbol aus dem Periodensystem repräsentiert. Phenol zum Beispiel hat eine ringförmige Struktur mit drei Doppelbindungen. Hier steht ein O für Sauerstoff und ein H für Wasserstoff. Das Sauerstoffmolekül ist an ein Wasserstoffmolekül gebunden, wie unten im Diagramm dargestellt:

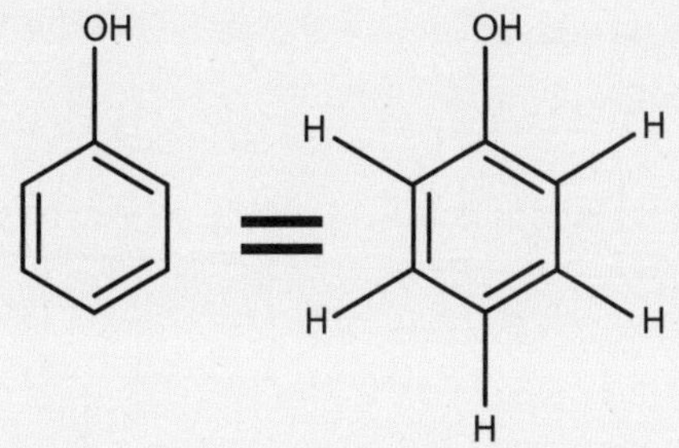

▲ Die Molekularstruktur von Phenol, C_6H_5OH.

Das folgende Diagramm zeigt eine komplexere Molekularstruktur: Chlorophyll, das grüne Pigment in Pflanzen, absorbiert das Sonnenlicht für die Photosynthese. Dieses Molekül enthält Kohlenstoff, Wasserstoff und Sauerstoff, aber auch Stickstoff (N) und Magnesium (Mg). Me ist das Symbol für eine Methangruppe (CH_3).

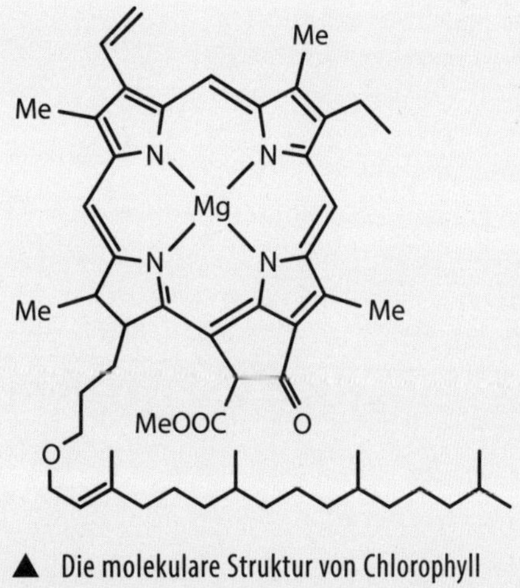

▲ Die molekulare Struktur von Chlorophyll

Kräfte und Zerlegungsdiagramme

Im täglichen Leben sind der Mensch und alle anderen physikalischen Objekte ständig Kräften ausgesetzt: von der Reibung, die sie am Verrutschen hindert, bis hin zur Schwerkraft, mit der sie zu Boden gezogen werden. Zur genauen Beschreibung der Größe und Richtung dieser Kräfte verwenden Physiker und Ingenieure Vektoren und Kräftezerlegungsdiagramme.

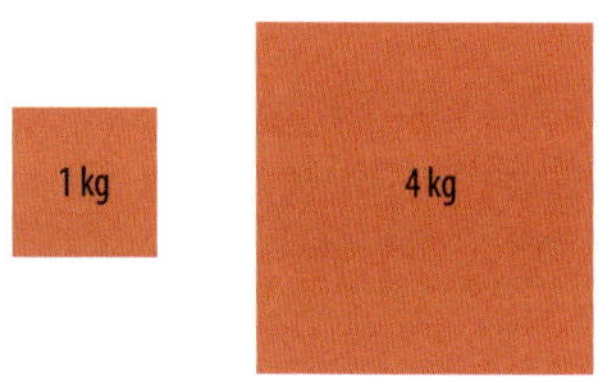

▲ Skalare Größen wie Masse lassen sich mit unterschiedlich großen Quadraten darstellen.

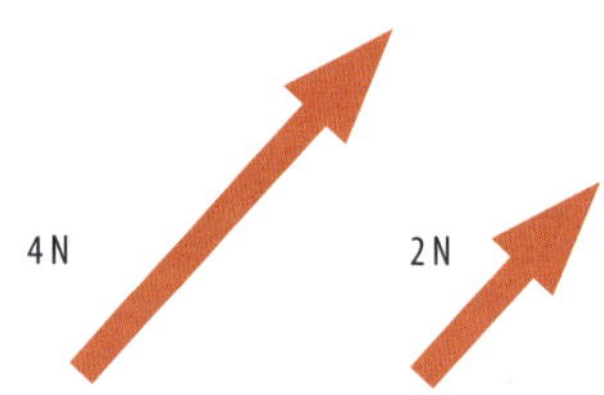

▲ Die Länge des Pfeils stellt die Kraft dar, die Pfeilspitze gibt die Richtung an.

Skalare und Vektoren

Wenn eine Größe durch eine einzige Zahl beschrieben werden kann, zum Beispiel Masse durch die SI-Einheit Kilogramm, spricht man von einer skalaren Größe.

Masse hat keine „Richtung". Zur visuellen Darstellung von zwei Objekten mit unterschiedlicher Masse werden die Symbole proportional skaliert und als Flächen proportional zur Masse dargestellt (s. oben). Anders verhält es sich mit Kräften. Sie sind eine Vektorgröße mit zwei Komponenten: einer Kraft und einer Richtung, in die die Kraft wirkt. Vektoren werden meist als Pfeil dargestellt: die Länge steht für die Kraft und der Winkel für die Wirkungsrichtung zu einer Grundrichtung.

Die Kräfte im obigen Diagramm wirken beide in dieselbe Richtung, der längere Pfeil steht für eine Kraft von 4 Newton, der kürzere für 2 Newton.

Neben der Kraft gibt es weitere vektorielle Größen: z.B. Geschwindigkeit (ms^{-1}), Beschleunigung (ms^{-2}) und Impuls ($kgms^{-1}$).

Wenn mehrere Kräfte wirken, kann man mittels ihrer Größe und Richtung die Gesamtkraft berechnen. Für einfache Systeme mit nur zwei Kräften (oben rechts), die beide in dieselbe Richtung wirken, ergibt die Addition von 2N + 4N eine Kraft von 6N. Messen wir stattdessen 2N bei der nach links bewegenden und 4N bei der nach rechts bewegenden Kraft, ist die resultierende Kraft 2N nach rechts.

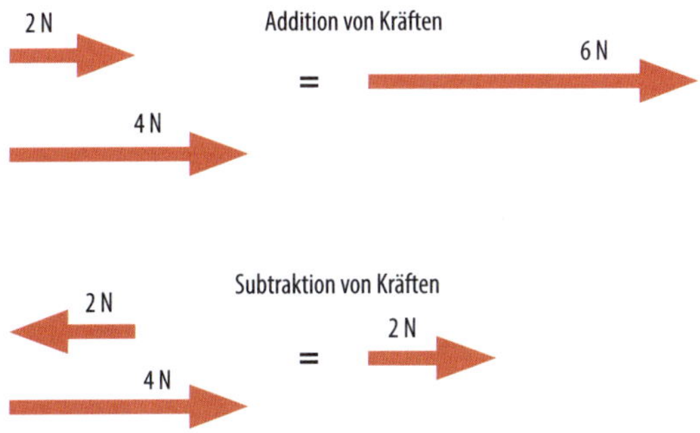

▲ Die Addition oder Subtraktion einfacher Kraftvektoren

Wenn Kräfte in einem Winkel zueinander wirken, lässt sich die Gesamtkraft trigonometrisch berechnen. Es vereinfacht die Berechnung, wenn man die Kräfte so positioniert, dass die Vektoren von Kopf zu Fuß verbunden sind, wobei ein Pfeil vom Fuß der ersten Kraft zum Kopf der letzten Kraft gezogen wird. Daraus wird die resultierende Kraft berechnet.

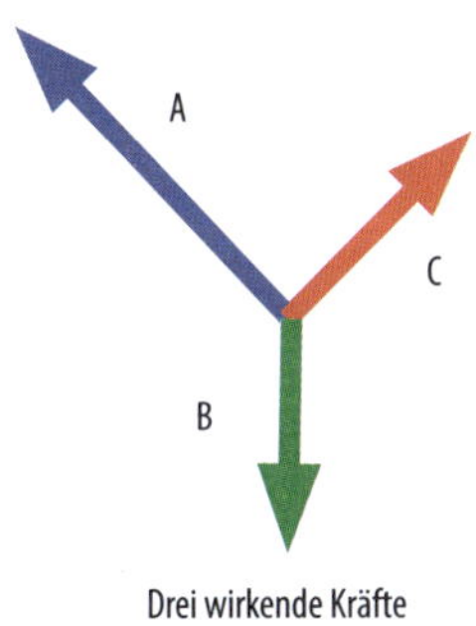

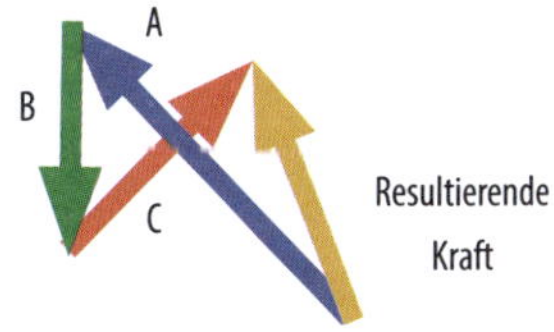

▲ Die Berechnung von Kräften in komplexeren Systemen

Zerlegungsdiagramme (Freikörper-Diagramme)

Ein Zerlegungsdiagramm beschreibt die Kräfte, die auf ein Objekt wirken. Das Objekt wird meistens als Kasten mit von ihm wegzeigenden Kraftpfeilen dargestellt. Während des Gleitens erfährt ein fliegendes Flughörnchen Schwerkraft, die es zum Boden zieht, und Luftwiderstand gegen seine Hautlappen, die es am Fallen hindern. In einem Zerlegungsdiagramm wird das Flughörnchen durch einen Kasten repräsentiert, die Pfeile beschreiben die Größe und Richtung der wirkenden Kräfte.

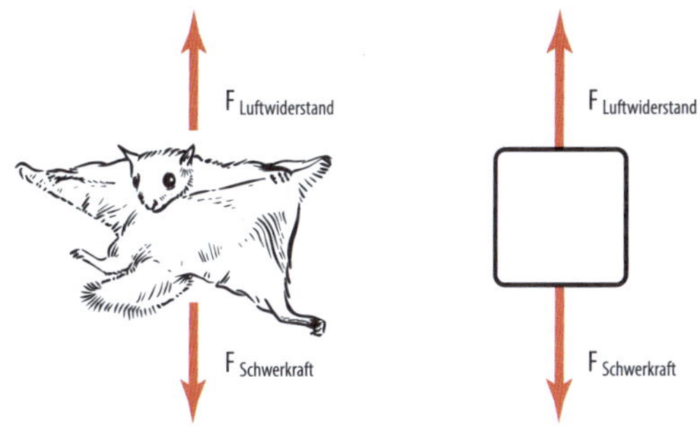

▲ Ein Flughörnchen erfährt im Flug sowohl Schwerkraft als auch Luftwiderstand.

Ein etwas komplizierteres Beispiel ist ein Auto, das einen Hügel hinunterfährt. Die Reibung wirkt in die entgegengesetzte Richtung der vom Motor ausgeübten Kraft und zieht das Auto zurück. Die Schwerkraft zieht das Auto nach unten auf die Straße, aber die Straße selbst drückt das Auto nach oben, um es zu stützen – diese Kraft wird Normalkraft genannt.

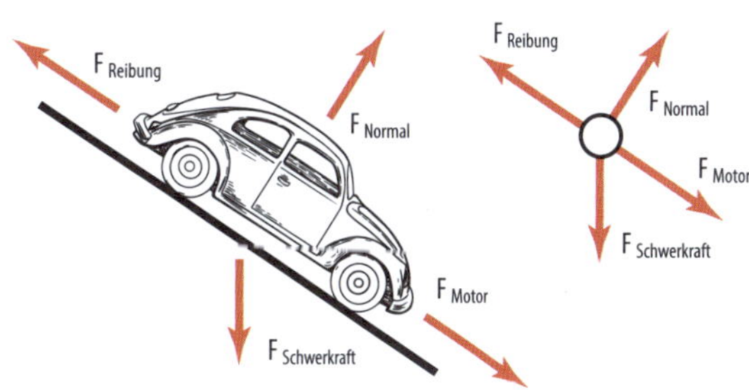

▲ Wenn ein Auto einen Hügel hinunterfährt, ist es einer Reihe von Kräften ausgesetzt.

Feynman-Diagramme

Feynman-Diagramme sind benannt nach dem amerikanischen Physiker Richard Feynman. Sie ermöglichen die Darstellung der Interaktion der verschiedenen Elementarteilchen des Standardmodells (s. S. 158), und was bei ihrem Zusammenprall erzeugt wird.

Auf den beiden Achsen Raum und Zeit im Feynman-Diagramm kann dargestellt werden, wie sich Teilchen bewegen, wenn sie zusammenstoßen. Die Zeit kann vertikal oder horizontal verlaufen, je nach Diagramm.

Die Zeit nimmt in einer Richtung zu, während der Raum als eine Bewegungsdimension dargestellt wird, senkrecht zur Zeitachse. Zwar bewegen sich die Teilchen in Wirklichkeit in drei Dimensionen, aber man braucht nur darzustellen, ob sie sich am selben Ort oder an verschiedenen Orten befinden, und ob sie sich aufeinander zu oder voneinander weg bewegen.

Pfeile zeigen an, ob sich ein Teilchen vorwärts oder rückwärts in der Zeit bewegt. Die verschiedenen Linien repräsentieren verschiedene Arten von Teilchen: gerade Linien für Fermionen, wie Elektronen oder Positronen, oder Baryonen, wie Protonen. Wellenlinien repräsentieren Bosonen, wie Photonen (obwohl eine gestrichelte Linie auch oft für das Higgs-Boson verwendet wird). Linien mit Schleifen repräsentieren Gluonen.

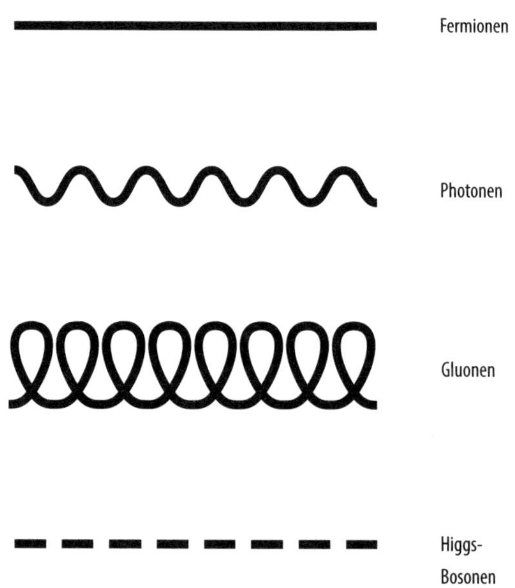

1
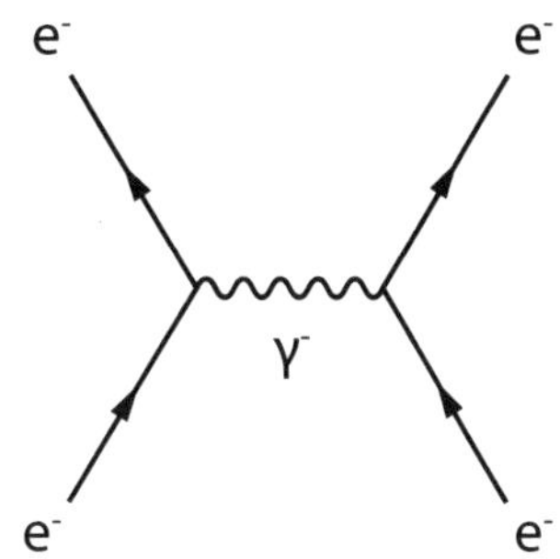

2
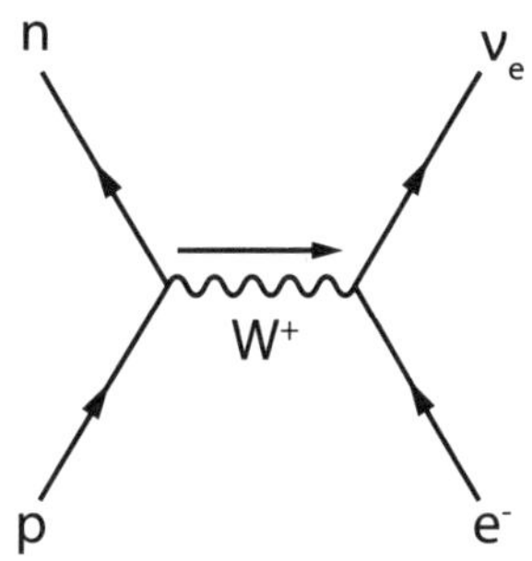

3
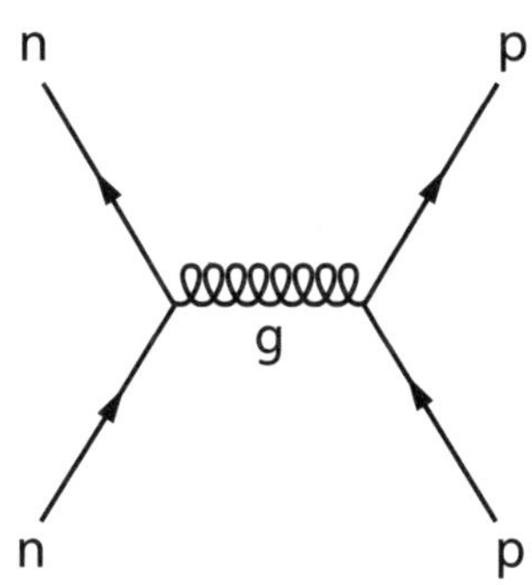

4
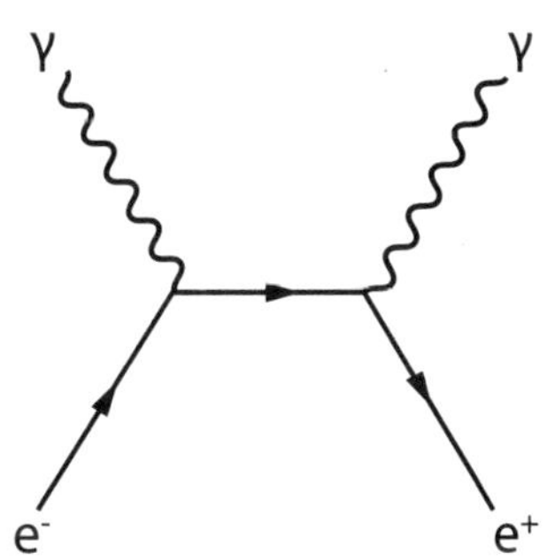

1. Dieses Diagramm zeigt eine Wechselwirkung zwischen zwei Elektronen, wobei die Zeitachse von unten nach oben verläuft. Die Elektronen emittieren und absorbieren ein Photon, Gamma genannt, das sich zwischen ihnen bewegt.

2. Die schwache Wechselwirkung ist eine der vier fundamentalen Wechselwirkungen. Sie findet bei radioaktivem Zerfall statt. In diesem Diagramm interagieren ein Proton und ein Elektron. Das Proton zerfällt in ein Neutron und ein W-Boson, das mit dem Elektron interagiert und ein Elektron-Neutrino bildet.

3. Dieses Diagramm zeigt ein Beispiel für die starke Wechselwirkung, hier die Anziehung von einem Neutron und einem Proton im Atomkern, die durch ein Gluon miteinander verbunden werden, um einen Teil eines Kerns zu bilden.

4. Dieses Beispiel zeigt ein Elektron (links) und ein Positron (rechts), interpretiert als ein Elektron, das sich rückwärts in der Zeit bewegt. Die Teilchen annihilieren sich und erzeugen zwei Photonen (γ).

Feynman-Diagramme können auch kompliziertere Wechselwirkungen beschreiben. Sie hatten einen großen Einfluss auf die moderne theoretische Physik, weil sie eine deutliche Darstellung der Wechselwirkung zwischen Teilchen und einfachere Berechnungen ermöglichen.

Strahlendiagramme

Für das Entwerfen von optischen Geräten – von der Brille bis zum Hochleistungsmikroskop – muss man wissen, wie sich das Licht durch ein Medium bewegt, und was geschieht, wenn es auf eine Oberfläche, ein Material oder eine Linse, trifft. Strahlendiagramme sind die Sprache der optischen Ingenieure.

Licht

1. Ein Lichtstrahl bewegt sich in einer geraden Linie, dargestellt als Linie mit Pfeil, der von der Lichtquelle weg zeigt.

2. Parallele Strahlen werden durch parallele Linien dargestellt.

3. Eine punktförmige Lichtquelle erzeugt Lichtstrahlen in alle Richtungen.

4. In einem Strahlendiagramm wird eine Lichtquelle durch eine Glühbirne oder eine Kerze repräsentiert.

1

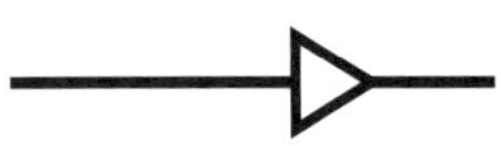

2

3

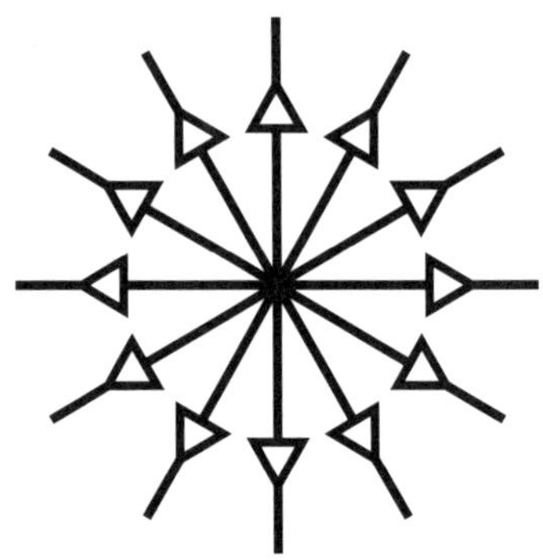

4

Spiegel

1. Eine reflektierende Oberfläche, wie ein Spiegel, wird repräsentiert durch eine Linie, die auf der nicht-reflektierenden Seite schraffiert ist.

2. Ein konkaver Spiegel, der paralleles Licht in einen zentralen Brennpunkt F bündelt (wie dargestellt), oder eine Punktquelle F, die einen parallelen Lichtstrahl erzeugt (zum Beispiel eine Taschenlampe).

3. Konvexe oder divergierende Spiegel reflektieren das Licht nach außen und haben einen „Brennpunkt" hinter dem Spiegel, den das Licht nie erreicht.

1

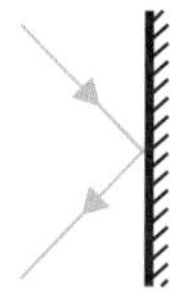

2

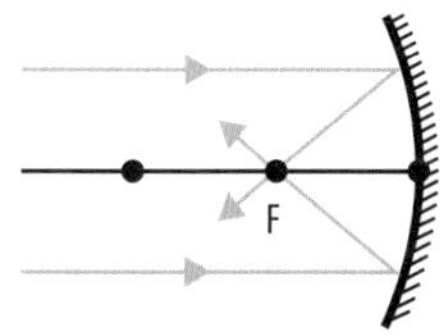

3

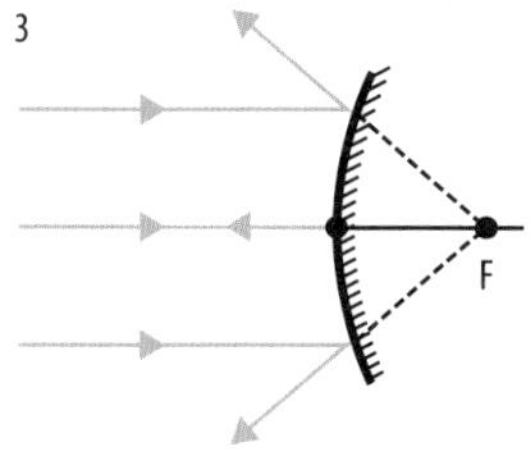

Linsen

1. Eine Sammellinse oder Konvexlinse, dargestellt durch nach außen zeigende Pfeilspitzen, ist in der Mitte dicker und wird an beiden Enden dünner. Konvexlinsen brechen parallel einfallende Lichtstrahlen so, dass sich die Lichtstrahlen im Brennpunkt kreuzen. Konvexe Linsen vergrößern ein Bild, indem sie Lichtstrahlen, die von einem einzigen Punkt ausgehen, in einen Strahl mit weiter entferntem Brennpunkt verwandeln.

2. Eine Zerstreuungs- oder Konkavlinse, repräsentiert durch nach innen zeigende Pfeilspitzen, ist in der Mitte dünner als am Rand. Dadurch werden parallel einfallende Lichtstrahlen so gebrochen, dass sie hinter der Linse divergieren.

1

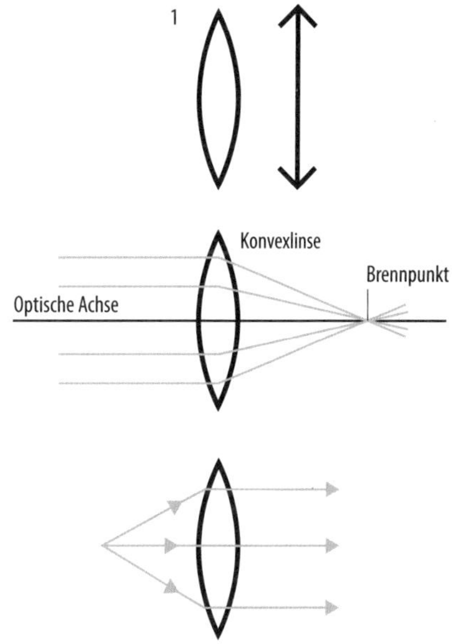

2

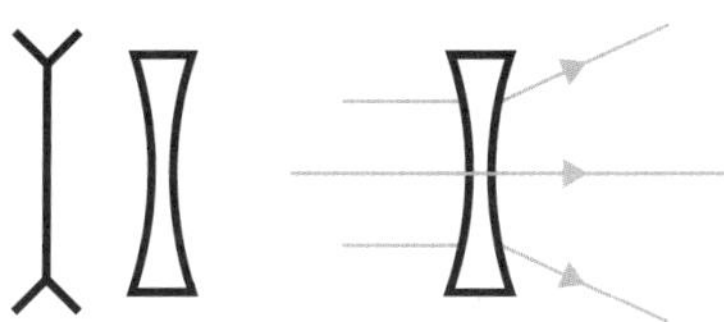

Andere Symbole

1. Ein Prisma zerlegt weißes Licht in seine Spektralfarben, da seine Brechkraft die verschiedenen Wellenlängen des sichtbaren Lichts verschieden stark ablenkt.

2. Im Strahlendiagramm wird der Standort des Beobachters meistens durch einen Augapfel dargestellt.

1

2

Das Sonnensystem

Früher gab es viele Symbole für die Planeten unseres Sonnensystems und andere Himmelskörper. Zwar spielen diese in der Wissenschaft keine Rolle mehr, aber man findet sie in alten Texten, in der Astrologie, Heraldik, Kunst und im Design.

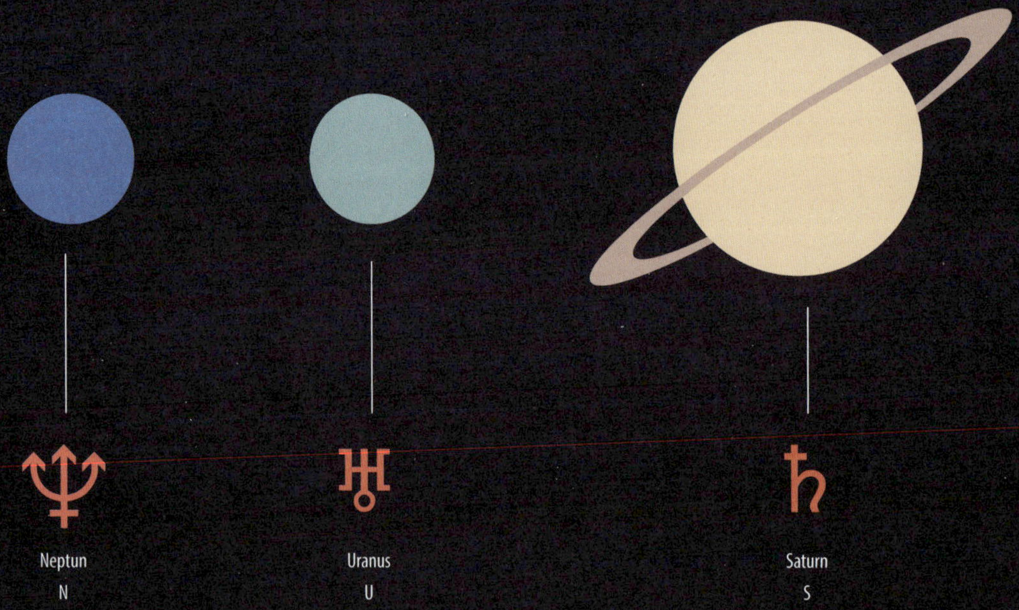

Die Planeten
Weil die Symbole für die Planeten auf der antiken griechischen und römischen Astronomie basieren, hat die Internationale Astronomische Union (IAU) die Verwendung lateinischer Anfangsbuchstaben vorgeschlagen.

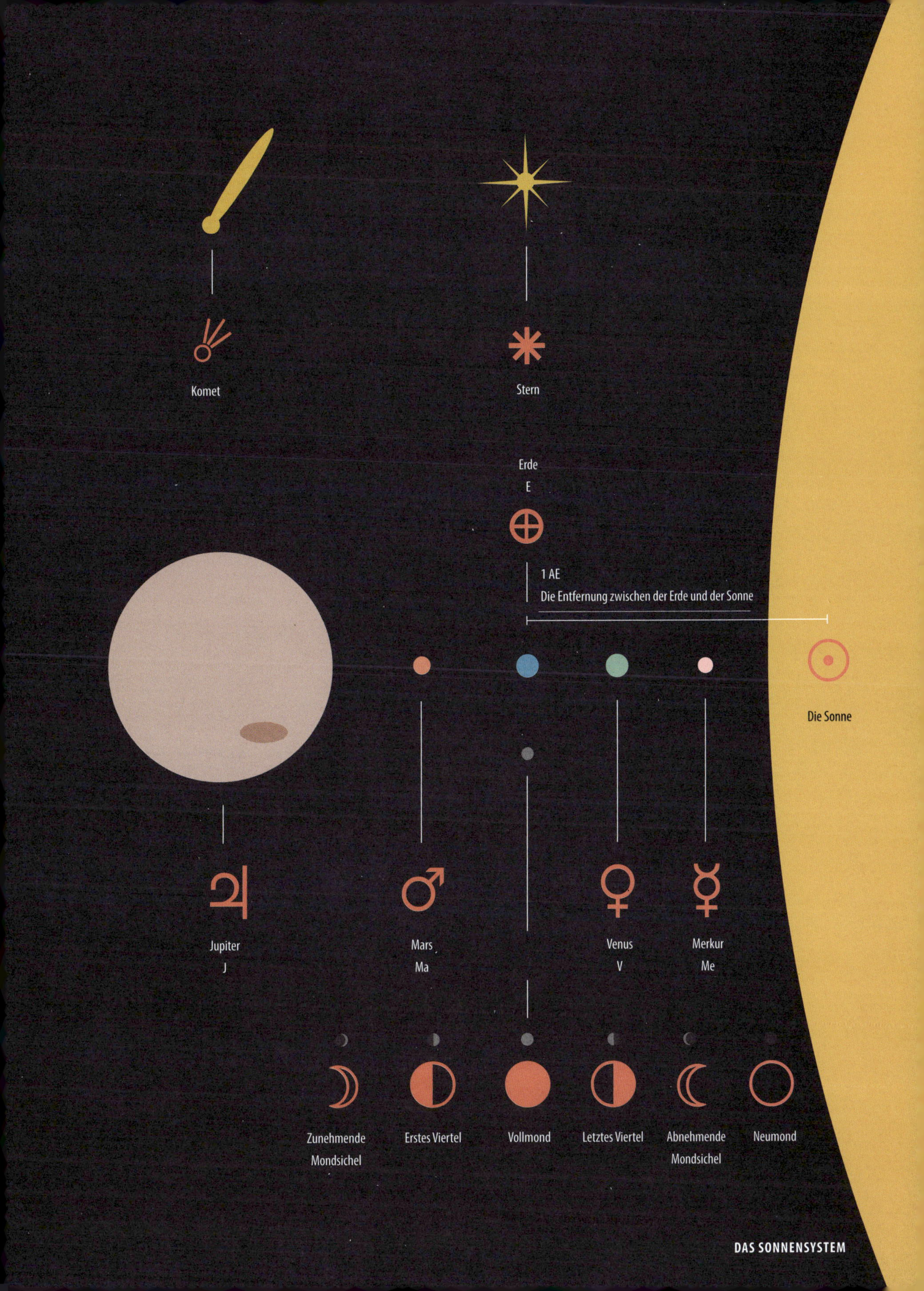
Komet
Stern
Erde
E
1 AE
Die Entfernung zwischen der Erde und der Sonne
Die Sonne
Jupiter
J
Mars
Ma
Venus
V
Merkur
Me
Zunehmende Mondsichel
Erstes Viertel
Vollmond
Letztes Viertel
Abnehmende Mondsichel
Neumond

Das Standardmodell der Teilchenphysik

Atome bilden die chemischen Elemente und die gesamte physikalische Welt – aber woraus besteht ein Atom? In den 1970er Jahren einigten sich die Physiker auf eine Theorie namens „Standardmodell“. Es beschreibt die subatomaren Teilchen, die drei der vier Grundkräfte (Elektromagnetismus, schwache Wechselwirkung und starke Wechselwirkung) vermitteln.

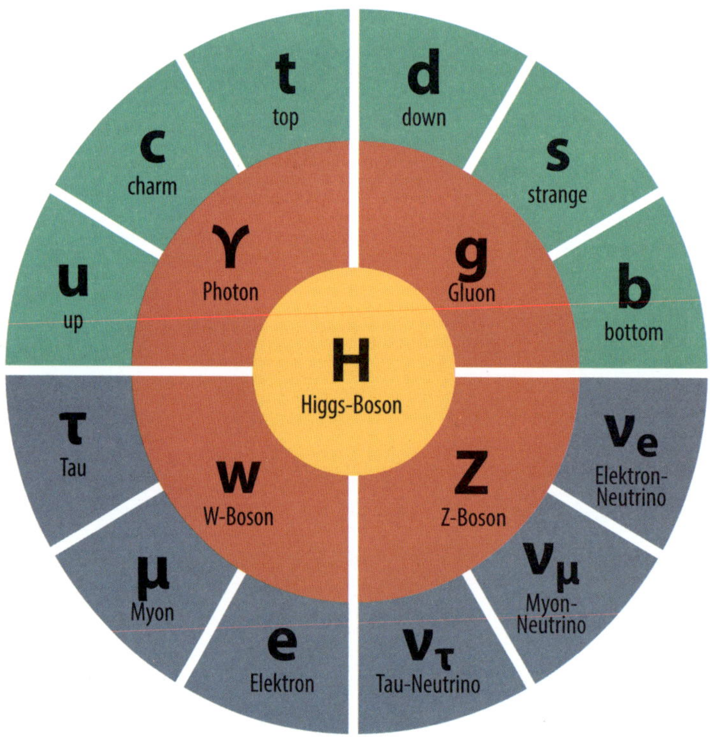

Alle Materie besteht aus Elementarteilchen. Atome bestehen aus Protonen und Neutronen, die ihrerseits wiederum aus Quarks bestehen. Alle stabilen Protonen und Neutronen im Universum setzen sich aus up (u) und down (d) Quarks zusammen. Die größeren charm (c), strange (s), top (t) und bottom (b) Quarks sind zu instabil und zerfallen schnell in up und down-Quarks.

Das Higgs-Boson (H) ist das Teilchen, das anderen Elementarteilchen, wie Elektronen und Quarks, Masse verleiht. Es ist das jüngste Elementarteilchen und wurde 2012 von einem großen internationalen Team von Wissenschaftlern und Ingenieuren am CERN im großen Hadronenbeschleuniger (LHC) entdeckt.

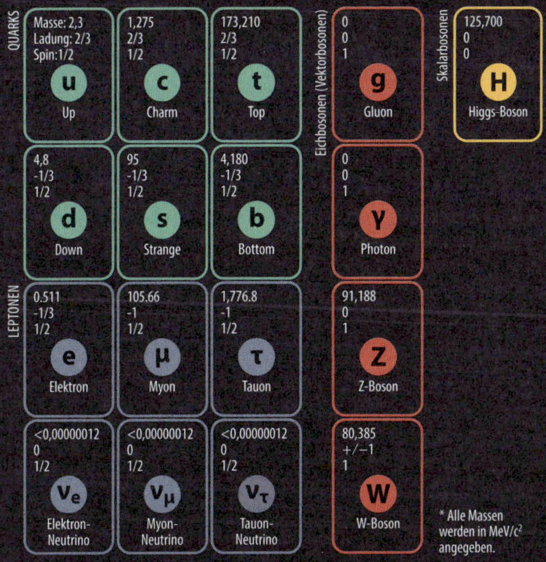

Zu den Leptonen gehören das bekannte Elektron (e), das weniger bekannte Myon (μ) und das Tauon, oder Tau (τ). Alle tragen eine negative Ladung. Das Myon und das Tau zerfallen schnell. Das Elektron wurde 1897 von dem Physiker J. J. Thomson entdeckt und war das erste bekannte Elementarteilchen. Das Elektron, Myon und Tau-Neutrino haben eine sehr geringe Masse und keine Ladung, man kann sie schwer untersuchen.

Eichbosonen, oder Vektorbosonen, sind Elementarteilchen, die die Grundkräfte übertragen. Die elektromagnetische Kraft wird übertragen durch das Photon (ɣ), die starke Wechselwirkung wird durch das Gluon (g) vermittelt. Die Z- und W-Bosonen übertragen die schwache Wechselwirkung, die die Quarks in den Protonen und Neutronen zusammenhält.

Biologie

Biologie ist die Lehre von den Lebewesen. Ob man die Organismen und ihre Familien oder das Funktionieren der winzigen molekularen Maschinen in den Zellen erforscht – Biologen brauchen Symbole und Kurzschrift, um Daten effizient zu erfassen.

Die vielleicht bekanntesten vier Buchstaben in der Biologie sind A, T, G und C. Sie repräsentieren die vier Chemikalien, aus denen die DNA besteht und die den genetischen Code bilden, der alle lebenden Organismen auf unserem Planeten definiert (s. S. 164).

Die DNA ist eine Art Bauplan zur Herstellung von Proteinen, die nanogroßen Bausteine des Lebens. Proteine sind verantwortlich für den Aufbau der Zellen, den Stoffwechsel und die molekularen Maschinen, die die chemischen Reaktionen in den Zellen beschleunigen, die uns Lebewesen am Leben erhalten. Proteine sind aufgebaut aus 20 chemischen Grundbausteinen, von denen jeder einen Code aus drei Buchstaben und ein Symbol aus einem Buchstaben hat (s. S. 166).

Während die DNA bestimmt, wie sich Organismen entwickeln, sind Proteine für das Tagesgeschäft zuständig – und das Leben in einer Zelle ist komplex auf kleinstem Raum. Um das Leben auf molekularer Ebene zu beschreiben und biochemische Reaktionen darzustellen, verwendet die Systembiologie Symbole, Linien und Pfeile (s. S. 162).

Zur Darstellung von Beziehungen zwischen den Mitgliedern einer Familie werden grafische Karten benutzt: vom einfachen Stammbaum bis hin zum komplexeren Genogramm (Familiendiagramm), das auch die erblichen und verhaltensbezogenen Beziehungen zwischen Verwandten (s. S. 168) erfasst.

Die vier Nukleinbasen der DNA

A

Adenin

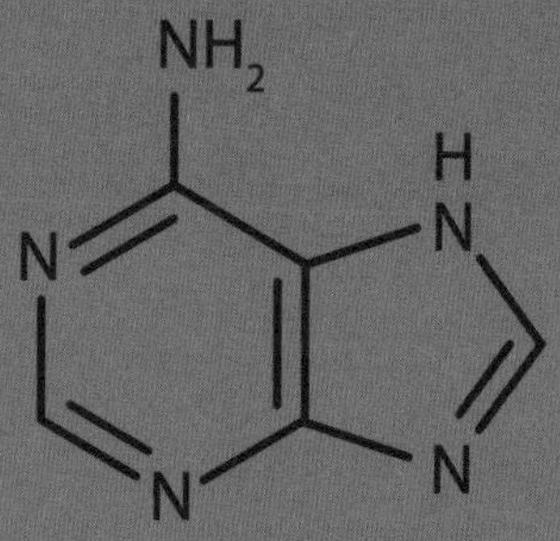

T

Thymin

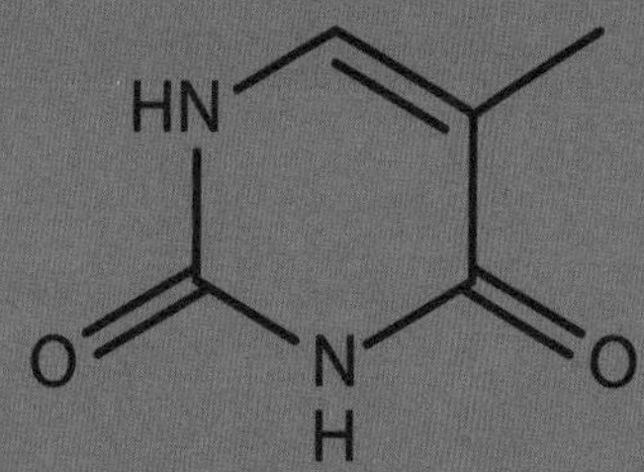

G

Guanin

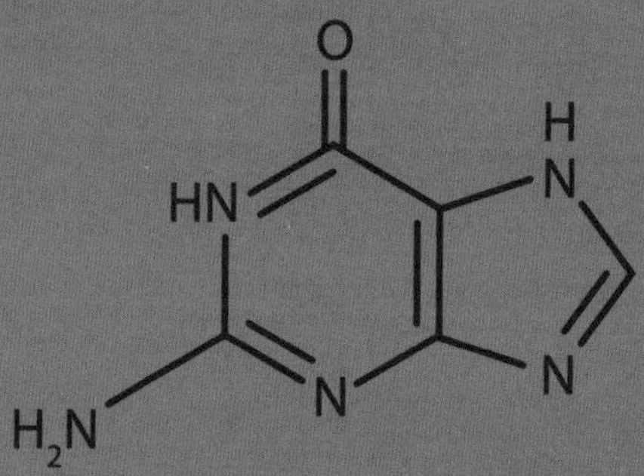

C

Cytosin

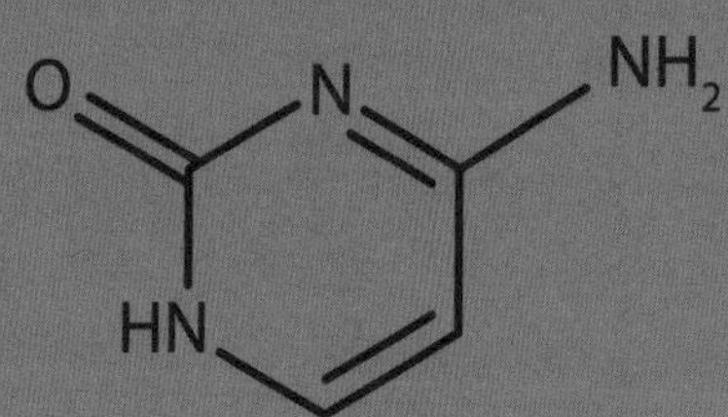

Systembiologie

Durch ein Mikroskop betrachtet sieht eine Zelle ruhig aus. In Wirklichkeit ist sie jedoch ein chaotischer Ort, an dem Tausende von chemischen Reaktionen ablaufen. Molekulare Maschinen, die Enzyme, sorgen dafür, dass dieser komplexe Tanz erleichtert wird und auf kontrollierte Weise stattfindet.

Die Kartierung biologischer Prozesse

Molekularbiogen, Zellbiologen und Biochemiker beschreiben die Struktur chemischer Reaktionen in ähnlicher Weise, wie die U-Bahnlinien und Bahnhöfe auf einem Netzplan der U-Bahn dargestellt werden. Dazu gehören auch die Möglichkeiten umzusteigen und in eine andere Richtung zu fahren. Die Systembiologie hat einen standardisierten Satz von Symbolen entwickelt, der diese Wege beschreibt.

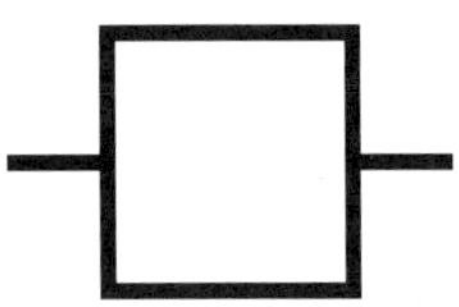

Im Grunde besteht die Biologie aus Prozessen, bei denen chemische Stoffe von einer Form in eine andere umgewandelt werden.

Biologische Moleküle

Die Hauptakteure der Biochemie sind kleine und einfache Moleküle (zum Beispiel Zucker), größere Makromoleküle, wie Proteine oder Enzyme, und genetische Informationen in Form von DNA oder RNA (s. S. 164–165). Diese werden durch die folgenden Symbole dargestellt:

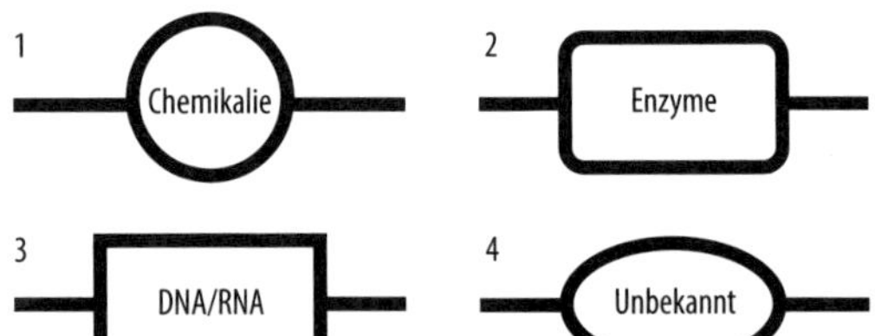

1. Eine einfache Chemikalie, die durch ein Enzym in ein neues Produkt umgewandelt wird. **2**. Ein Enzym oder ein großes Molekül. **3**. DNA, RNA oder Nukleinsäure. **4**. Eine unbekannte oder nicht spezifizierte Substanz.

Katalyse

1. Hier wird ein Molekül A in Molekül B umgewandelt. Dieser Prozess wird katalysiert durch C, höchstwahrscheinlich ein Enzym.
2. In diesem Beispiel wird Zucker in Glukose-6-phosphat umgewandelt, katalysiert durch das Enzym Hexokinase. Dies ist eine wichtige Reaktion in unserem Körper, weil wir auf diese Weise Energie aus Nahrung gewinnen.
3. Zur Verringerung der Menge einer produzierten Chemikalie kann ein Inhibitor verhindern, dass eine Reaktion stattfindet.

Konnektor	Name	Definition
——▷	Stimulation	Prozess wird beschleunigt.
——┤	Inhibition	Prozess wird verlangsamt.
——○	Katalyse	Prozess wird durch ein Enzym beschleunigt.
——◇	Modulation	Prozess wird auf nicht spezifizierte Weise verändert.
——▶	Produktion	Substanz wird produziert.

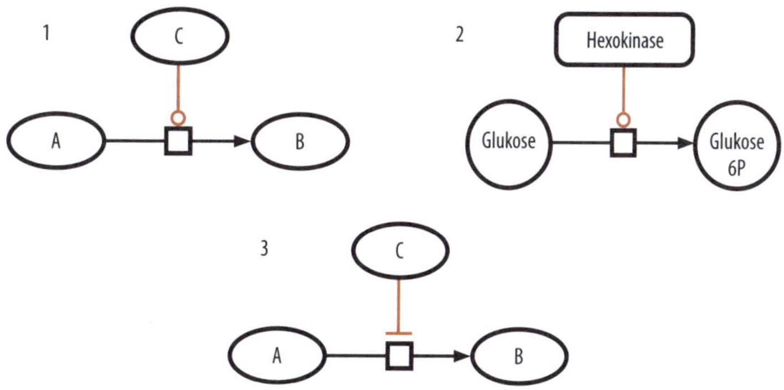

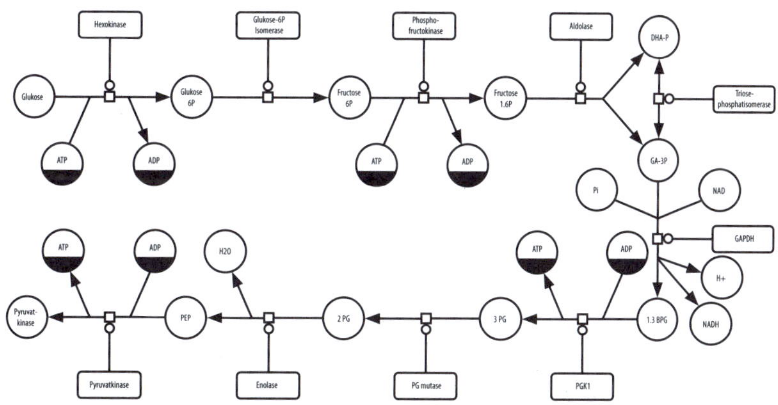

Kartierung komplexer Systeme

Biologische Prozesse sind nicht immer so einfach wie „A wird zu B“, sondern bestehen oft aus mehreren Stufen. Mit dem Diagramm oben lassen sich die unglaubliche Komplexität biologischer Prozesse und die Wechselwirkungen innerhalb einer Zelle auf einfache Weise darstellen.

Zum Beispiel wird bei dem Abbau von Glukose zu Pyruvat (s. oben) Energie frei, die von der Zelle genutzt werden kann.

DNA

Die DNA, die Desoxyribonukleinsäure, ist das Lebensmolekül. Sie ist der Code, der bestimmt, wie Lebewesen aufgebaut sind. Die DNA besteht aus langen Strängen von sich wiederholenden Molekülen, den Nukleotiden. Eine andere Form des genetischen Materials, die RNA, hat eine ähnliche Struktur wie die DNA.

Die wichtigsten Nukleotide sind die Basen, sie „codieren" die Informationen. Sie sind mit einem Desoxyribose- (DNA) oder Ribose- (RNA) Zuckermolekül verknüpft.

Die vier wichtigsten DNA-Basen haben entweder eine Pyramidin-Struktur oder ein Ringsystem, bei dem ein sechs- und ein fünfgliedriger Ring zusammengefügt sind (die Purine).

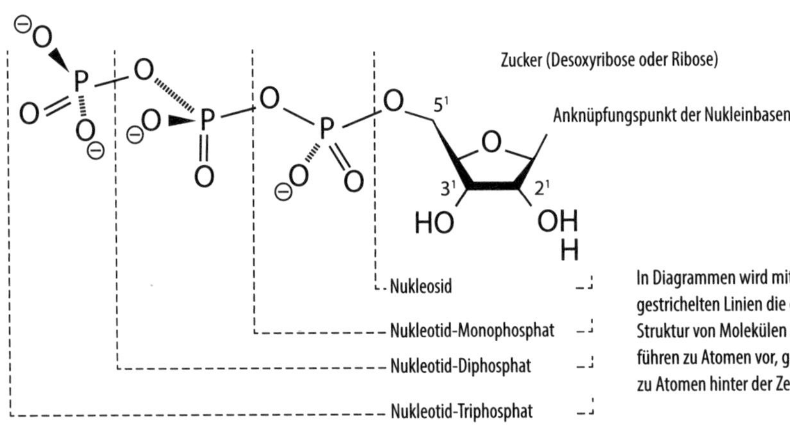

In Diagrammen wird mittels Keilen und gestrichelten Linien die dreidimensionale Struktur von Molekülen dargestellt. Keile führen zu Atomen vor, gestrichelte Linien zu Atomen hinter der Zeichenebene.

▲ DNA- und RNA-Nukleotide haben eine Pyrimidin- oder Purinbase, die mit einem Zuckermolekül verbunden ist, um ein Nukleosid zu bilden. Daran schließen sich eine oder mehrere Phosphatgruppen an.

Die Pyrimidine

Cytosin bindet mit Guanin.

C

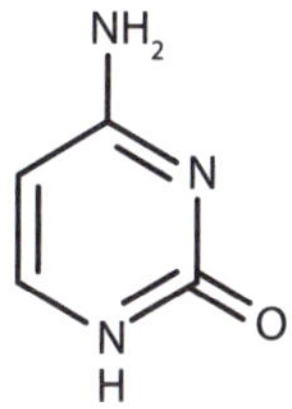

Thymin bindet mit Adenin.

T

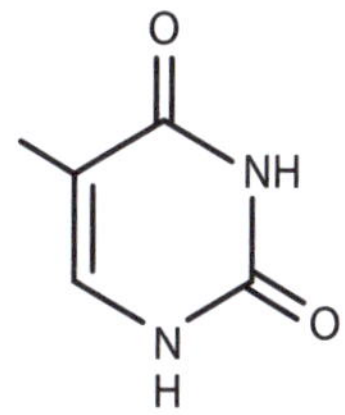

Die Purine

Adenin bildet Wasserstoffbrücken mit Thymin.

A

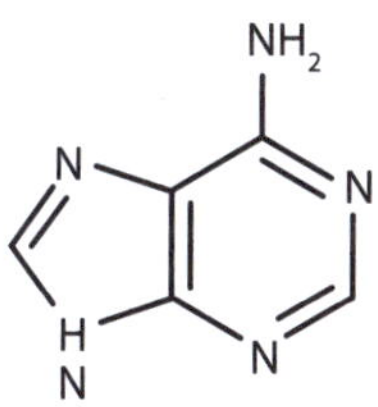

Guanin bildet Wasserstoffbrücken mit Cytosin.

G

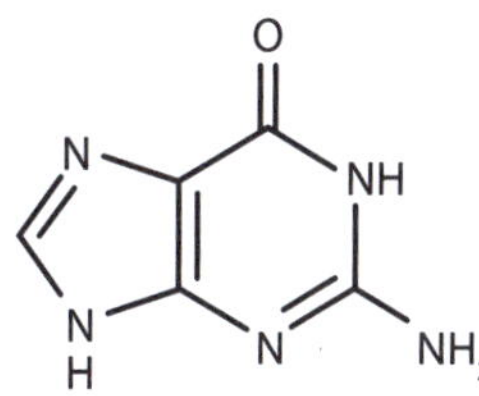

Andere Basen

Die Funktion der mit der DNA eng verwandten RNA ist die Umsetzung von genetischer Information in Proteine (s. S. 166). RNA enthält anstatt von Cytosin-Molekülen Uracil-Molekülen Uracil-Moleküle.

U

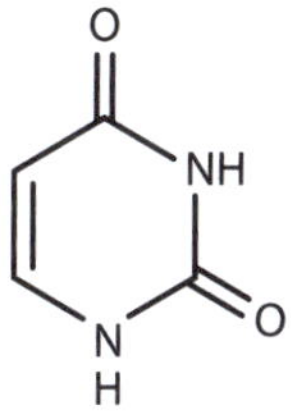

Ψ N1-Methylpseudouridin. Obwohl nicht offiziell eine Base, hat dieses Nukleotid die Medizin und die Impfstofftechnologie in den 20er Jahren dieses Jahrhunderts revolutioniert. Durch den Einbau von Ψ sind die neuen Covid-Impfstoffe stabiler, länger wirksam und verbessern die Immunreaktion.

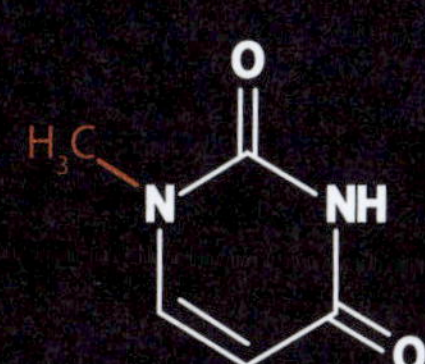

Proteine

Alles Leben wird mit DNA kodiert und mittels Proteinen aufgebaut. Proteine sind lange, komplizierte Moleküle aus 20 verschiedenen Grundchemikalien, Aminosäuren genannt. Aminosäuren werden in nahezu unendlichen Kombinationsmöglichkeiten zu einer langen Kette zusammengefügt. Sobald ein Protein synthetisiert ist, faltet es sich zu einer komplizierten dreidimensionalen Struktur, die seine Funktion diktiert.

Struktur einer Aminosäure

Der Begriff Aminosäure stammt von ihren chemischen Bestandteilen: eine Aminogruppe und eine Carbonsäure. Bei der Proteinbiosynthese werden die Carbonsäure- mit den Aminogruppen verknüpft. Die Seitenkette befindet sich an der Stelle, wo sich die Eigenschaften der Aminosäure, und also auch der resultierenden Proteine, befinden. Während in der Natur rund 500 Arten von Seitenketten vorkommen, kommen nur zwanzig häufig in Lebewesen vor. Diese zwanzig haben sowohl ein- als auch dreibuchstabige Codes, die anhand ihrer chemischen Strukturen geordnet werden. Die Namenskürzel im Dreibuchstabencode werden in kurzen Proteinsequenzen verwendet. Aminosäuren mit Ein-Buchstaben-Codes werden bei der Darstellung großer Proteinsequenzen verwendet. Sie sind besonders nützlich in Datenbanken, da sie weniger Computerspeicher beanspruchen als Dreibuchstabencodes.

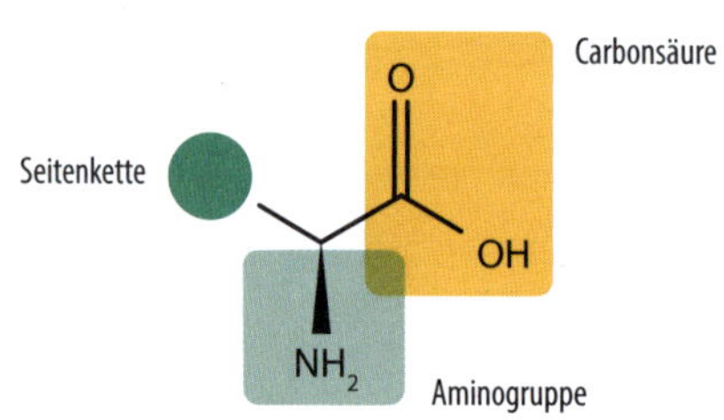

▲ Die chemische Struktur einer Aminosäure

Hydrophobe Seitenketten

Diese Aminosäuren haben eine fettige und wasserweisende Seitenkette, sie falten sich in den inneren Abschnitten von Proteinen.

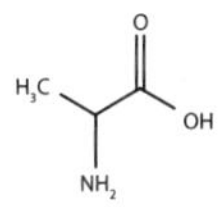

A | ALA | Alanin

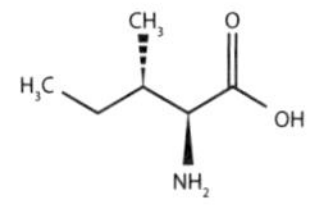

I | ILE | Isoleucin

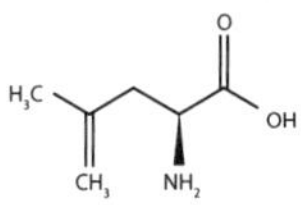

L | LEU | Leucin

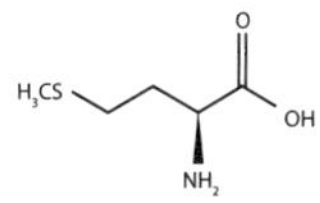

M | MET | Methionin

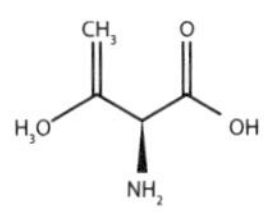

V | VAL | Valin

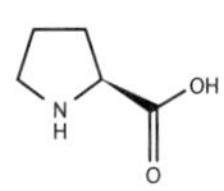

P | PRO | Prolin

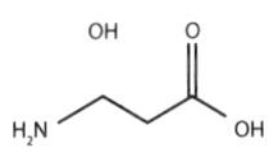

G | GLY | Glycin

Aromatische hydrophobe Seitenkette

Diese Aminosäuren enthalten planare, aromatische Ringstrukturen.

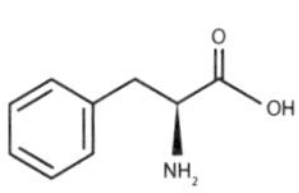

F | PHE | Phenylalanin

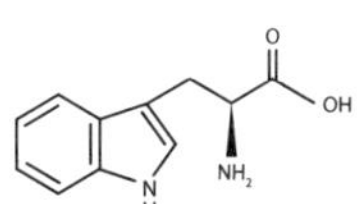

W | TRP | Tryptophan

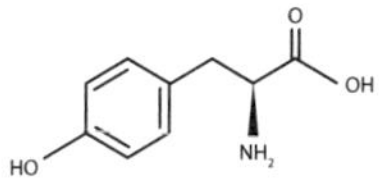

Y | TYR | Tyrosin

Polar neutrale Seitenketten

Die Seitenketten dieser Aminosäuren enthalten sowohl negativ als auch positiv geladene Atome, deren Ladungen sich aufheben und damit nach außen neutral werden.

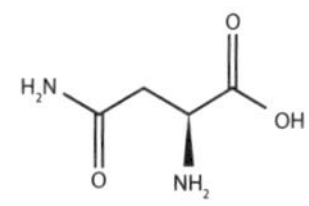

N | ASN | Asparagin

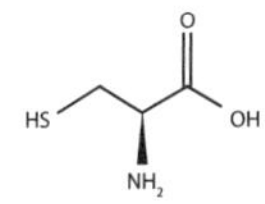

C | CYS | Cystein

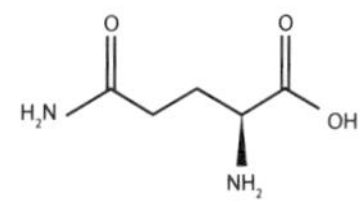

Q | GLN | Glutamin

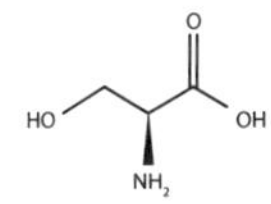

S | SER | Serin

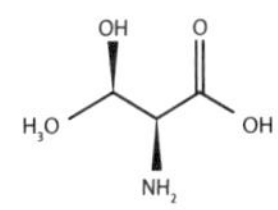

T | THR | Threonin

Saure Seitenkette

Unter normalen zellulären Bedingungen sind diese Aminosäuren sauer und geben ein Proton (H^+) ab.

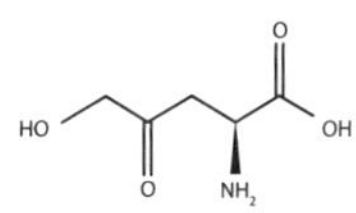

D | ASP | Asparaginsäure

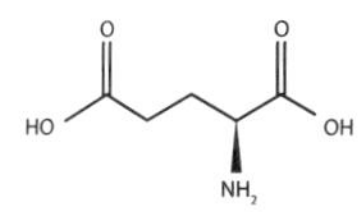

E | GLU | Glumatinsäure

Basische Seitenketten

Sie sind das Gegenteil der sauren Aminosäuren und binden ein Proton auf ihren Seitenketten.

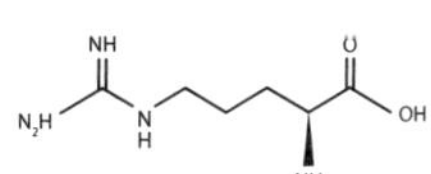

R | ARG | Arginin

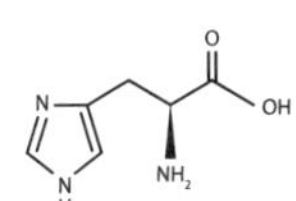

H | HIS | Histidin

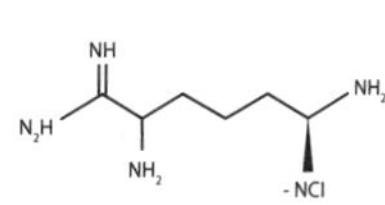

K | LYS | Lysin

Stammbäume und Genogramme

Die Erstellung eines Stammbaums und die Suche der Vorfahren ist eine faszinierende Beschäftigung. Auch das Verständnis der Verwandtschaftsbeziehungen in bestehenden Familien ist interessant und kann zur Ermittlung der Wahrscheinlichkeit von Erbkrankheiten genutzt werden.

Stammbäume und Genogramme

Ein Stammbaum enthält normalerweise Namen und manchmal Geburts- und Sterbedaten. Die Linien verbinden verwandte Personen und ihre Kinder. Genogramme sind komplizierter. Sie werden oft dazu verwendet, potenzielle Vererbungsmuster oder soziale Faktoren innerhalb einer Familie zu analysieren. Sie enthalten sowohl Namen und Daten, als auch Symbole, deren unterschiedliche Farben bestimmte Merkmale repräsentieren, und verschiedene Linien zwischen den Symbolen, um Beziehungen darzustellen.

Männer werden als Viereck und Frauen als Kreis dargestellt. Sogar Haustiere haben ihr eigenes Symbol: eine Raute. Wenn ein Kind adoptiert oder in Pflege genommen wird, werden die Linien entsprechend verändert. Nicht eineiige Zwillinge werden angezeigt durch den gemeinsamen Punkt, von dem sie abzweigen, eineiige Zwillinge werden durch eine weitere Linie verbunden und bilden ein Dreieck.

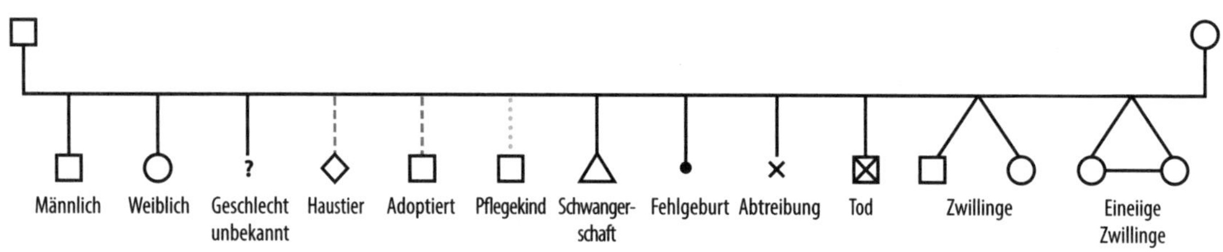

▲ Grundlegende Symbole im Genogramm

Es gibt viele Möglichkeiten, Familienbeziehungen darzustellen. Nachfolgend wird die Beziehung zwischen zwei Eltern mit den am häufigsten vorkommenden Möglichkeiten beschrieben.

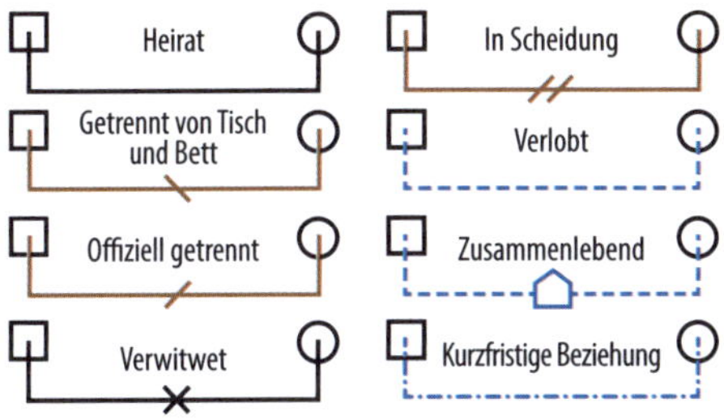

In der Medizin verwendet man Genogramme, um Erkrankungen in der familiären Herkunft aufzuspüren und sie damit möglicherweise zu erklären. Erkrankungen werden im oberen linken Viertel (eingefärbt) der Symbole angegeben:

Emotionale Beziehungen

Genogramme stellen die Beziehung zwischen Eltern und Kindern dar, wie ein normaler Stammbaum. Sie zeigen aber zusätzlich, wie Familienmitglieder emotional zueinander stehen, was durch farbige Linien zwischen den Personen angezeigt wird. Von den vielen möglichen emotionalen Beziehungen werden unten einige genannt:

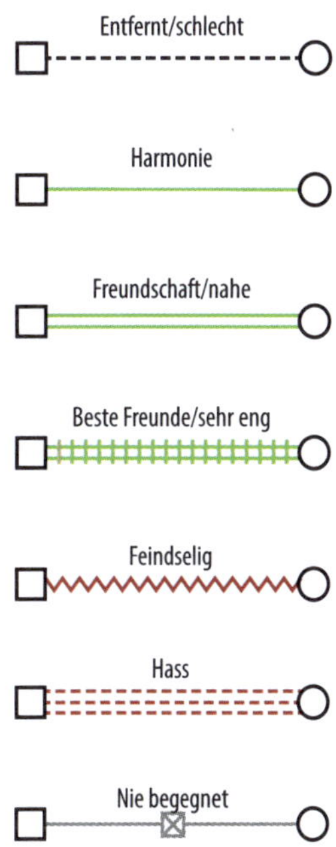

Das Skywalker-Genogramm

Dies ist das Genogramm der Skywalker Familie aus dem *Star Wars*-Universum. Anakin, Luke, Leia, und Ben sind Träger von Midi-Chlorianern, hier mit einem Punkt angezeigt. Mit einem Genogramm

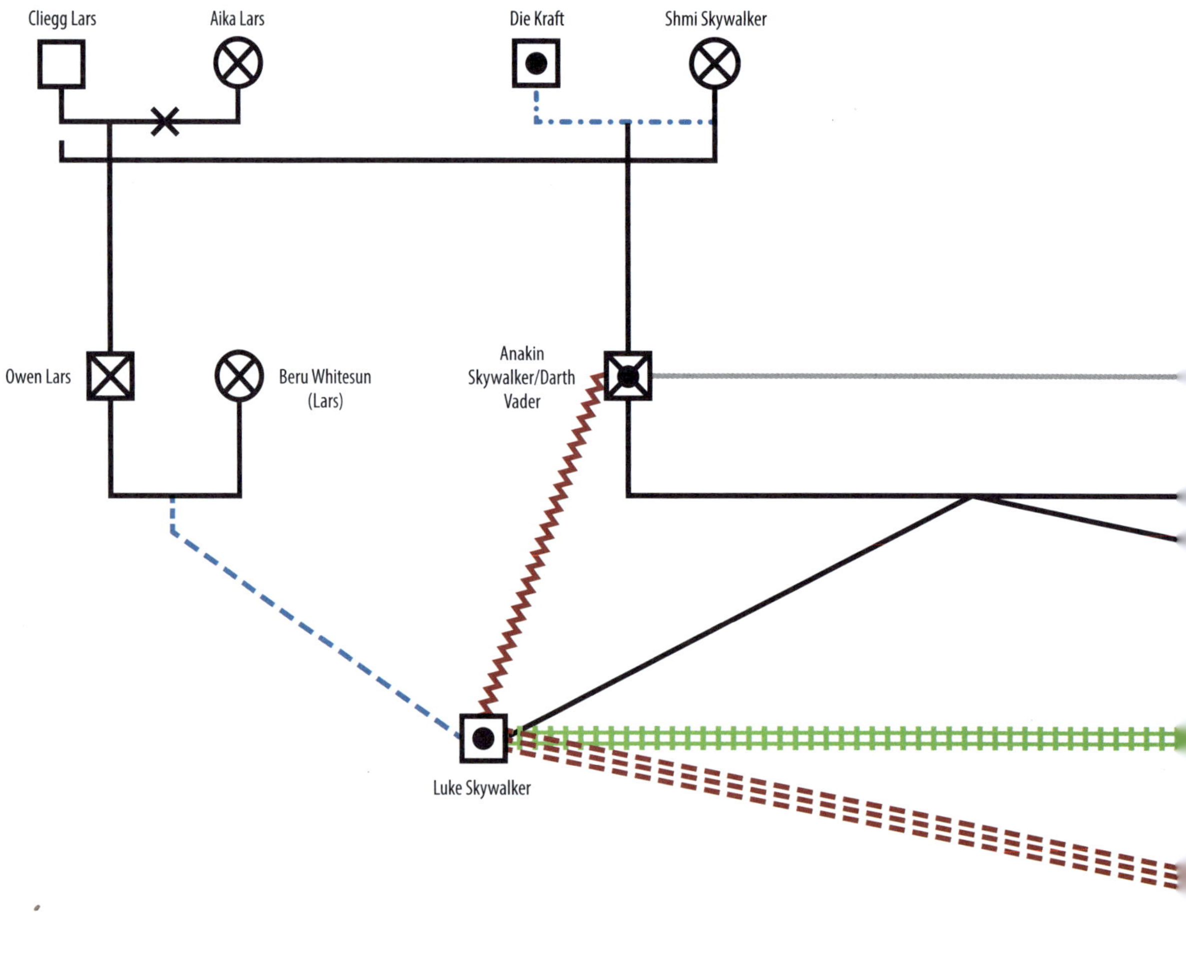

können wir vererbten Eigenschaften folgen. Wenn wir den Familienmitgliedern mit den Punkten im Symbol folgen, sehen wir, wer die Fähigkeit geerbt hat, die Kraft zu nutzen.

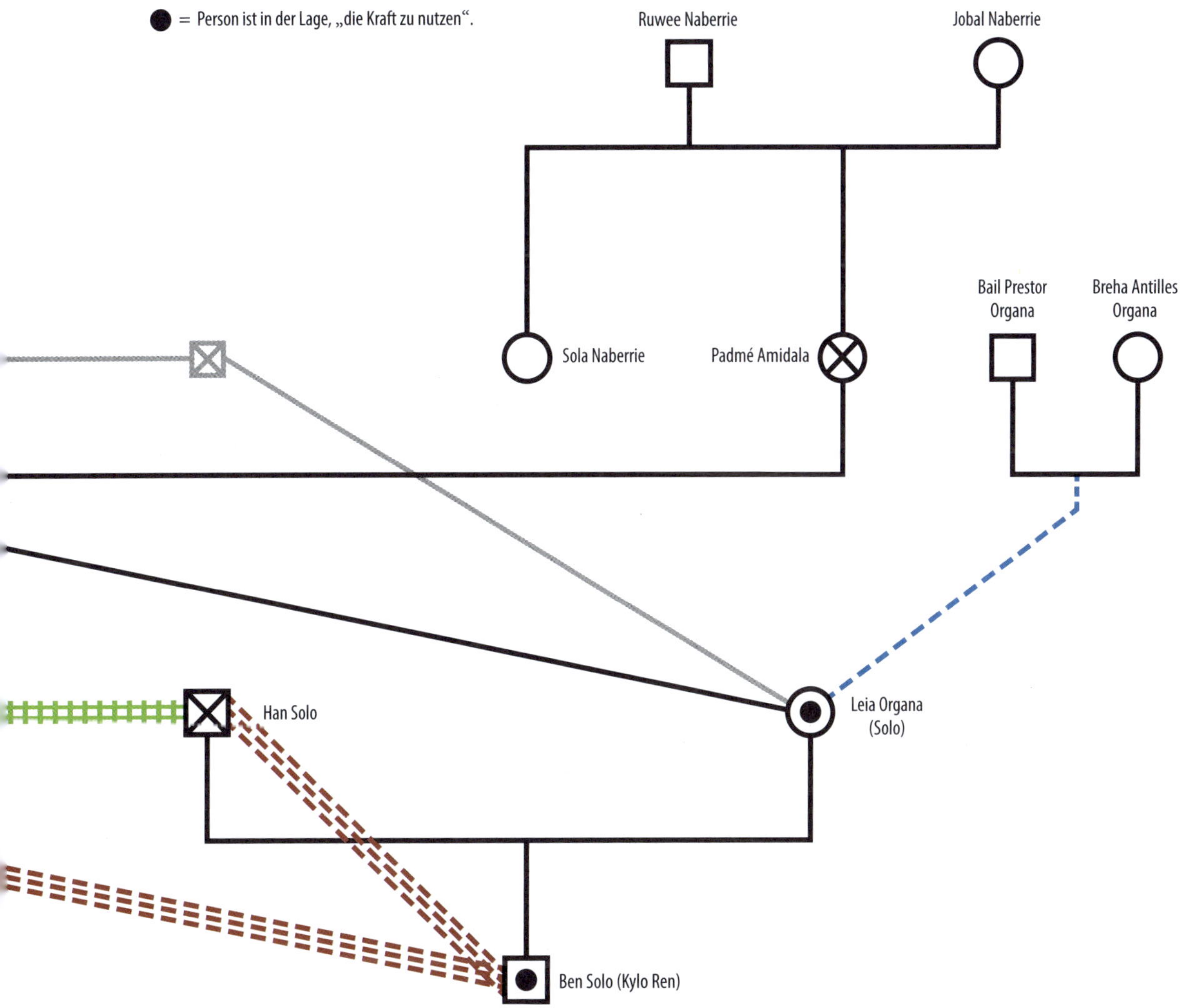

Informatik und Elektronik

Aufgrund ihrer Vielzahl an elektronischen Schaltungen und elektrischen Strömen wurden in der Informatik zahlreiche Symbole entwickelt. Die Disziplin kennt viele Symbolsprachen und Systeme, die eine präzise Notation erfordern. Schaltkreise werden zum Beispiel mittels Diagrammen dargestellt.

In der Informatik wird Information durch elektrische Impulse übertragen. Der Strom in einer Leitung ist anwesend (an) oder nicht anwesend (aus) (1s oder 0s) und wird in binären Zahlen angegeben (mehr über Binärzahlen, s. S. 70). Diese 1en und 0en – auch als „wahre" und „falsche" Werte bezeichnet – werden mittels logischer Verfahren kombiniert. Die in Schaltkreisen verwendeten physikalischen Logikgatter haben ihre eigene symbolische Notation (s. S. 182).

Computer werden mit Programmen gesteuert, die in codierter Sprache geschrieben sind. Es gibt Hunderte solcher Programmiersprachen, wie Python, Java, C++, PHP, JavaScript, SQL, Kotlin und Ruby. Jede hat einen anderen Zweck und einen anderen Komplexitätsgrad. Programmiercodes kennen viele Symbole und Abkürzungen, von denen einige auf Seite 174 aufgeführt sind. Jede Programmiersprache hat ihre eigenen Konventionen, die sogenannte Syntax, deren Symbole bestimmte Operationen andeuten. Computerprogramme müssen große Datenmengen speichern, interpretieren und bearbeiten. Mittels Mustererkennung (s. S. 176) kann in Datensätzen sehr präzise nach Mustern gesucht werden.

Die Widerstände in elektronischen Schaltungen haben ein eigenes Farbkodierungssystem (s. S. 180). Diagramme sind wichtig für die Darstellung elektrischer Schaltungen, vor allem seitdem die Leiterplatten mikroskopisch klein und sehr komplex sind. In Schaltplänen haben elektronische Komponenten ihre eigenen Symbole (s. S. 178).

01

Code

Es gibt viele verschiedene Programmiersprachen, aber sie verwenden oft die gleichen Symbole und Abkürzungen, um Anweisungen zur Ausführung durch den Computer zu schreiben.

Die gängigen Funktionen, die Operatoren, haben als Codes bestimmte Kurzzeichen oder Phrasen, mit deren Hilfe die Codierung beschleunigt, die Lesbarkeit des Codes verbessert und Speicherplatz gespart wird. Es gibt arithmetische, vergleichende und logische Operatoren. Außerdem gibt es die Möglichkeit, Werte zuzuweisen.

Arithmetische Operatoren

Während Addition (+) und Subtraktion (-) mit den üblichen mathematischen Symbolen dargestellt werden (s. S. 92), gilt dies nicht für Multiplikation und Division. Für einige andere komplexere mathematische Operatoren gibt es ebenfalls Kurzzeichen.

1. Die Multiplikation wird nicht mit dem (sowohl für Menschen als auch für Computer) verwirrenden x dargestellt, sondern mit einem Sternchen (Asterisk).

2. Die Computertastatur enthält kein Obelus-Symbol (÷). Die Division wird mit einem Schrägstrich dargestellt.

3. Der Modulus-Operator zeigt den Rest bei der Division an, wie in der modularen Arithmetik (s. S. 103). Beispiel: 5 % 2 = 1. Da 2 zweimal in 5 passt, bleibt ein Rest von 1 übrig.

4. Ein doppelter Schrägstrich wird verwendet, um die Untergrenze bei der Division anzugeben: das größte Vielfache einer Zahl, das passt, oder das abgerundete Ergebnis einer normalen Division. Zum Beispiel: 7 / 3 = 2,33..., aber 7 // 3 = 2.

5. Ein doppeltes Sternchen bezeichnet die Berechnung einer Zahl als Potenz einer anderen. Wenn man zum Beispiel 3 mit 5 (3^5) potenzieren will, lautet die Operation 3 ** 5.

1 *

2 /

3 %

4 //

5 **

Relationale Operatoren

Diese Operatoren vergleichen zwei Werte auf beiden Seiten des Operators und geben dann die Boole'schen Werte WAHR oder FALSCH zurück (s. S. 183)

6. In der Programmierung wird das Symbol = verwendet, um einen Wert zuzuweisen, == bedeutet einen Vergleich. == prüft die Werte auf beiden Seiten (z. B. *x* == y) und gibt WAHR zurück, wenn die beiden Werte gleich sind. Wenn die Werte ungleich sind, wird FALSCH zurückgegeben.

7. Das Ausrufezeichen bedeutet die Negation der Gleichheit (ungleich). Sind die Werte auf beiden Seiten ungleich, erscheint WAHR.

8. Die Symbole „größer als" und „größer als oder gleich" werden durch > mit oder ohne = repräsentiert. Ist der Wert auf der linken Seite größer als der Wert auf der rechten Seite, wird WAHR zurückgegeben.

9. Analog dazu werden „kleiner als" oder „kleiner als oder gleich" durch < mit oder ohne = dargestellt. Ist der Wert auf der linken Seite kleiner als der Wert auf der rechten Seite, wird WAHR zurückgegeben.

6 ==

7 !=

8 > >=

9 < <=

REGULÄRE AUSDRÜCKE

In der Programmierung werden reguläre Ausdrücke zum Suchen und Analysieren von Daten verwendet. Reguläre Ausdrücke sind ein leistungsstarkes Werkzeug, das mittels einer Zeichenkette Muster bildet, mit denen nach Entsprechungen gesucht werden kann.

*Verwendet man ein Suchfeld, um nach einem Begriff zu suchen, werden alle Ergebnisse, die diesen Begriff enthalten, angezeigt. Die Suche nach „der“ könnte zum Beispiel ergeben „der Beste“, „Wunder“ oder „anderer“. Mittels regulärer Ausdrücke („regexe“) können Textabschnitte oder Zeichenketten („strings“) gesucht werden, die komplexen Regeln entsprechen und in Suchmaschinen und Textverarbeitungsprogrammen eingesetzt werden. Dies ist zum Beispiel nützlich zur Überprüfung von eingegebenen Daten in Formularen und in der Programmierung. Die Zeichen sind verwandt mit denen der regulären Sprachen der Mathematik. Bei Suchanfragen mittels regulärer Ausdrücke werden nebenstehende Notationen verwendet. Es gibt verschiedene Arten von regulären Ausdrücken, je nach Programmiersprache und Software, aber die hier angegebenen Konventionen sind weitgehend standardisiert. Da einige Zeichen der regulären Ausdrücke eine spezielle Bedeutung haben, wie z. B. ?, * und +, stellt man, wenn nach Begriffen gesucht wird die diese Zeichen enthalten, ein \ (Backslash) vor das jeweilige Symbol, um anzugeben, dass es nicht als Teil der regulären Ausdrücke interpretiert werden soll.*

Ausdruck	Bedeutung
Hallo	ergibt exakt das Wort „Hallo“
[abc]	ergibt einen Buchstaben: ein „a“, „b“ oder „c“
(Hallo|Tschüss)	entspricht dem Wort „Hallo“ oder dem Wort „Tschüss“
Hallo.*Tschüss	ergibt jede Zeichenfolge mit dem Wort „Hallo“ gefolgt von dem Wort „Tschüss“ irgendwo später in der Zeichenkette. Es erkennt zum Beispiel „Hallotschüss“ , aber nicht „Hallo du“
a(Hallo|Tschüss)	ergibt das Wort „Hallo“ oder das Wort „Tschüss“ mit "vorangestelltem „a“. Es entspricht also „aHallo“, aber nicht „bHallo“ oder „bTschüss“
x*	passt auf ein Wort, das aus einer Reihe von „x“ besteht, einschließlich Null. Es entspricht einem leeren Wort, „x“, „xx“, „xxx“ usw. , aber nicht „xy“
[abc]*	stimmt mit Wörtern überein, die aus null oder mehr Zeichen aus der Menge „a“, „b“ oder „c“ bestehen, außerdem mit leeren Wörtern und „abaca“ und „aaaa“, aber nicht mit „acbd“
x+	entspricht Wörtern, die aus einem oder mehreren „x" bestehen; es stimmt mit „xx" überein, aber nicht mit einem leeren Wort ohne Inhalt.
(Hallo|Tschüss)?Du	ergibt das Wort „Du“, vorangestellt durch das Wort „Hallo“ oder „Tschüss“. Es ergibt also „Du“ oder „TschüssDu“, aber nicht „Hallo“.
[aeiou]	ergibt einen einzelnen Vokal
[A-Z]	ergibt einen einzelnen Großbuchstaben des Alphabets
[A-Z][a-z]{4}	ergibt ein Wort aus fünf Buchstaben und einem Großbuchstaben am Anfang. Es stimmt überein mit „Hallo", aber nicht mit „Hallo“ oder „Vier“
[0-9]	ergibt eine einzelne numerische Ziffer
[0-9]{5}	ergibt eine Zahl mit genau fünf Ziffern, zum Beispiel eine fünfstellige Postleitzahl
[0-9]{5}(-[0-9]{4})?	Stimmt mit einer fünfstelligen Zahl überein, optional mit einem Bindestrich und vier weiteren Ziffern dahinter, zum Beispiel einer fünf oder neunstelligen Postleitzahl

SCHALTPLAN-SYMBOLE

Zur Kennzeichnung elektrischer Bauteile in Schaltplänen werden spezifische Symbole verwendet.

Drähte

Elektrische Komponenten werden mit einem Draht miteinander verbunden: dem elektrischen Leiter. Er wird gewöhnlich aus Kupfer hergestellt.

	*Draht*	*Ein einfacher Draht.*
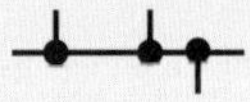	*Verbindungen*	*Dicke Punkte zeigen, dass Drähte verbunden oder verlötet sind.*
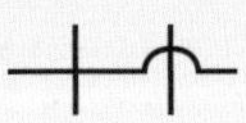	*Nicht verbundene Drähte*	*Wenn sich zwei Drähte ohne Punkt überkreuzen, sind sie nicht verbunden. Ein im Halbkreis kreuzender Draht gibt dies noch deutlicher an.*

Stromquellen

Elektrische Schaltkreise benötigen Strom, aus Batterien oder aus dem Netz.

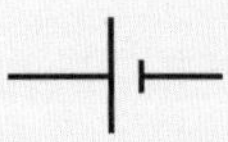	*Elektrische Zelle*	*Eine Quelle für elektrischen Strom. Der längere Balken steht für den + Pol.*
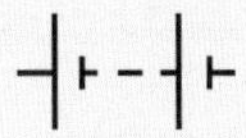	*Batterie*	*Eine Batterie besteht aus mehreren Zellen.*
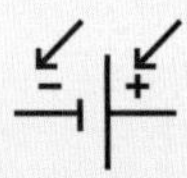	*Solarzelle*	*Eine Solarzelle nutzt Sonnenlicht zur Erzeugung von Strom.*
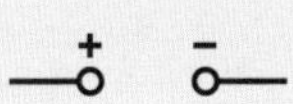	*Gleichstrom*	*Ladegeräte für zum Beispiel das Laden eines Mobiltelefons liefern Gleichstrom.*
	*Wechselstrom*	*Hauseigene Stromnetze benutzen Wechselstrom, der 50-mal pro Sekunde wechselt.*
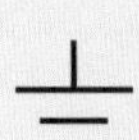	*Erdung*	*Dies ist der Punkt, zu dem der Strom letztendlich fließt.*
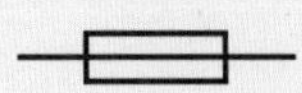	*Sicherung*	*Wird diese von einem zu starken Strom durchflossen, schmilzt der Draht im Inneren und unterbricht den Stromkreis.*

Schalter

Sie schalten Stromkreise ein und aus und leiten den Strom zu den richtigen Komponenten.

	*Ein-/Ausschalter*	*Wenn er aktiviert wird, fließt der Strom.*
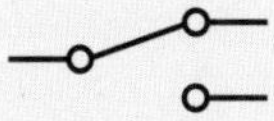	*Zwei Wege-Schalter*	*Hier kann man den Strom wahlweise zu einem von zwei Drähten weiterleiten.*
	*Taster zum Einschalten*	*Drückt man den Schalter, wird der Stromkreis geschlossen.*
	*Taster zum Ausschalten*	*Drückt man den Schalter, wird der Stromkreis geöffnet.*
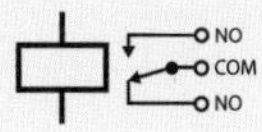	*Relais*	*Manchmal braucht man mehr Strom als die eigene Stromquelle ermöglicht. Mit einem Relais kann man über einen Elektromagneten einen unabhängigen zweiten Stromkreis öffnen oder schließen.*

Stromausgang

Elektrische Stromkreise leisten nützliche Arbeit: Sie sorgen für Licht, Musik, Wärme oder Bewegung.

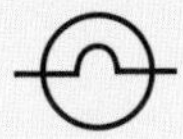	*Glühbirne*	*Erzeugt Licht über einen Glühdraht.*
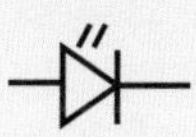	*LED*	*Licht emittierende Dioden (LEDs) wandeln Strom direkt in Licht um.*
	*Heizgerät*	*Elektrizität wird direkt in Wärme umgewandelt.*
	*Motor*	*Wandelt Strom in mechanische Bewegung um.*

Widerstände

Verringern den elektrischen Strom in einem Stromkreis, zum Beispiel, um Schäden an empfindlichen Komponenten zu verhindern. Siehe S. 180 für mehr Informationen über Widerstände.

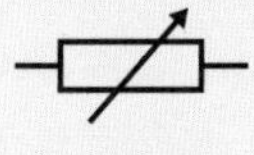	*Variabler Widerstand*	*Kann in bestimmten Grenzen verändert werden.*
	*Lichtabhängiger Widerstand)*	*Je nach Lichtmenge ändert sich der Widerstand.*
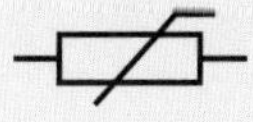	*Temperaturabhängiger Widerstand (Thermistor)*	*Je nach Temperatur ändert sich der Widerstand.*

Widerstände

Widerstände sind Bauteile, die den elektrischen Stromfluss verringern. Dies ist nützlich, wenn Geräte, die an den Stromkreis angeschlossen sind, durch zu hohe Ströme beschädigt werden.

Wenn elektrischer Strom durch ein elektrisches Heizelement fließt, wird Wärme erzeugt, die zum Kochen oder Heizen verwendet werden kann. Altmodische Glühbirnen leiten einen elektrischen Strom durch einen sehr dünnen Draht, der sich so stark erwärmt, dass er Licht abgibt. Sowohl das Heizgerät als auch die Glühbirne sind Beispiele für Widerstände: der Stromfluss wird begrenzt und der überschüssige Strom wird in Wärme umgewandelt.

In komplexen elektrischen Schaltungen muss der Stromfluss genau gesteuert werden. Zu diesem Zweck werden Widerstände verwendet, die den Strom um einen bestimmten Betrag reduzieren.

Der Widerstand ist definiert als die erforderliche Anzahl Volt für einen Stromfluss von 1 Ampere. Wenn zum Beispiel 200 Volt erforderlich sind, damit 1 Ampere fließt, beträgt der Widerstand 200 Ohm (Ω).

Es gibt viele verschiedene Arten von Widerständen, sie reichen von weniger als 1 bis Millionen Ohm. Der Widerstand in Ohm wird mit farbigen Ringen codiert.

▲ Eine altmodische Glühlampe benutzte einen dünnen Wolframdraht mit hohem Widerstand, der auch bei Weißglut noch nicht schmilzt. Hierdurch geht viel Strom als Wärme (statt als Licht) verloren.

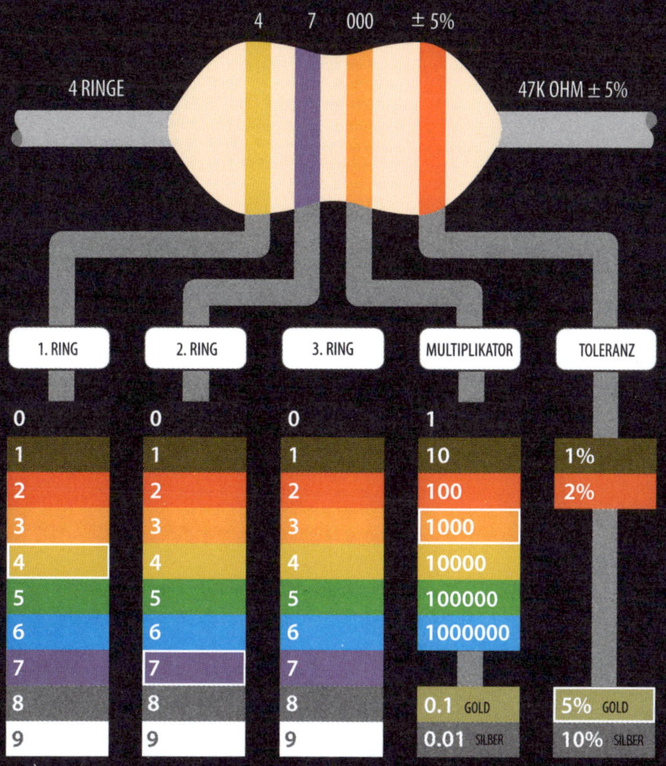

Wie wird der Widerstand berechnet?

1 Platzieren Sie den Widerstand so, dass sich die drei (oder mehr) farbigen Ringe links befinden (wie oben dargestellt). Vor dem letzten braunen, roten, goldenen oder silbernen Ring auf der rechten Seite ist etwas mehr Abstand.

2 Die ersten zwei oder drei Ringe (einer weniger als die Anzahl der Ringe im ersten Abschnitt) geben die Widerstandswerte an. Bei dem hier abgebildeten Widerstand sind diese Farben Gelb und Violett, also 4 und 7.

3 Der letzte Ring im ersten Abschnitt ist ein Multiplikator, der angibt, mit welcher Potenz von 10 die ersten Zahlen multipliziert werden müssen. Hier ist er orange, was bedeutet, dass der Widerstandswert mit 1000 multipliziert werden muss. Für diesen Widerstand muss man also 47 mit 1000 multiplizieren, was 47.000 Ω ergibt (auch geschrieben als 47 kΩ).

4 Der letzte Bereich gibt die Toleranz an, d. h. die Genauigkeit des oben berechneten Widerstandswerts. Unser Widerstand hat einen goldenen Ring. Das heißt, er hat eine Toleranz von ± 5 % und deshalb zwischen 44.650 und 49.350 Ω.

Boole'sche Algebra

Computer bestehen aus vielen Arten von Bauteilen. Die wichtigsten sind die Transistoren in der zentralen Recheneinheit, dem Gehirn des Computers. Diese Transistoren können sich in einem von zwei Zuständen befinden, und zwar mit Strom, der durch sie fließt (EIN) oder nicht fließt (AUS).

Man kann dies binär darstellen:

EIN	1	Wahr
AUS	0	Falsch

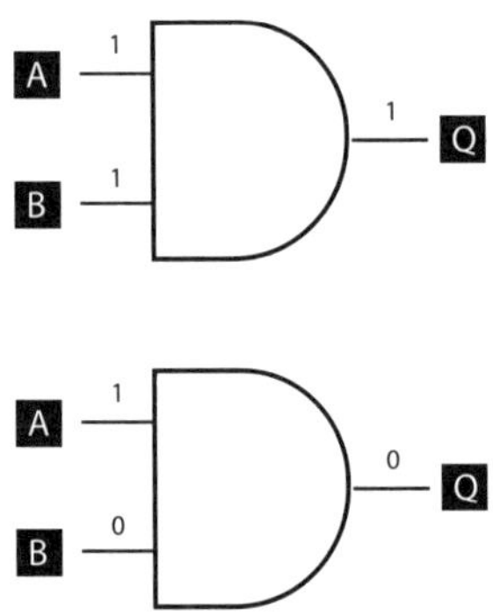

Boole'sche Algebra und Logikgatter

Der Begriff „Boole'sche Algebra“ beschreibt eine Methode der Kombination zweier binärer Zustände zu einem einzigen Ergebnis. Diese Logik wird sowohl in physischen Komponenten, den sogenannten Logikgattern, als auch in Codes verwendet.

Logische Gatter sind Transistoren, die Input auf drei verschiedene Arten kombinieren können: das AND-Gatter, das OR-Gatter und das NOT-Gatter.

Damit beim AND-Gatter Strom zum Ausgang (Q) fließt, muss zu A und B auch Strom fließen.

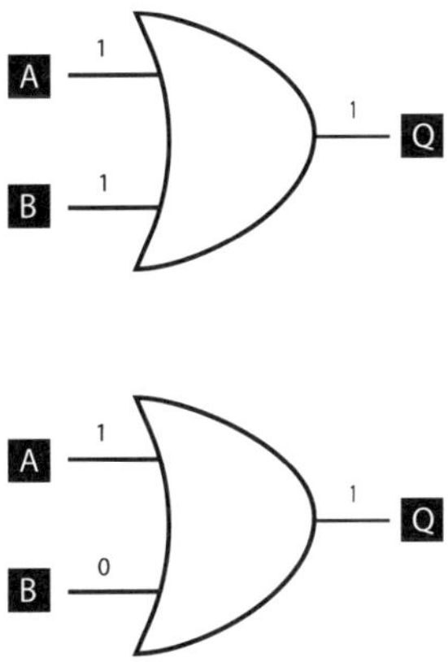

Damit beim OR-Gatter Strom zum Ausgang fließt, muss entweder zu A oder zu B Strom fließen. Wenn kein Strom fließt, dann ist der Ausgang 0.

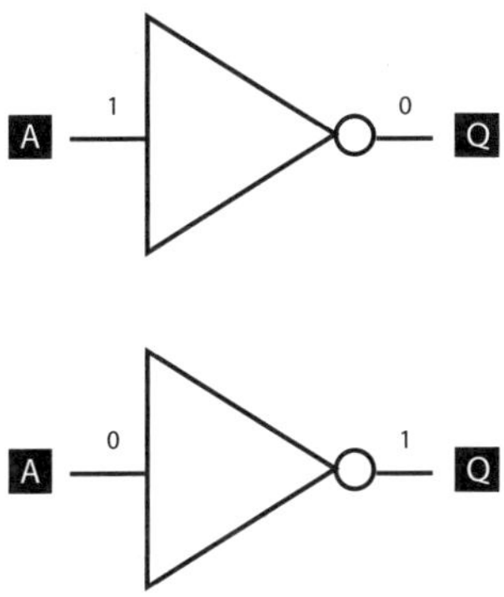

Das NOT-Gatter erzeugt das gegenteilige Ergebnis des Eingangs. Wenn ein Strom in ein NOT-Gatter fließt, fließt kein Strom am Ausgang. Fließt kein Strom am Eingang, erzeugt es am Ausgang ein WAHR Ergebnis, also einen Stromfluss.

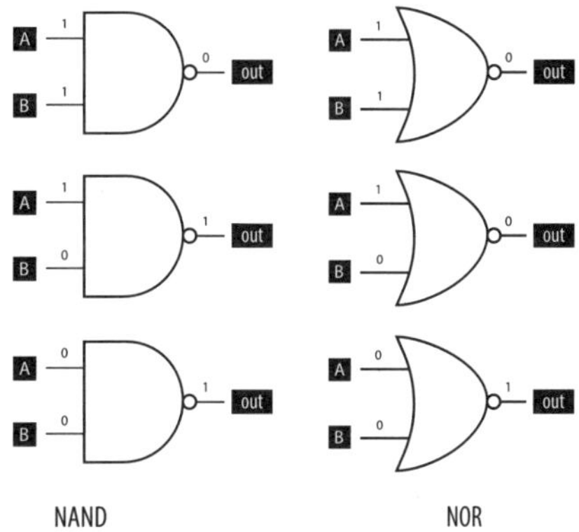

Durch Hinzufügen eines Kreises zu den Symbolen für das AND- und OR-Gatter ergeben sich die Symbole NAND und NOR. Sie erzeugen das entgegengesetzte Ergebnis von AND bzw. OR.

Logische Operatoren in Codes

Boole'sche Algebra wird auch in Codes verwendet, um zwei Variablen zu vergleichen, deren Werte entweder WAHR oder FALSCH sind, wobei das Ergebnis des Vergleichs auch entweder WAHR oder FALSCH ist.

&& oder AND

Wenn die Variable *x* und die Variable y beide wahr sind, wird WAHR angegeben, andernfalls FALSCH.

|| oder OR

Wenn entweder die Variable x oder die Variable y wahr sind, wird WAHR angegeben, andernfalls FALSCH.

! oder NOT

Die NOT-Anweisung invertiert die Antwort in einen AND oder OR logischen Operator. Wie bei einem NAND-Gatter würde eine NAND-Operation – wenn die Variablen x und y beide wahr sind – FALSCH angeben.

Ein kurzer Überblick über andere Symbole

Die bildliche Darstellung wissenschaftlicher Theorien umfasst nicht nur Formeln. Auch Diagramme, Bilder und sogar die Stellung eines Symbols auf einer Seite können für die visuelle Kommunikation eingesetzt werden. Im Folgenden werden einige historische Symbole in der Physik und Mathematik, sowie Symbole aus einigen anderen, nicht wissenschaftlichen Lebensbereichen dargestellt. Zum Schluss zeigen wir einige faszinierende Abbildungen, die mit mathematischen Formeln erzeugt wurden.

Andere Symbole

Auf einer Standard-Computertastatur befindet sich eine Reihe von Symbolen, die in diesem Buch bisher nicht besprochen wurden. Manche von ihnen werden auch in der Wissenschaft verwendet.

@ ^ _

Das „at"-Symbol repräsentiert die Bedingungen einer Messung oder Reaktion, wenn das Ergebnis auch von einer anderen Variable abhängt. Weil zum Beispiel die Dichte einer Flüssigkeit oder eines Gases auch von der Temperatur abhängt, ist es üblich, den Wert für Dichte folgendermaßen anzugeben: 0,1gl^{-1} @ 20°C.

In der Chemie verwendet man @ zur Kennzeichnung von eingeschlossenen Atomen oder Molekülen: zum Beispiel La@C60, das Lanthan-Atom, das in einem aus 60 Kohlenstoffatomen bestehenden Fulleren-Käfig eingeschlossen ist. In der Genetik bezeichnet @ den Locus, den genauen Ort eines Gensymbols auf dem Chromosom.

Bei der Eingabe von mathematischen Texten am Bildschirm ist – anders als bei handgeschriebenen Formeln oder mathematischer Software – das Schreiben von hoch- und tiefgestellten Zahlen und Buchstaben (s. S. 190) zeitraubend und umständlich. Deswegen verwendet man das Caret-Symbol (^) als Abkürzung für eine hochgestellte Zahl (2^3 ist 2^3). Für tiefgestellte Zeichen wird der Unterstrich benutzt: *x*_n bedeutet x_n. Diese Symbole gehören zum Textsatzsystem LaTeX, das weltweit in der Mathematik verwendet wird.

#

Das Hash-Symbol (oder Doppelkreuz, Raute), das in letzter Zeit viel in sozialen Medien verwendet wird, kennzeichnete ursprünglich eine Zahl: #2 bedeutet „die Zahl zwei". Es wird in der Programmierung oft zur Kennzeichnung von Codekommentaren verwendet; das sind einfache Textnotizen, mit denen ein Programmierer den Zweck eines Codeteils angibt.

In der Mathematik repräsentiert die Raute die Größe einer Menge. Enthält die Menge S vier Elemente, wird sie als #S = 4 dargestellt. In der Topologie repräsentiert sie eine zusammenhängende Summe von zwei Formen oder Objekten. Nehmen wir zum Beispiel zwei Knoten, K und L, bezeichnet K#L den Knoten, der entsteht, wenn man K und L aufschneidet und die losen Enden miteinander verbindet.

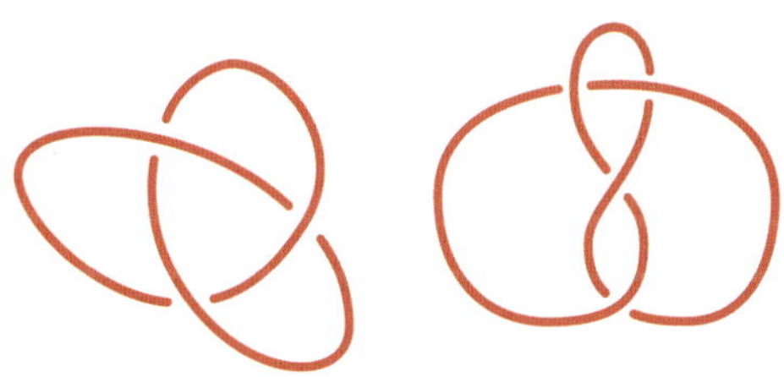

K und L

K#L

§

Dieses Symbol wird als Abschnittszeichen bezeichnet und kennzeichnet den Beginn von Abschnitten, meist in wissenschaftlichen Arbeiten und juristischen Texten: §1, §2, und so weiter. In der Informatik wird es zur Bezeichnung des Speicherbereichs zwischen zwei Adressen verwendet.

VENN-DIAGRAMME

In der mathematischen Mengenlehre ist es hilfreich, Konzepte zu visualisieren. In den 1980er Jahren entwickelte der Mathematiker John Venn die sogenannten „Venn-Diagramme", die in der Mengenlehre, und anderen Bereichen zur Veranschaulichung von Beziehungen zwischen Mengen verwendet werden.

Venn-Diagramm mit zwei Kreisen

Bei zwei möglichen Eigenschaften, A und B, kann in einem Venn-Diagramm eine Menge von Objekten (manchmal auch das Universum, U genannt, wie im Diagramm) in vier Teilmengen aufgeteilt werden. Jede Teilmenge steht für eine der Eigenschaften: Ein Punkt innerhalb des Kreises verfügt über diese Eigenschaft, ein Punkt außerhalb nicht.

Wenn U zum Beispiel steht für „alle Fahrzeuge", A für „ist rot" und B für „hat Räder", würde ein roter Schlitten in den Kreis A gehören, aber nicht in den Kreis B. Ein grüner LKW wäre im Kreis B, aber nicht im Kreis A und ein rotes Auto befände sich im überlappenden Abschnitt in der Mitte. Ein blauer Luftballon würde außerhalb der beiden Kreise liegen.

Die Abschnitte im Diagramm entsprechen den verschiedenen Möglichkeiten, Mengen zu kombinieren

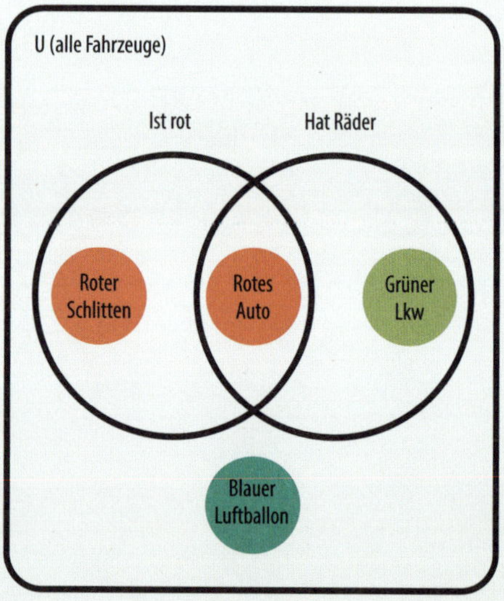

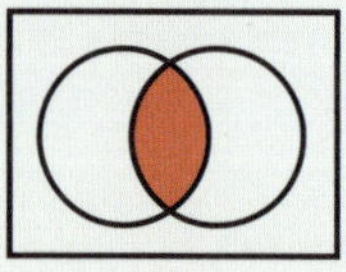

A ∩ B (Schnittpunkt)

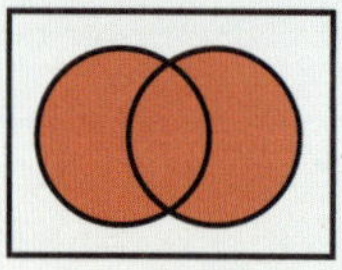

A ∪ B (Vereinigung)

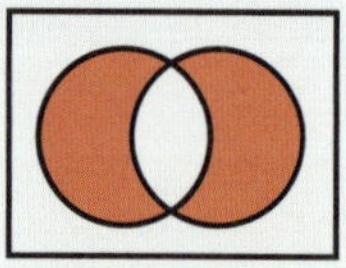

A △ B (symmetrischer Unterschied)

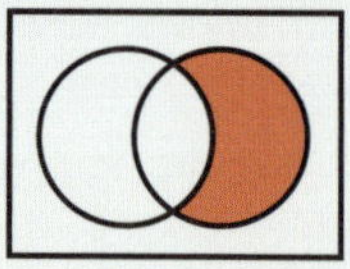

B \ A (Mengenunterschied)

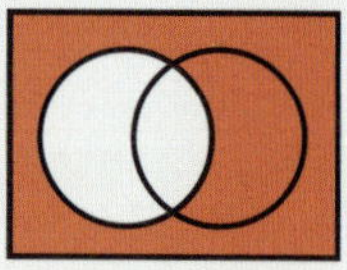

A^c (Komplement von A)

Mehr als zwei Abschnitte

Venn-Diagramme können für mehr als zwei Eigenschaften konstruiert werden. Bei drei Eigenschaften besteht das Diagramm aus drei sich überlappenden Kreisen. Bei mehr als drei Kreisen sind die Formen komplexer und können oft nicht alle möglichen Kombinationen von Zugehörigkeit und Nicht-Zugehörigkeit zu einer Menge zeigen. Zeigt ein Diagramm einige, aber nicht alle möglichen Überschneidungen, nennt man es Euler-Diagramm.

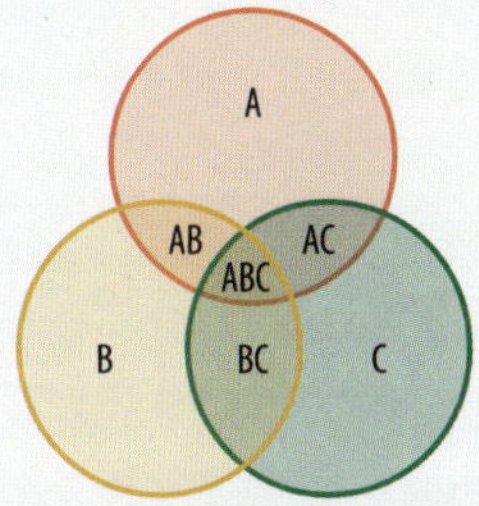

Venn-Diagramm für drei Eigenschaften

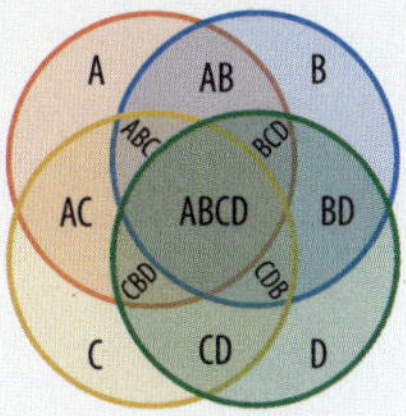

Euler-Diagramm (es gibt keine Schnittmenge für „A und D", aber nicht für „B oder C")

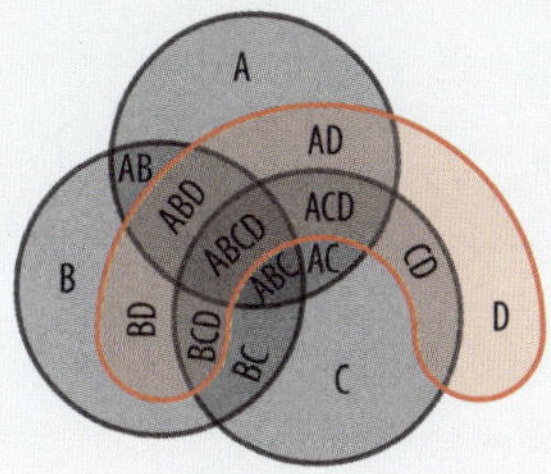

Venn-Diagramm für vier Eigenschaften (das alle Schnittmengen enthält)

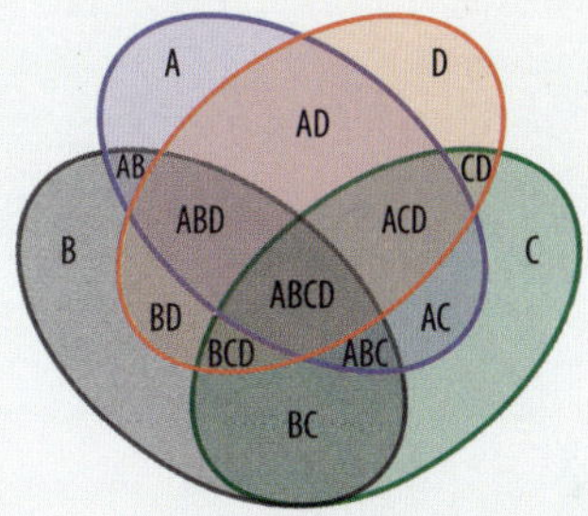

Alternative Möglichkeit zur Erstellung eines Venn-Diagramms für vier Eigenschaften

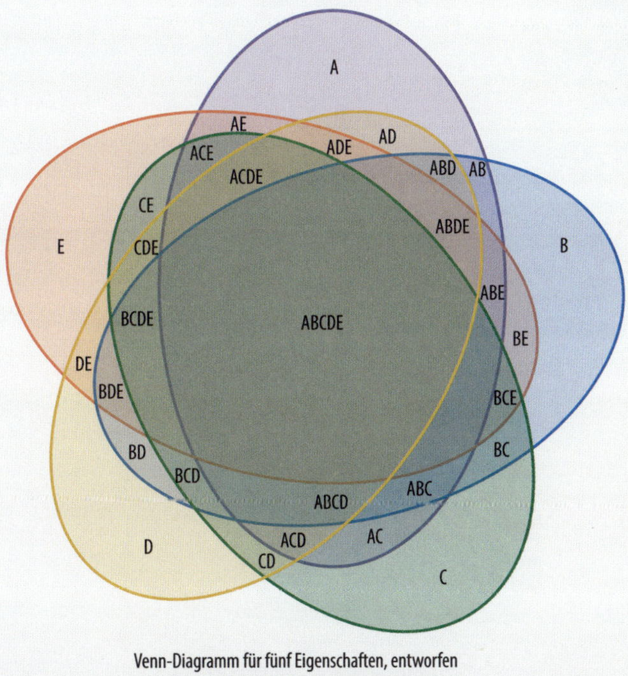

Venn-Diagramm für fünf Eigenschaften, entworfen durch den Mathematiker Branko Grünbaum.

Position der Symbole

In wissenschaftlicher Notation sind nicht nur die verwendeten Symbole wichtig, sondern auch ihre Positionierung im Verhältnis zu anderen Symbolen. So bedeutet hochgestellter, kleiner Text oberhalb der Linie und tiefgestellter, kleiner Text unterhalb der Linie in verschiedenen Kontexten etwas anderes.

$$\mathrm{f}^3(x) = x^9 \quad \mathrm{Fe}^{2+} \quad {}^{14}\mathrm{C} \quad 4^{\mathrm{th}}$$

Hochgestellte Schrift

In der Mathematik verwendet man hochgestellte Zahlen, um eine Zahl um eine Potenz zu erhöhen (Beispiel: $a^4 = a \times a \times a \times a$), oder um die mehrfache Verwendung einer Funktion anzugeben (Beispiel: $f^2(X) = f(f(X))$.

In bestimmten Notationssystemen bezeichnen hochgestellte Zahlen in Klammern eine mehrfache Ableitung (s. S. 118 zur Infinitesimalrechnung): $f^{(2)}(x) = \frac{d^2f}{dx^2} = f''(x)$.

In der Chemie und Physik stellen hochgestellte Zahlen die positive oder negative Ladung von Ionen und subatomaren Teilchen dar: CL–, Pb^{4+}.

Steht in einer chemischen Formel eine hochgestellte Zahl vor dem Element, handelt es sich um ein Isotop: Atomkerne eines Elements mit gleicher Protonen- und Elektronenzahl aber unterschiedlicher Neutronenzahl und dadurch unterschiedlicher Atommasse: ^3He, ^{12}C.

Hochgestellte Zahlen werden im Englischen außerdem für Ordnungszahlen verwendet, wenn eine Reihenfolge angegeben wird (1st, 2nd, 3rd) – im Gegensatz zu den Kardinalzahlen, die zum Zählen verwendet werden: 1, 2, 3.

EIN NEUER STANDARD
Der Mathematiker René Descartes verwendete 1637 zum ersten Mal hochgestellte Schrift zur Bezeichnung von Potenzen. Davor wurden eine Reihe anderer Notationen verwendet, wie Robert Recordes ungewöhnliche Notation (s. S. 196).

$$x_3 = 1000101_2 \; t_{\mathrm{initial}} = 0°\mathrm{C}$$

Tiefgestellte Schrift

In der Chemie stellen tiefgestellte Zahlen in Molekülformeln die Anzahl der Atome eines Elements im Molekül dar: H_2O enthält zwei Wasserstoffatome und ein Sauerstoffatom.

In der Mathematik werden tiefgestellte Zahlen zur Indexierung verwendet, wenn es mehrere Werte oder Einträge in einer Liste gibt: x_1, x_2, x_3.

Tiefgestellte Symbole stehen in der Physik für die Arten von subatomaren Teilchen: ν_e, ν_μ und ν_τ sind verschiedene Sorten des Neutrinos.

In der Mechanik und Technik werden tiefgestellte Zahlen verwendet, um die Arten einer Variablen anzugeben: t_{initial}, t_{final} (Anfangszeit, Endzeit).

Tiefgestellte Zahlen werden auch verwendet, wenn Zahlen in einer anderen Basis als Basis 10 geschrieben werden. Die Zahlenbasis steht hinter der Zahl. Diese Notation wird auch verwendet um dazustellen, dass zwei Zahlen in verschiedenen Basen gleich sind: $101_2 = 5_{10}$

HISTORISCHE SYMBOLE IN DER ALCHEMIE

Die Alchemie, der Vorläufer der modernen Chemie, wollte matte Metalle in Gold verwandeln, Elixiere zur Heilung aller Krankheiten herstellen und das Geheimnis des ewigen Lebens enträtseln.

Wie die modernen Wissenschaftler kommunizierten auch die Alchemisten schriftlich und benutzten Symbole für die klassischen Elemente und die Körpersäfte.

Die vier klassischen Elemente

Vor der Entdeckung, dass die gesamte Materie aus chemischen Elementen besteht, gingen alte Kulturen und Alchemisten davon aus, dass die Materie aus vier Elementen besteht.

Die Alchemie fügte noch drei „Prinzipien" hinzu, um die Umwandlung von Substanzen zu beschreiben.

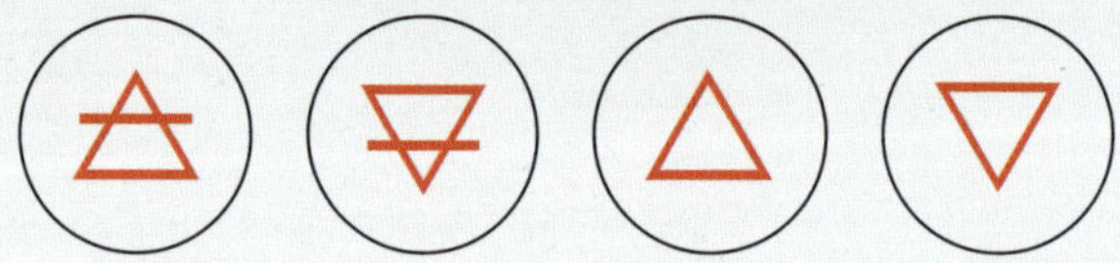

Luft **Erde** **Feuer** **Wasser**

Schwefel
Phlogiston, oder das Element der Brennbarkeit

Quecksilber
Verleiht metallische Eigenschaften

Salz
Sorgt für Festigkeit oder Stabilität

Auch für andere Elemente (die sogenannten weltlichen Elemente) gab es Symbole. Außerdem wurden die Symbole für Elemente oft leicht abgewandelt, um zum Beispiel das Erz anzugeben, aus dem sie gewonnen wurden,

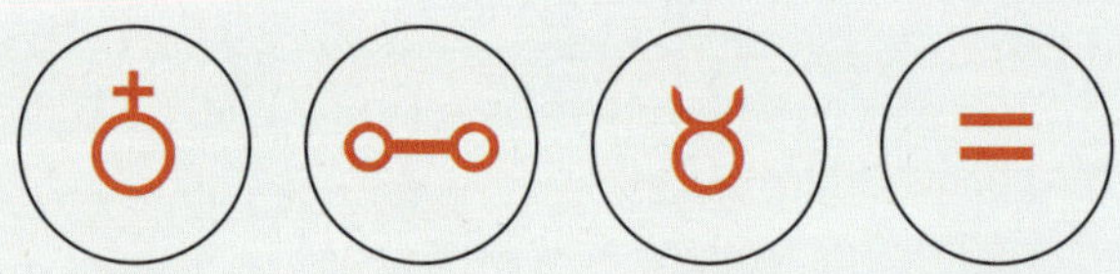

Antimon **Arsen** **Wismut** **Bor**

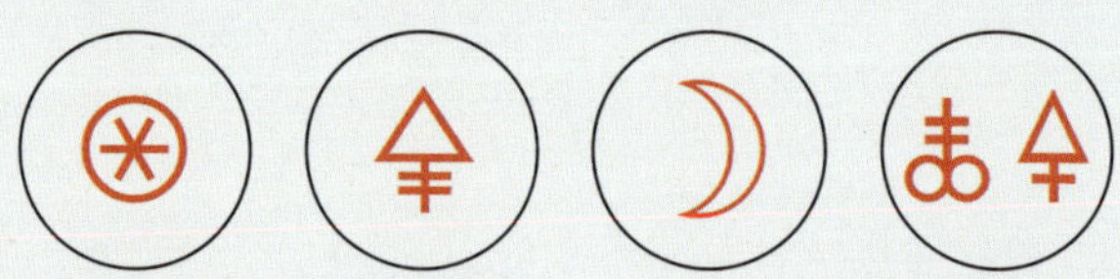

Magnesium **Phosphor** **Platin** **Schwefel**
(mit mehreren Symbolen, je nach Form)

Die sieben Metalle der Antike hatten Symbole, die den Planeten entsprechen.

Metall	Planet	Symbol
Blei	Saturn	♄
Zinn	Jupiter	♃
Eisen	Mars	♂
Gold	Sonne	☉
Kupfer	Venus	♀
Quecksilber	Merkur	☿
Silber	Mond	☽

Die Alchemisten verwendeten auch Symbole für Zeit und Gewichtseinheiten.

Name	Symbol	Maßeinheit
Stunde	🝮	
Monat	⊠	
Nacht	🝰	
Dram (halb Dram)	ʒ (ʒß)	ca. 2 Gramm
Unze	℥ (℥ß)	ca. 28 Gramm
Skrupel	℈	ca. 1 Gramm
Pfund	℔	ca. 450 Gramm

Die Alchemisten entwickelten Symbole für einige wichtige Mischungen und Chemikalien.

Alkohol

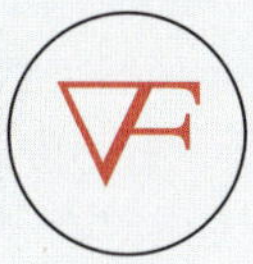

Salpetersäure

Essigsäure
(Essig)

Auch für die Apparate bei ihren Experimenten verwendeten sie Symbole.

Name	Symbol	Beschreibung
Tiegel	🝥	Keramisches Gefäß, das auf eine hohe Temperatur erhitzt wird zur Zersetzung einer Substanz.
Retorte	🝭	Herkömmliches Gerät, das durch Destillation reinigt.
Bain-Marie	MB	Beheiztes Wasserbad zum schonenden Erhitzen von Substanzen.
Retortenständer	🝩	Dient zum Halten der Geräte.
Sublimation	🝞	Umwandlung eines Stoffes vom festen in den gasförmigen Zustand, ohne dass er einen flüssigen Zustand durchläuft.
Präzipitat	🝟	Fester Stoff, der während einer Reaktion in einer Flüssigkeit erscheint.
Destillation	🝬	Erhitzung einer Flüssigkeit zu Dampf, um sie zu reinigen.
Auflösung	🝂	Mischen eines Feststoffs mit einer Flüssigkeit, bis er sich auflöst.
Reinigung	🝜	Isolierung eines einzelnen Stoffs aus einem Gemisch.
Fäulnis	♆	Zersetzung eines toten Tieres oder anderer organischer Stoffe.

EUKLIDISCHE AXIOME DER GEOMETRIE

1847 fand ein bedeutendes Ereignis in der visuellen Darstellung der Mathematik statt. Der Mathematiker und Landvermesser Oliver Byrne veröffentlichte eine neue Ausgabe von* Elemente der Geometrie, *eine Abhandlung des griechischen Mathematikers Euklid von ca. 300 v. Chr. Das Werk beschreibt die grundlegenden Axiome der Geometrie und wurde von Byrne mit farbigen Diagrammen veranschaulicht.

Die Axiome des Euklid

Euklid reduzierte die Grundregeln der Geometrie auf eine Reihe von Atomen:

1. *Zwischen zwei beliebigen Punkten gibt es genau eine gerade Linie.*
2. *Eine Linie zwischen zwei Punkten lässt sich in beide Richtungen unendlich verlängern.*
3. *Zu einem Punkt p kann in einer Entfernung r ein Kreis gezeichnet werden, dessen Mittelpunkt p ist und der den Radius r hat.*
4. *Zwei beliebige rechte Winkel sind gleich.*
5. *Zu jeder Geraden und jedem nicht auf der Geraden liegenden Punkt p gibt es in der Ebene genau eine Gerade, die durch P geht und zur ursprüngliche Geraden parallel ist.*

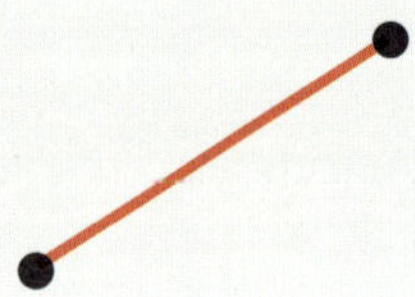

Erstes Axiom

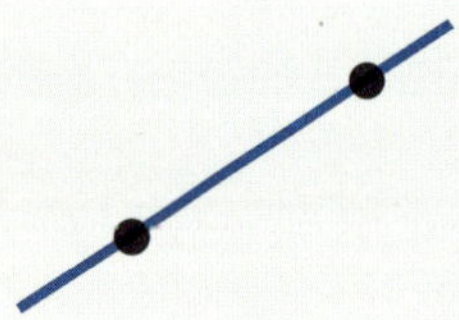

Zweites Axiom

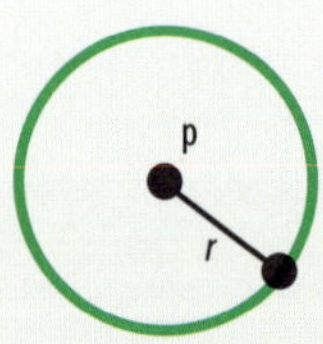

Drittes Axiom

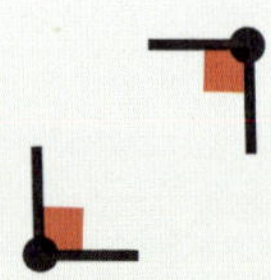

Viertes Axiom

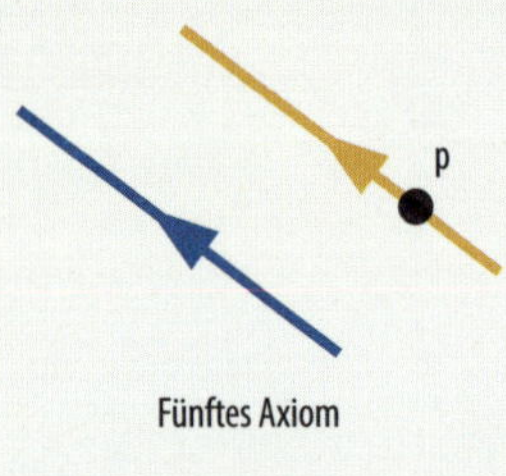

Fünftes Axiom

Euklids Elemente der Geometrie *waren sehr klar strukturiert. Die grundlegenden Axiome wurden erläutert und anschließend anhand immer komplexerer Sachverhalte bewiesen. Das Werk enthielt recht einfache Diagramme, mit Buchstaben zur Kennzeichnung von Punkten, Linien und Winkeln.*

Oliver Byrnes Ausgabe enthält alle Beweise aus den ersten sechs Büchern der Elemente. Er veranschaulichte sie allerdings mit einfachen Diagrammen in bunten Farben und übertrug Euklids Worte in modernes Englisch.

Dieses Beispiel zeigt, wie man ein gleichseitiges Dreieck aus einer Geraden als erste Seite des Dreiecks konstruiert: Zeichne zwei gleiche Kreise mit derselben Geraden als Radius, wobei die Kreise an beiden Enden der Geraden zentriert sind, somit sind die Punkte, an denen sich die Kreise kreuzen, gleich weit von den beiden Enden der Geraden entfernt. Der Grund liegt darin, dass Euklid einen Kreis als die Menge aller Punkte mit einem festen Radius vom Mittelpunkt definiert. Dadurch entsteht durch Verbindung der Enden der Linie mit einem dieser Kreuzungspunkte ein gleichseitiges Dreieck.

Auf einer gegebenen Gerade (——) ein gleichseitiges Dreieck errichten:

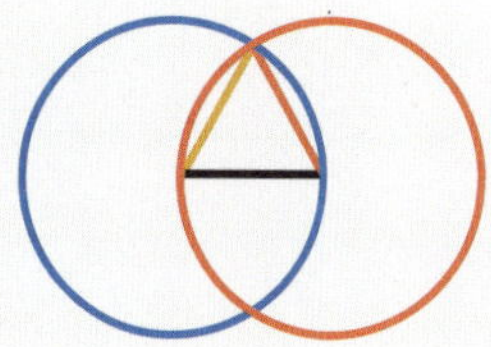

Beschreibe 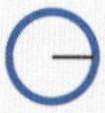 und 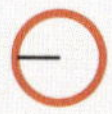 (Postulat 3); zeichne —— und ——

(post. 1.). Dann wird  gleichseitig sein.

Für —— = —— (Def. 15_2);

and —— = —— (Def. 15_2),

∴ —— = —— (Axiom. 1.);

und darum ist  das gesuchte Dreieck.

▲ Byrnes Fassung von *Elemente*, Buch 1, Proposition 1.

DIE NOTATION VON ROBERT RECORDE

Robert Recorde war ein walisischer Arzt und Mathematiker im Dienst von König Edward VI von England. Er veröffentlichte 1557 The Whetstone of Witte (Der Schleifstein des Verstandes). *Das Buch enthält einen Abschnitt über Potenzen von Zahlen und ihre Notation.*

Als The Whetstone of Witte *veröffentlicht wurde, wusste man, dass man Zahlen quadrieren und dividieren kann, aber hochgestellte Zahlen für Potenzen gab es noch nicht. Niemand schrieb 2^4 anstelle von 2×2×2×2. Recorde beschrieb, wie Potenzen in ihre Faktoren zerlegt werden können, d. h. $x^m \times x^n = (x^m)^n$ und schlug vor, jede Potenz so zu benennen.*

Er führte den Begriff „zenzisch" für Quadrate und „kubisch" für Würfel mit den Symbolen z bzw. & ein. Die vierte Potenz einer Zahl wurde als „zenzizenzisch" oder „zz" (das Quadrat des Quadrats), und die sechste Potenz als „zenzikubisch", oder „z&" (das Quadrat des Würfels) bezeichnet. Für andere Potenzen führte er den Begriff „Sursolid" (Symbol: sz) ein, wobei eine Potenz von fünf der erste Grundkörper und sieben der zweite Grundkörper ist, und so weiter.

Dies hätte die erfreuliche Konsequenz gehabt, dass eine sechzehnte Potenz zenzizenzizenzizensisch geheißen hätte: das „Quadrat der Quadrate, quadratisch quadriert".

Bedauerlicherweise hat sich diese Notation nicht durchgesetzt, aber einige andere Konzepte aus Recordes Werk wohl. Gelangweilt vom so oft „ist gleich" schreiben müssen, schlug Recorde zwei horizontale Linien von gleicher Länge als Symbol für Gleichheit vor: „weil keine zwei Dinge gleicher sein können". Dies war das erste Mal, dass das heute allgegenwärtige Gleichheitszeichen (=) in einem englischen Text erwähnt wurde (allerdings zeitlich nach einem italienisches Manuskript von 1465, das Recorde inspiriert haben könnte).

Potenz von x	Notation von Recorde	verwendetes Symbol
x^2	Quadratisch oder zenzisch oder x	z
x^3	Kubisch	&
x^4	Zenzizenzisch	zz
x^5	Erster Sursolid	sz
x^6	Zenzikubisch	z&
x^7	Zweiter Sursolid	bsz
x^8	Zensizensizensisch	zzz
x^9	Kubikikubisch	&&
x^{10}	Quadrat des ersten Sursolid	zsz
x^{11}	Dritter Sursolid	csz
x^{12}	Zenzizenzikubisch	zz&
x^{13}	Vierter Sursolid	dsz
x^{14}	Quadrat des zweiten Sursolid	zbsz
x^{15}	Würfel des ersten Sursolid	&sz
x^{16}	Zenzizenzizenzizenzisch	zzzz

Knoten und Jongliernotation

Die Symbole, mit denen Wissenschaftler ihre Theorien aufschreiben und kommunizieren, lassen sich auch auf andere Lebensbereiche übertragen. Dazu gehören einige eher unerwartete.

Die mathematische Knotenanalyse führte zur Beschreibung „primärer“ Knoten, also solche, die man zu anderen Knoten zusammenspleißen kann. Diese Erkenntnisse werden bei der Untersuchung von Proteinketten und DNA, beim Mischen von Flüssigkeiten und sogar bei der Analyse der Sonnenstruktur angewendet.

In Knotendiagrammen wird der Knoten – ein Objekt im dreidimensionalen Raum – in einer Fläche dargestellt und auf seine einfachste Form reduziert. Knoten werden nach der Anzahl ihrer Kreuzungen kategorisiert, d.h., mit der kleinsten Anzahl von Kreuzungen, mit der sie gezeichnet werden können. Die Zahlen unter den einzelnen Knoten sind in Alexander-Briggs-Notation angegeben. Sie zeigen die Anzahl der Kreuzungen und eine Indexzahl an.

Ohne Knoten 3_1 4_1

5_1 5_2

Ausgehend von einem Knoten K können Knotenpolynome wie das Alexander-Polynom definiert werden (s. S. 99). $\Delta_K(t)$ ist ein Polynom in t – eine Summe von Potenzen von t mit Koeffizienten aus reellen Zahlen – und eine Invariante. Dies bedeutet, dass für zwei beliebige gleiche Knoten die Knotenpolynome gleich sind. Für den einfachen Knoten ist $\Delta_K(t) = 1$. Die Polynome komplizierterer Knoten können mithilfe von einfacheren Knotenpolynomen definiert werden, indem man eine Kreuzung und damit das Polynom entsprechend ändert.

$$\Delta_K(t)$$

Jongliernotation

Jongliertricks lassen sich mit unterschiedlichen Diagrammen und Notationen darstellen. Die Siteswap-Notation (Quantenjonglieren) ist eine Notation für Jongliermuster, die weltweit für die Beschreibung von Kombinationen von Würfen verwendet wird.

Bei einer festen Anzahl von Bällen in zwei Händen und einem festen Zeittakt, wird ein Jonglierwurf mittels der Anzahl Taktschläge, die der Ball in der Luft bleibt, in Siteswap notiert. Beim normalen Jonglieren mit drei Bällen werden alle Bälle geworfen und drei Taktschläge später in der anderen Hand gefangen. Die Notation lautet deswegen „3".

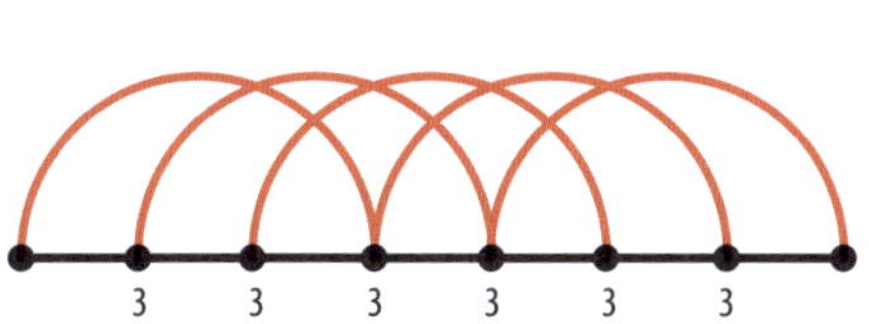

Das Muster „531" bedeutet, dass man einen Ball hoch (auf die Höhe, die für Jonglieren mit fünf Bällen erforderlich ist), einen Ball in normale Höhe und einen dritten Ball direkt in die andere Hand wirft. Da die Summe dieser Werte ein Vielfaches von drei ergibt, kann dies in der gleichen Zeit durchgeführt werden wie drei normale Würfe.

Auf der Basis dieser Notation entdeckten Jongleure den Trick „441", der aus zwei mäßig hohen Würfen und einem Querpass besteht. Dieses Muster war bisher unbekannt, konnte aber jongliert werden.

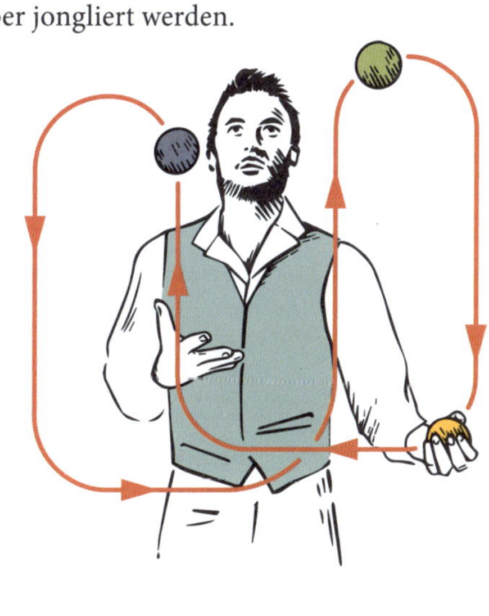

▶ Der Weg der Bälle beim Jongliertrick 441.

Die Notation von Tänzen und Glockengeläut

Außer für Knoten und Jonglieren wurden auch für Tänze und Glockengeläut Notationen entwickelt. Einige dieser Notationen werden heute weniger verwendet – vor allem, weil Tänze heute per Video aufgezeichnet und kommuniziert werden. Aber beim Glockenläuten werden die traditionellen Techniken und Notationen noch häufig benutzt.

Tanznotation

Es gibt zahlreiche Notationen für Tänze und Bewegungen. Die meisten sind auf Tanz spezialisiert, aber manche beschreiben die Bewegungen des menschlichen Körpers allgemein, wie die Labanotation. Sie geht zurück auf die Arbeit des Tänzers Rudolf Laban (1928). Die Labanotation ist ein System zur Analyse und Aufzeichnung menschlicher Bewegungen. Der mittlere Abschnitt im Diagramm rechts zeigt die Körper- und Beinbewegungen, die äußeren Spalten die Armbewegungen und die Spalten links und rechts die Körperseiten. Die Richtung wird durch die Form des Symbols angegeben, die Höhe in der die Bewegung stattfindet durch seine Farbe (niedrige Bewegungen haben dunklere Symbole). Die Zeit läuft entlang der Säule aufwärts und die Höhe eines Symbols gibt die Bewegungsdauer an.

Hier einige Symbole in der Labanotation sowie ein Beispiel für eine Tanznotation.

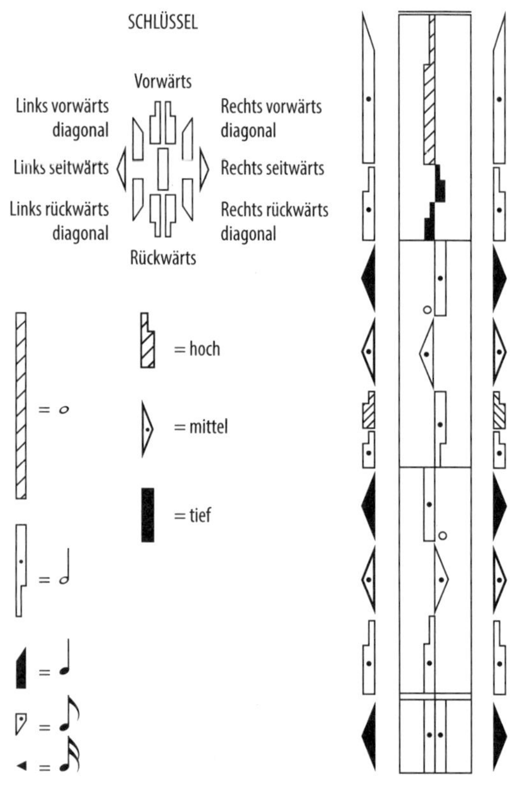

▶ Einige Beispiele der Labanotation, mit einem Tanz als Beispiel.

Notation für Glockengeläut

Das traditionelle Glockengeläut findet in einem Glockenturm oder mittels Handglocken statt, wobei die Glocken auf verschiedene Töne gestimmt sind. Wenn Glocken nacheinander geläutet werden, erzeugen sie ein bestimmtes Tonmuster. Im angelsächsischen Raum gibt es dabei die Tradition des sogenannten „Wechselläutens". Hier wird bei jedem „Wechsel" die Reihenfolge des Läutens variiert. Da dies sehr präzise Läutsequenzen erfordert, werden die Muster numerisch notiert.

Das Diagramm auf der rechten Seite zeigt eine „plain hunt" (einfache Jagd). Es wird in der Reihenfolge der Zahlenreihen geläutet, zuerst Glocke 1, dann 2, dann 3 und so weiter. Dies ist ein Muster, bei dem bei jedem Wechsel die Reihenfolge um eins weiterrückt, bis die erste oder letzte Position erreicht wird, wo sie zwei Schläge lang verbleibt und dann weitergeht. Die Linien zeigen das Muster der Glocken 1 und 6.

Muster können mit anderen Sequenzen kombiniert werden, um kompliziertere Wechselmuster zu erzeugen. „Ausweichen" (dodge) bedeutet zum Beispiel ein Feld zurück. Wenn man dies einer einfachen Jagd hinzufügt, ergibt sich ein sogenannter „plain bob".

Da sich bei diesen Mustern die Reihenfolge der Glocken jedes Mal ändert, kann man die Veränderungen als mathematische Permutationen betrachten (siehe Seite 46). Das Glockenläuten hat somit sowohl Verbindungen zur Gruppentheorie (s. S. 24) als auch zur Graphentheorie (s. S. 202).

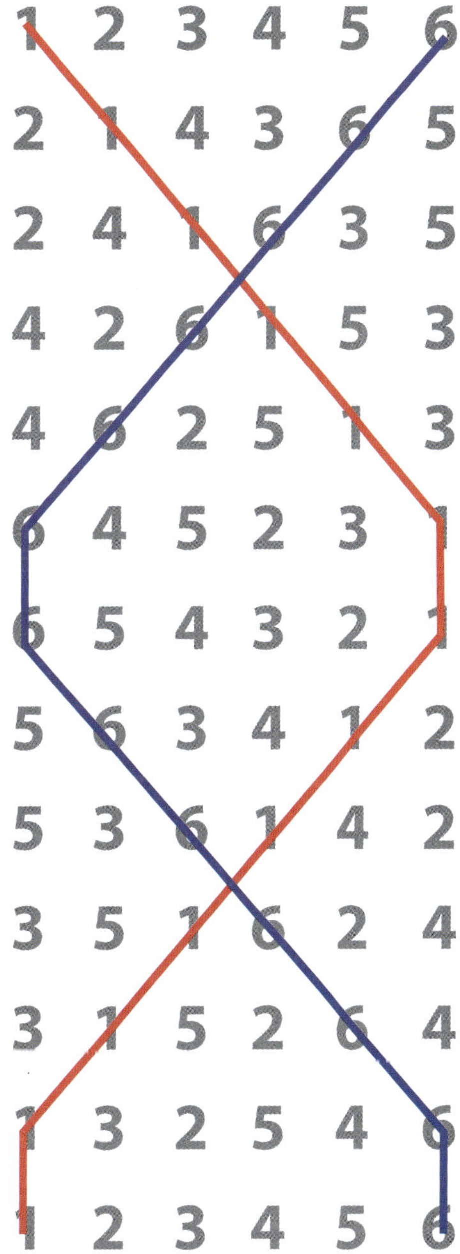

▶ Im Läutmuster „plain hunt" (einfache Jagd) gibt jede horizontale Zahlenreihe die Reihenfolge an, in der die sechs Glocken geläutet werden müssen.

WAS IST EIN GRAPH?

Die Mathematik verfügt über effiziente Werkzeuge zur Analyse der zugrunde liegenden Strukturen und Verbindungen zwischen den Elementen von Systemen. Wichtig sind die Graphen, bzw. Netzwerke, die die Analyse komplizierter Anordnungen ermöglichen, indem sie sie auf einfache Informationen reduzieren.

Was ist ein Graph?

Die formale Definition eines Graphen in der Mathematik ist eine Menge von Knoten oder Ecken (Vertices V) zusammen mit Kanten oder Bögen (Edges E), die Paare von Punkten miteinander verbinden.

Die Struktur von Graphen ist einfacher verständlich, wenn man sie zeichnet. Die Knoten werden durch Punkte dargestellt und mittels Linien (Kanten) miteinander verbunden. Die genaue Platzierung der Knoten ist unwichtig, weil es bei der kodierten Information nur darum geht, welche Knoten mit welchen anderen Knoten verbunden sind.

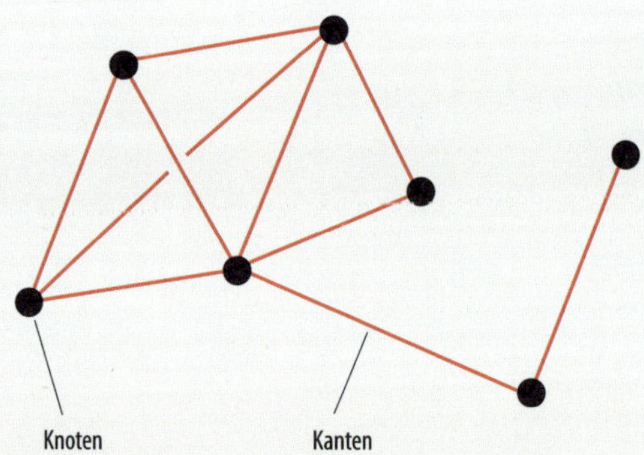

▲ Dieser Graph hat sieben Knoten und zehn Kanten und ist zwar verbunden, aber nicht vollständig (siehe nächste Seite).

Arten von Graphen

- *Ein vollständiger Graph ist ein Graph, bei dem jeder Knoten mit jedem anderen Knoten verbunden ist. Der vollständige Graph K_n besteht aus n Knoten, die alle durch Kanten verbunden sind.*
- *Ein zusammenhängender Graph ist ein Graph, dessen Knoten alle mit mindestens einem anderen Knoten verbunden sind.*
- *Ein planarer Graph ist ein Graph, dessen Kanten sich nicht schneiden. Wenn man im Diagramm gegenüber die Kantenkreuzungen entfernt, ist der Graph planar. K_5 ist der kleinste nicht planare Graph.*
- *Wenn die Linien eines Graphen nur in einer Richtung durchlaufen werden können, nennt man ihn „gerichtet" oder Diagraphen. Pfeilspitzen geben die Richtung (oder Richtungen) an.*
- *Ein gewichteter Graph ist ein Graph, in dem jeder Kante eine reelle Zahl als Kantengewicht zugeordnet ist. Gewichtete Graphen und Diagraphen werden zum Beispiel für die Darstellung von U-Bahn-Netzen verwendet, wobei die Pfeile angeben, in welche Richtung man fahren kann und die Stärke einer Kante beispielsweise die Reisezeit angibt.*

K_4

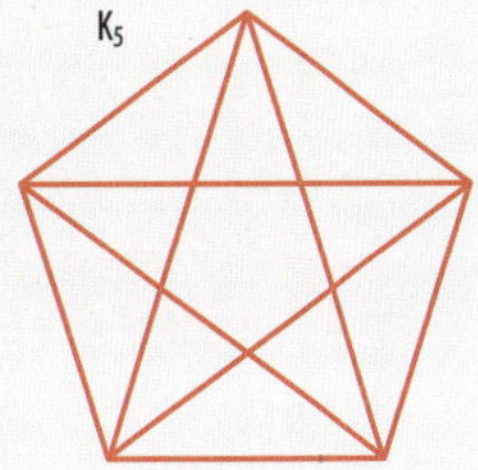

K_5

K_6

Modellierung mit Graphen

Ein berühmtes Konzept der Graphentheorie ist das „Problem des Handlungsreisenden". Gegeben ist ein gewichteter Graph mit Reisezeit auf den Kanten. Was ist die kürzeste Route, um alle Knoten zu durchlaufen? Je größer das Netz, umso schwieriger lässt sich dieses Problem lösen.

Graphen sind auch für die Modellierung von Problemen geeignet – bei denen zwei Knoten, die eine Kante teilen, unterschiedliche Farben zugeordnet werden.

Graphen können auch die Verbindungen in sozialen Netzwerken modellieren, indem man die Verbindungen zwischen sich gegenseitig folgenden oder befreundeten Personen mit Kanten und Knoten visualisiert.

Auch abstraktere Ideen lassen sich durch Graphen ausdrücken. Stellen Sie sich zum Beispiel einen Graphen mit Knoten für die Zahlen 1 bis n und Kanten zwischen allen beliebigen Zahlen vor, die einen gemeinsamen Faktor enthalten. Auf diese Weise können Beziehungen zwischen Zahlen anschaulich visualisiert werden.

Diagramme

Die Visualisierung von Daten ist bei der Darstellung mathematischer, statistischer und wissenschaftlicher Ergebnisse von großer Bedeutung. Dadurch können Betrachter wissenschaftliche Erkenntnisse schnell, eindeutig und unmissverständlich erfassen und verstehen. Im Folgenden sehen Sie einige Typen von Diagrammen, mit denen Daten repräsentiert werden können.

Balkendiagramm

Balkendiagramme bestehen aus vertikalen, manchmal auch horizontalen, rechteckigen Balken, wobei jeder Balken eine Kategorie darstellt und die Länge des Balkens proportional zu ihrem Wert ist. Balkendiagramme sind sehr geeignet für die Darstellung von Daten, die in klare Kategorien unterteilt werden können. Sie bieten eine einfache Möglichkeit, Werte anhand der Länge der Balken zu vergleichen.

Ein Balkendiagramm ist nur sinnvoll, wenn die Kategorien ungefähr gleich groß sind. Handelt es sich zum Beispiel um Altersgruppen, ergibt ein Balkendiagramm keinen aussagekräftigen Vergleich, wenn die Altersgruppen in 0–29, 30–34, 35–89 unterteilt sind. Weil in diesem Fall wahrscheinlich mehr Personen in die erste und dritte Gruppe fallen als in die anderen Gruppen, ist ein Histogramm sinnvoller, weil es die Häufigkeiten durch die Dicke der Balken angibt.

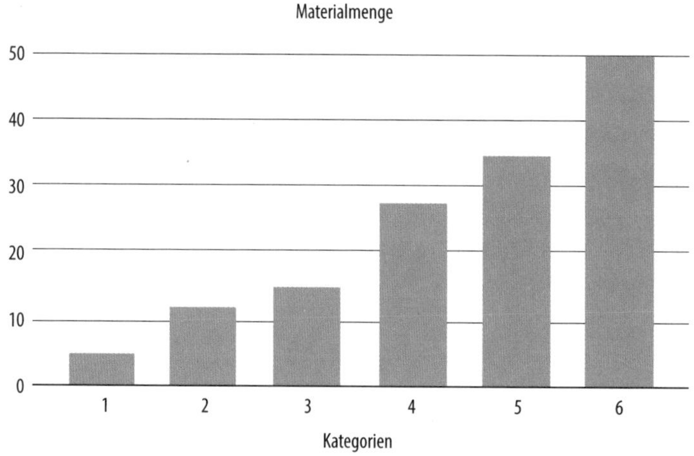

Liniendiagramm

Ein Liniendiagramm zeigt, wie sich ein Wert im Zeitablauf verändert. Ein Liniendiagramm suggeriert, dass sich die Werte zwischen den Datenpunkten kontinuierlich ändern, was vielleicht nicht immer ganz richtig ist – insbesondere wenn die Messungen zeitlich weit auseinander liegen. Auf jeden Fall ist ein Liniendiagramm nützlich, um Trends zu erkennen und zu beobachten, wie sich Dinge im Laufe der Zeit verändern.

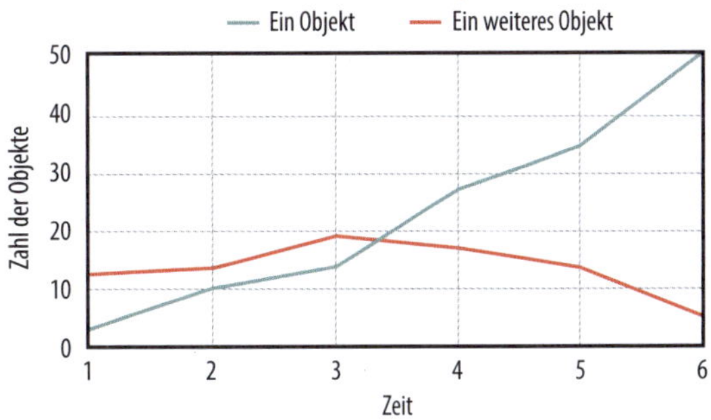

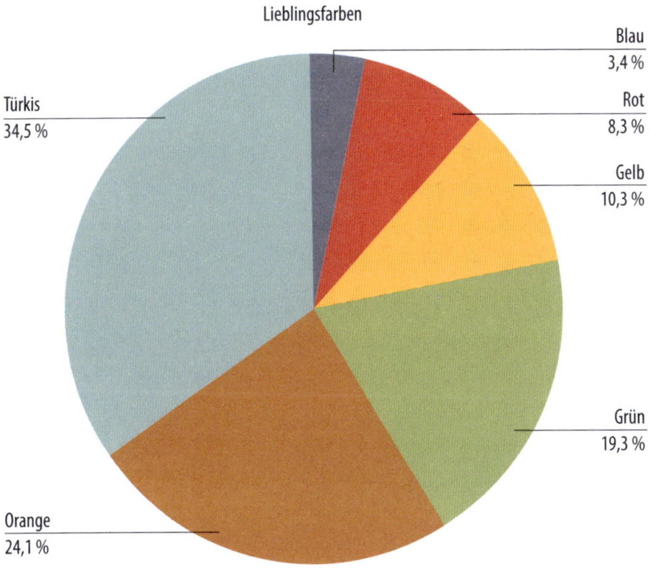

Tortendiagramm

Tortendiagramme sind sehr geeignet für die visuelle Darstellung von Proportionen. Wenn man jede Person aus einer Gruppe in die zu ihr passende Kategorie einordnet, kann man einfach ausrechnen, welcher Anteil der Personen den jeweiligen Kategorien angehören, indem man den Anteil am Kreis angibt, den sie repräsentieren. Man sollte sich vergewissern, ob ein Tortendiagramm die Daten angemessen visualisiert. Tortendiagramme sind nur sinnvoll, wenn die Daten Anteile eines Ganzen (100 %) darstellen, und sie können schwierig zu lesen sein.

Streudiagramm

Streudiagramme werden vor allem für die Ergebnisse wissenschaftlicher Experimente verwendet, weil aus ihnen ersichtlich wird, ob die Änderung einer Variablen eine andere beeinflusst. Allgemein kann man sagen, dass bei einer Aufwärtsbewegung der Punkte durch das Diagramm die Zunahme der einen Variablen mit einer Zunahme der anderen einhergeht (oder im umgekehrten Fall negativ korreliert). Wissenschaftler können den Grund dieser Beziehung dann näher untersuchen.

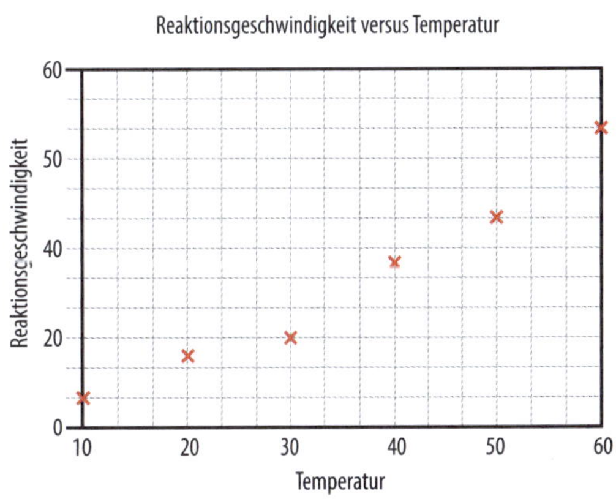

Fraktale

Fraktale sind intrinsische mathematisch definierte Konstruktionen mit unendlich vielen Details und sich wiederholenden Mustern. Sie werden durch einfache Näherungsrechnungen und sich wiederholende Prozesse erzeugt und tauchen häufig bei der Analyse dynamischer Systeme auf, d. h. bei mathematischen Modellen von sich zeitlich wiederholenden Prozessen oder Funktionen.

Was ist ein Fraktal?

Eine einfache Definition eines Fraktals ist schwierig, da es viele Arten Fraktale gibt. Im Allgemeinen haben alle Fraktale folgende zwei Eigenschaften:

- Unendlich viele Details: bei immer stärkerer Vergrößerung werden immer wieder die gleichen Formen oder Strukturen sichtbar, nur kleiner.
- Wiederholte Muster und Selbstähnlichkeit: Dies bedeutet, dass die Muster eines Fraktals sich auf allen Größenebenen wiederholen.

Einige Beispiele für berühmte Fraktale finden Sie hier.

Die Mitteldrittel Cantor-Menge

Man kann ein sehr einfaches Fraktal erzeugen, indem man bei einem einfachen Linienintervall zwischen 0 und 1 das mittlere Drittel entfernt und dies bei allen dadurch entstandenen Linien ständig wiederholt.

Das folgende Diagramm zeigt die ersten Schritte. Das Ergebnis der Wiederholung des Prozesses bis ins Unendliche erzeugt die Cantor-Menge, ein Fraktal, das nach dem deutschen Mathematiker Georg Cantor benannt wurde. Die Länge dieser Menge beträgt zwar null – da die Gesamtmenge aller entfernten Punkte aber unendlich groß ist, haben diese Punkte die Gesamtlänge 1.

▲ Die Mitteldrittel Cantor-Menge enthält unendlich viele Punkte, aber die Länge der verbleibenden Linie ist Null.

Das Sierpinski-Dreieck

Das Sierpinski-Dreieck wurde nach dem polnischen Mathematiker Wacław Sierpiński benannt. Es besteht aus einem gleichseitigen Dreieck, das in vier gleiche kleinere Dreiecke geteilt wird. Dann wird das mittlere Dreieck entfernt. Wenn man diesen Vorgang mit den verbleibenden Dreiecken unendlich oft wiederholt, entsteht ein Fraktal.

Jeder Teil hat die gleiche Struktur wie die Gesamtmenge. Die Fläche der Form, ermittelt durch Subtraktion des Flächeninhalts der entfernten Dreiecke vom Flächeninhalt des ursprünglichen Dreiecks, ist Null, während ihr Umfang unendlich lang ist.

▶ Ein Sierpinski-Dreieck enthält unendlich viele kleinere Kopien von sich selbst.

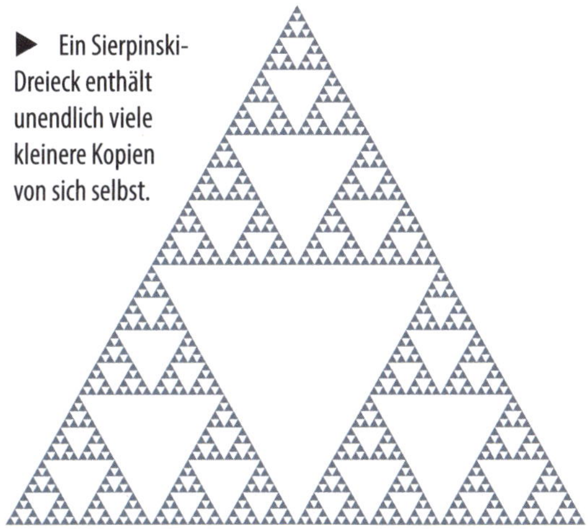

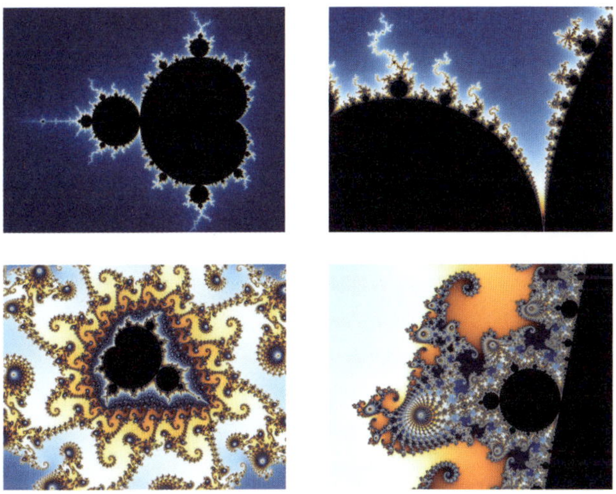

◀ Beim Heranzoomen der Mandelbrot-Menge (im Uhrzeigersinn von oben links) werden detaillierte Strukturen sichtbar, darunter auch weitere Kopien der Menge selbst.

Mandelbrot-Menge

Eines der berühmtesten Fraktale ist nach dem französisch-amerikanischen Mathematiker Benoît Mandelbrot benannt. Das Fraktal ist in der komplexen Ebene durch eine spezifische Funktion definiert (s. S. 113).

Jeder Punkt c in der komplexen Ebene kann zur Definition einer komplexen quadratischen Abbildung verwendet werden: $f(z) = z^2 + c$. Das Verhalten dieser Funktion wird untersucht, indem man – vom Punkt $z = 0$ aus – die Funktion immer wieder auf ihr Ergebnis anwendet. Für einige Punkte in der Ebene wird der Wert von $f^n(z)$ immer größer werden und ins Unendliche divergieren, während er bei anderen konvergiert und sich einem festen Punkt nähert.

Bilder der Mandelbrot-Menge können erzeugt werden, indem man jedem Wert des Parameters einen Farbwert in der komplexen Ebene zuordnet, sodass ersichtlich wird, ob – und wenn ja – wie schnell die Punkte divergieren. Die Punkte, deren Funktion begrenzt ist, befinden sich im schwarzen Bereich, die Punkte mit unendlicher Funktion im äußeren Bereich. Das Heranzoomen offenbart ihre faszinierende Struktur und Detailfülle.

QUATERNIONEN

Quaternionen, mit $\mathbb{H}$ bezeichnet, sind eine vierdimensionale Erweiterung der reellen Zahlen (Zahlen, die auf einer Zahlengeraden dargestellt werden können). Sie werden durch drei Basiselemente definiert (i, j, k), von denen jedes die gleiche Eigenschaft hat wie die komplexe Einheit i: Sie sind alle die Quadratwurzel aus -1. Das heißt, dass die Zahlen mit reellen Zahlen multipliziert werden können, ähnlich wie in der komplexen Ebene (s. S. 113), aber sie können auch miteinander multipliziert werden und nach bestimmten Regeln interagieren.

Quaternionen werden geschrieben als Summe aus den drei Basiselementen i, j und k, jeweils multipliziert mit Koeffizienten aus den reellen Zahlen: $a + bi + cj + dk$. Wenn man Quaternionen addiert, werden die Koeffizienten jeder Basisquaternion separat addiert:

$$(a_1 + b_1 i + c_1 j + d_1 k) + (a_2 + b_2 i + c_2 j + d_2 k) = (a_1 + a_2) + (b_1 + b_2)i + (c_1 + c_2)j + (d_1 + d_2)k$$

Werden Quaternionen miteinander multipliziert, kann die Formel $i^2 = j^2 = k^2 = -1$ verwendet werden, um die Potenzen von i, j oder k zu vereinfachen. Es gibt eine zusätzliche Regel, die besagt, dass das Produkt aus den drei Basiselementen ijk auch gleich -1 ist. Daraus folgt:

$ij = k$	$ji = -k$	$ki = j$
$ik = -j$	$jk = i$	$kj = -i$

Das bedeutet, dass nach der Multiplikation zweier beliebiger Quaternionen – wobei jeder Term der ersten Zahl mit jedem Term der zweiten Zahl multipliziert wird – alle resultierenden Terme, die das Produkt von zwei oder mehr Basis-Quaternionen sind, vereinfacht werden können. Zum Beispiel:

$$x = 3 + i$$

$$y = 5i + j - 2k$$

$$\begin{aligned} xy &= (3 + i)(5i + j - 2k) \\ &= 15i + 3j - 6k + 5i^2 + ij - 2ik \\ &= 15i + 3j - 6k - 5 + k + 2j \\ &= -5 + 15i + 5j - 5k \end{aligned}$$

Die Eigenschaften der Quaternionen führen allerdings dazu, dass im Falle der Berechnung von yx anstatt xy, die Antwort anders wäre, nämlich -5 + 15i + j - 7k. Die Multiplikation von Quaternionen ist also nicht-kommutativ, d.h., es spielt eine Rolle, in welcher Reihenfolge die Terme multipliziert werden. Die Quaternionen gelten als ein wichtiges Beispiel für eine Struktur mit dieser Eigenschaft. Bei den reellen Zahlen spielt die Reihenfolge, in der Zahlen multipliziert werden, bekanntlich keine Rolle, ihre Multiplikation ist kommutativ.

Da vor der Entdeckung der Quaternionen die meisten arithmetischen Berechnungen kommutativ waren, offenbarte die Entdeckung der Quaternionen eine neue Seite der Mathematik, in der die Regeln der gewöhnlichen Arithmetik nicht anwendbar waren. Dies hat zu vielen neuen Erkenntnissen geführt.

William Rowan Hamilton

Die Quaternionen wurden 1863 zum ersten Mal vom irischen Mathematiker William Rowan Hamilton beschrieben. Er entdeckte die Beziehung zwischen i, j und k bei einem Spaziergang – und war so begeistert davon, dass er die Gleichung $i^2 = j^2 = k^2 = = ijk = -1$ in das Mauerwerk der Broome-Brücke in Dublin einritzte.

Die Stelle, an der die Gleichung eingeritzt wurde, trägt heute eine Gedenktafel. Zum Gedenken an das Ereignis findet dorthin jährlich eine Wanderung vom nahe gelegenen Dunsink aus statt.

◄ William Rowan Hamilton (1805–1865) war ein irischer Mathematiker, Professor für Astronomie und königlicher Astronom von Irland

Mathematische Diagramme

Einer der schwierigsten Aspekte abstrakter mathematischer Strukturen ist es, eine Methode zu entwickeln sie aufzuschreiben oder ein Diagramm zu entwickeln, das ihre Komplexität erfasst. Hier werden einige Diagramme vorgestellt, die Mathematiker für die Darstellung und Kommunikation ihrer Ideen verwenden.

Kommutative Diagramme
Für die Analyse von Funktionen (s. S. 98) ist es wichtig, den Überblick zu behalten, welche Funktionen Objekte von einem Raum auf einen anderen abbilden. Die meisten Funktionen bilden von einem Raum auf denselben ab. Zum Beispiel: Die Funktion $f(x) = 2x$ wird auf die reellen Zahlen angewendet und das Ergebnis der Anwendung ist eine andere reelle Zahl.

Man kann aber auch eine Funktion zwischen reellen Zahlen und Matrizen oder Gruppen oder topologischen Räumen definieren, sodass die Funktionen zwischen verschiedenen Räumen abbilden müssen. Kommutative Diagramme, wie hier rechts gezeigt, werden verwendet, wenn zwei Pfade, die verschiedene Funktionen verwenden, zum gleichen Ergebnis führen. Das bedeutet in diesem Diagramm, dass für den Weg von A nach D entweder die Funktion f auf ein Objekt in A angewandt wird und anschließend Funktion h auf das resultierende Objekt aus B. Wenn der Weg aber über C führt, weil man die Funktionen g und k anwendet, wird das gleiche Ergebnis erzielt und wird auf dasselbe Objekt in D abgebildet.

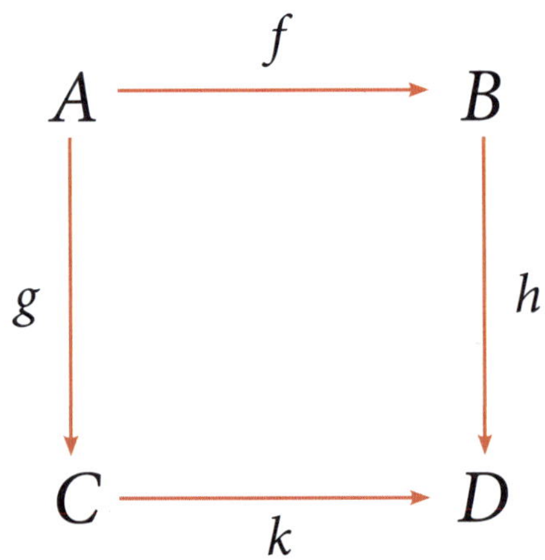

▲ In diesem Kommutativdiagramm ist $h(f(a)) = k(g(a))$ für irgendein Objekt a aus der Menge A.

In kommutativen Diagrammen gibt es noch einige andere Symbole, um die Arten der verwendeten Funktionen darzustellen.

↪ gehakter Pfeil: injektiv – die Funktion ist eins zu eins und bildet jedes Objekt auf eine eindeutige Abbildung ab.

↠ Doppelpfeil: surjektiv – das Bild der Funktion ist der gesamte Raum auf den abgebildet wird; die gesamte Menge wird auf die Zielmenge abgebildet.

⥲ Pfeil mit Tilde oben: Isomorphismus – die Funktion ist sowohl injektiv als auch surjektiv.

KUBUS
Ein Hasse-Diagramm für die unten gezeigte Menge hat dieselbe Struktur wie ein Würfel. Im Allgemeinen hat die Potenzmenge einer Menge der Größe n die Struktur eines n-dimensionalen Kubus.

Hasse-Diagramme

Wenn eine Menge von Objekten geordnet ist, wie die Menge der Zahlen, kann man zwei beliebige Objekte aus der Menge vergleichen und entscheiden, welches Objekt zuerst kommt.

Manchmal enthalten mathematische Strukturen jedoch Objekte, die nicht streng geordnet sind. Eine Menge von Mengen, die aus allen möglichen Teilmengen einer größeren Menge besteht (der sogenannten Potenzmenge, s. S. 109), lässt sich zum Beispiel nicht wirklich ordnen. Sie kann aber partiell geordnet werden.

Eine partiell geordnete Menge, oder Poset, enthält Objekte, für die für nur einige Paare eine definierte Ordnungsbeziehung besteht. Ein Hasse-Diagramm, wie rechts abgebildet, beschreibt partielle Ordnungen. In diesem Beispiel sind die Teilmengen von $\{x,y,z\}$ durch Einschluss geordnet: Wenn eine Menge in einer anderen enthalten ist, steht sie „vor“ ihr. $\{x\}$ ist aber zum Beispiel nicht in $\{y,z\}$ enthalten, sodass es in dieser partiellen Ordnung keine Beziehung gibt – sie können nicht verglichen werden.

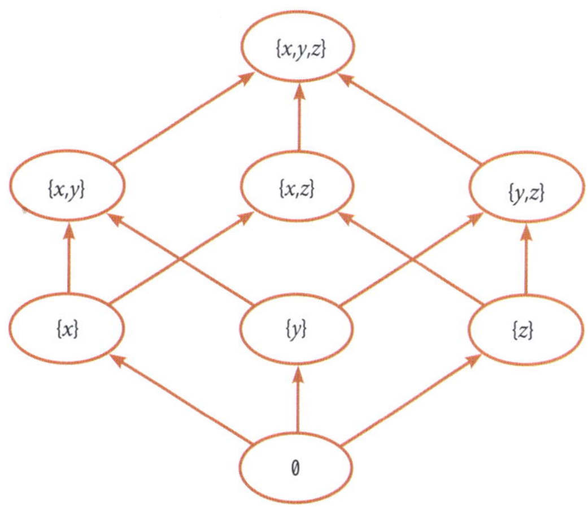

▲ Hasse Diagramm für die Einbeziehung von Mengen aus P({x,y,z})

Visueller Index

Dieses Buch beschreibt visuelle Darstellungen von wissenschaftlichen Ideen in Piktogrammen, Diagrammen und Symbolen. Das Nachschlagen eines Symbols oder Piktogramms ist schwierig, wenn man nicht weiß, wie es heißt. Dieser visuelle Index soll denen helfen, die ein seltsames Symbol enträtseln wollen und sich fragen, was es bedeutet.

Visueller Index

Sonstige einfache geometrische Figuren

⬠	S. 83	Steinhaus-Moser-Notation
🜁	S. 192	Luft
🜃	S. 192	Erde
🜂	S. 192	Feuer
🜄	S. 192	Wasser
🜍 🜏	S. 192	Schwefel
🜅	S. 193	Nitratsäure
⊠	S. 193	Monat

Pfeile

➚	S. 150	Kräfte
	S. 153	Feynman-Diagramme
—▷—	S. 154	Lichtstrahlen
⟶	S. 210	Kommutative Diagramme
↑	S. 82	Knuth „Pfeil nach oben"-Notation
↑	S. 137	Gasförmige Substanz
↓	S. 137	Feste Substanz
⇒	S. 111	Implikationspfeil
↯	S. 111	Widerspruch
→	S. 136	Chemische Reaktions-gleichung
⇌	S. 137	Gleichgewichtsreaktion
↕	S. 155	Konvexe Linse
↕	S. 155	Konkave Linse
♆	S. 156	Neptun
Ψ	S. 193	Fäulnis

Symbole mit geraden Linien

√	S. 90	Quadratwurzel-Operator
+	S. 92	Additionsoperator
+	S. 137	Kombinieren von Reaktanten in einer chemischen Gleichung
+	S. 177	Eine oder mehrere Einhei-ten bei Mustererkennung

🝱	S. 193	Monat in der Alchemie
℔	S. 193	Skrupel
🝞	S. 193	Sublimation
🝟	S. 193	Präzipitat
🝪	S. 193	Destillation

Symbole mit gekrümmten Linien

∞	S. 100	Unendlichkeit
ℵ	S. 100	Unendlichkeit
∝	S. 102	Proportionale Beziehung
≈	S. 102	Annäherung
~	S. 103	Äquivalenzbeziehung
~	S. 117	Ähnliche Formen
≅	S. 103	Isomorphismus
≅	S. 117	Kongruenz
( )	S. 95	Klammern
{ }	S. 95	Klammern
{ }	S. 106	Mengen
⊆ ⊂ ⊇ ⊃	S. 107	Menge, Inklusion
∪ ∩	S. 108	Vereinigungs- und Schnittmenge
☡	S. 111	„Gefährliche Kurve“ – Komplizierte Logik
♃	S. 157	Jupiter
♄	S. 193	Blei, Saturn
♃	S. 193	Zinn, Jupiter
☽	S. 193	Silber, Mond
🝮	S. 193	Stunde
ʒ (ʒß)	S. 193	Dram (halbes Dram). Entspricht ca. 2 Gramm
℥ (℥ß)	S. 193	Unze (halbe Unze). Entspricht ca. 28 Gramm
℈	S. 193	Skrupel
🝥	S. 193	Tiegel
🝭	S. 193	Retortenständer
🝦	S. 193	Reinigung

Symbole mit Punkten

Symbole auf der Computertastatur

Buchstabenverzierungen

Index

Bildnachweise und Genehmigungen

10: © Martin Bergsma | Shutterstock
13: © Alex Mit | Shutterstock
17: © Wahoo | Shutterstock
20: © Eivaisla | Shutterstock
23: © R. Burgess | Wellcome Trust | (CC BY 4.0)
24: © doomu | Shutterstock
26: © del-Mar | Shutterstock
29: © SSSCCC | Shutterstock
31: © Nneirda | Shutterstock
32: © Haboco | Shutterstock
38: © Zdenek Matyas Photography | Shutterstock
55: © Martin Bernardi | (CC BY-SA 4.0)
62: © Alchemist-hp | Free Art License
207: (Sierpinksi Dreieck) © Flametric |Shutterstock
207: (Mandelbrot set) Alle vier BIlder © Wolfgang Beyer | (CC BY 4.0)
209 oben: © JP | (CC BY-SA 2.0)

Die oben nicht aufgeführten Fotos sind gemeinfrei. Es wurden alle Anstrengungen unternommen, die Urheberrechtsinhaber der in diesem Buch verwendeten Bilder zu erwähnen. Wir entschuldigen uns für unbeabsichtigte Auslassungen oder Fehler und werden in späteren Ausgaben dieses Buches die entsprechenden Hinweise auf Organisationen oder Personen ergänzen.

Alle Abbildungen stammen von Paul Oakley (www.fogdog.co.uk).

Titel der Originalausgabe: *The Curious World of Scientific Symbols*

www.librero-ibp.com

Diese Ausgabe wird in Übereinstimmung mit UniPress Books Limted veröffentlicht.

Design und künstlerische Gestaltung: Fogdog
Illustrationen: Paul Oakley

Aus dem Englischen von Thomas Guirten
(für iMport/eXport)
Lektorat: Anika Seemann
Satz: iMport/eXport, Emden

Gedruckt und gebunden in China

ISBN 978-94-6359-698-5